北京市住房和城乡建设科技促进中心 组织编写

北京市绿色建筑和装配式建筑
适宜技术指南

李　珂　钱嘉宏　主编

中国建材工业出版社

图书在版编目（CIP）数据

北京市绿色建筑和装配式建筑适宜技术指南/李珂，
钱嘉宏主编. --北京：中国建材工业出版社，2020.6
　ISBN 978-7-5160-2923-7

Ⅰ.①北… Ⅱ.①李… ②钱… Ⅲ.①生态建筑-建
筑工程 ②装配式构件-建筑工程 Ⅳ.①TU

中国版本图书馆 CIP 数据核字（2020）第 081507 号

内 容 简 介

本书收录了绿色建筑和装配式建筑适用技术共 91 项，其中绿色建筑适用技术 26 项、装
配式建筑适用技术 65 项，目的在于为建筑行业不同阶段、不同需求层面的企业和人群提供
可以借鉴的系统性总结，推广适宜的技术和部品、部件，使成熟的体系能更多地运用到工程
项目中。

本书可供规划设计、建设、施工、监理、开发、研究、咨询和行政管理部门作为参考书
使用。

北京市绿色建筑和装配式建筑适宜技术指南
Beijingshi Lüse Jianzhu he Zhuangpeishi Jianzhu Shiyi Jishu Zhinan
李珂　钱嘉宏　主编

出版发行：中国建材工业出版社
地　　址：北京市海淀区三里河路 1 号
邮　　编：100044
经　　销：全国各地新华书店
印　　刷：北京雁林吉兆印刷有限公司
开　　本：787mm×1092mm　1/16
印　　张：18.5
字　　数：460 千字
版　　次：2020 年 6 月第 1 版
印　　次：2020 年 6 月第 1 次
定　　价：**98.00 元**

编写委员会

名誉主编：冯可梁

主　　编：李　珂　钱嘉宏

执行主编：郭　宁　乔　渊　赵智勇　凌晓彤　白　羽

编　　委：魏吉祥　薛　军　石向东　张　波　刘　斐
　　　　　宛　春　冷　涛　刘忠昌　郭银萃　岳　彬
　　　　　赵　奕　吴　鹏　李　慧　胡　倩　杜　庆
　　　　　刘敏敏　金　晖　石　彪

编写人员：赵晓敏　徐　晖　云　燕　杨　源　张梦丝
　　　　　李　伟　盖钰迪　李　亘　王英琦　果海凤
　　　　　刘郁林　朱小红　王郁桐　王义寰　李瑞雪

主编单位：北京市住房和城乡建设科技促进中心
　　　　　北京市住宅建筑设计研究院有限公司

参编单位：《北京市绿色建筑和装配式建筑适用技术推广目录（2019）》
　　　　　技术持有企业

前　言

习近平总书记指出：推动形成绿色发展方式和生活方式是贯彻新发展理念的必然要求。绿色低碳发展经济体系以激发绿色技术市场需求为突破口，加快构建企业为主体、产学研深度融合、资源配置高效和成果转化顺畅的绿色技术创新体系。北京市在"十三五"期间以建设国际一流的和谐宜居之都为总体目标，按照《中共北京市委、北京市人民政府关于全面深化改革提升城市规划建设管理水平的意见》（京发〔2016〕14号）、《北京市人民政府办公厅关于转发市住房城乡建设委等部门绿色建筑行动实施方案的通知》（京政办发〔2013〕32号）和《北京市人民政府办公厅关于加快发展装配式建筑的实施意见》（京政办发〔2017〕8号）的相关要求，全面深入推进绿色建筑和装配式建筑全产业链高质量发展，加快绿色建筑、装配式建筑适用技术、材料、部品在建设工程中的推广应用和普及，建成一批高标准、高质量的绿色建筑和装配式建筑项目，同时带动和促进了建筑业向绿色发展、可持续发展转型。

为进一步推广、普及绿色建筑和装配式建筑适用技术、材料、部品在建设工程中的集成应用，强化绿色技术创新引领，2019年12月北京市住房和城乡建设委员会发布了《北京市绿色建筑和装配式建筑适用技术推广目录（2019）》，共收录91项适用技术。其中绿色建筑适用技术26项，装配式建筑适用技术65项，可应用于北京市新建建筑工程和既有建筑绿色化和装配式改造工程。为全面深入介绍每项技术的适用范围、性能特点、应用要点，充分发挥《技术目录》的指导作用，北京市住房和城乡建设科技促进中心和北京市住宅建筑设计研究院有限公司组织91项技术提供单位和相关专家共同编写本书，供绿色建筑和装配式建筑规划设计、建设、施工、监理、开发、研究、咨询和有关管理部门参考使用。本书的出版得到了北京住房和城乡建设委员会各级领导的指导和大力支持，得到了各位专家的指导帮助，凝聚了编制组全体编写人员的智慧和劳动，在此谨向参加本书编写、审查的全体人员表示衷心的感谢！

推动绿色建筑和装配式建筑的新技术、新材料、新产品的应用，对于保障建筑品质、实施质量和运行效果、提升北京市建筑领域科技创新和技术引领能力、带动一批相关新兴产业形成和传统产业转型发展具有重要意义。各绿色建筑、装配式建筑技术提供单位应通过不断加强质量管理和控制，提升技术推广应用服务水平。建设工程项目选用绿色建筑和装配式建筑适用技术时，应根据项目实际情况进行可行性研究与论证，强调技术的适宜性和集成度，关注在建筑中实际应用效果，统筹考虑各项技术的辩证统一与平衡共享，系统选用成套技术，避免措施堆积和技术堆砌。具体应用问题可与技术提供方咨询。

本书中的技术资料由技术提供方提供，所涉及的规范、标准、图集等为本书发行时的现行文件，如相关规范、标准、图集进行修订，则需要与技术提供方咨询技术的适用性。

由于编写水平有限，本书难免有疏漏和不足，敬请广大读者批评指正。对《北京市绿色建筑和装配式建筑适用技术推广目录（2019）》和本书的意见和建议，请反馈给北京市住房和城乡建设科技促进中心（绿色建筑适用技术联系方式：010-55597925；装配式建筑适用技术联系方式：010-55597929；邮箱：kjcjzx123@163.com）。

编　者
2020 年 3 月

目　　录

第1章 概 述

1.1 发展状况

1.1.1 绿色建筑发展状况

北京市绿色建筑发展以建筑节能标准制定为先导,1988年北京市发布地方标准《民用建筑节能设计标准(采暖居住建筑部分)北京地区实施细则》将节能标准设定为30%,1997年提升至50%,2004年北京在全国率先提出居住建筑节能65%目标,建筑节能标准的制定和提升为北京市绿色建筑发展打下了坚实基础。

2005—2010年是北京市绿色建筑开拓发展阶段。2005年在"2008北京奥运会"场馆规划建设之际,北京市在全国率先发布了地方标准《绿色建筑评估标准》,将绿色技术要求引入建筑项目从规划设计到运行管理的全过程,并积极鼓励在新建建筑中率先应用。2007—2008年北京市在奥运场馆建设过程中落实"绿色、科技、人文"三大理念,积极运用新技术方法,建成了一批绿色建筑示范工程和低能耗建筑示范工程。2009—2010年北京市相继开展了北京国际花卉物流港、金隅上河名居小区等12项绿色建筑示范工程,启动了《"绿色北京"行动计划(2010—2012)》,发布了《北京市绿色建筑评价标识管理办法》,在全市范围内形成了良好的推广和带动效应。

2011—2015年是北京市绿色建筑快速推进阶段。2011年北京市住房和城乡建设委员会、北京市规划和自然资源委员会联合开展了北京市地方一、二星级绿色建筑标识评价工作。2012年北京市发布地方标准《绿色建筑设计标准》,在全国率先将规划与建筑设计结合,提出绿色建筑设计集成概念,从设计环节保证绿色建筑各方面技术和目标有效落实衔接;同年发布《北京市绿色建筑适用技术推广目录(2012)》,开始推广绿色建筑适用的新技术、材料和产品。2013年北京市全面实施绿色建筑行动,推动新建建筑执行绿色建筑标准并达到一星级要求,对新建建筑组织开展绿色建筑一星级施工图审查。2014年北京市出台绿色建筑激励政策,对符合标准的绿色建筑运行标识项目和绿色生态示范区进行财政资金奖励。2015年,北京市《绿色建筑评价标准》发布,开始采用评分制评审方式,同时发布了地方标准《绿色建筑工程验收规范》,进一步完善了绿色建筑全过程质量监管。

2016—2019年是北京市绿色建筑的全面深入发展阶段。2016年起,北京市开始在新建政府投资公益性建筑和大型公共建筑中全面执行二星级及以上标准,并将其纳入各区政府节能减碳目标责任考核指标。2017年北京市将绿色建筑指标纳入绿色发展指标体系,绿色建筑发展融入城市发展总体战略。2018年北京城市副中心绿色建筑专项规划提出行政办公区全部新建绿色建筑三星级的绿色面积比率将不低于90%,行政办公区首批八个政府办公建筑项目全部获得绿色建筑三星级设计标识。2022冬奥会新建室内场馆全面执行绿色建筑三星级标准,部分既有场馆改造达到绿色建筑二星级标准。北京市组织编制世界首部《绿色雪上运动场馆评价标准》，助力 2022 冬奥场馆实现高标准建设和可持续发展。2019 年在民用建筑普遍绿色发展的基础上，推动经济技术开发区绿色工业建筑集中示范区创建工作；推动新首钢高端产业综合服务区工业遗存项目实施绿色化改造。高标准推进北京新航城、怀柔科学城等重大项目绿色建筑建设。

截至 2019 年 12 月底，北京市通过绿色建筑标识认证的项目共 409 项，建筑面积达 4718 万 m²，其中运行标识 52 项，一、二、三星级标识项目数量分别为 36 项、200 项和 173 项，二星级及以上项目建筑面积占比达到 93%。自 2014 年实施绿色建筑奖励政策以来，北京市共对 25 个绿色建筑运行标识项目进行了奖励，奖励资金 5859.85 万元，奖励面积 410.61 万 m²，北京世界园艺博览会、北京丽泽金融商务区、北京城市副中心城市绿心等 14 个项目获得"北京市绿色生态示范区"称号和奖励。

近年来，北京市在城市绿色低碳发展上实现突破，以提升人民群众幸福感、获得感和安全感为目标，协同推进生态环境保护和城市建设发展，促进城乡建设模式转变，提升城市可持续发展能力，提高城市生态文明建设水平，全方位推动绿色建筑发展创新，鼓励超低能耗建筑、健康建筑和高质量建筑发展，不断满足人民群众对健康、适用、高效的高质量使用空间的需求。

1.1.2 装配式建筑发展状况

北京市自 2007 年开始推广住宅产业化，已展开十几年的实践和探索，是国内最早推广装配式建筑的城市之一，发展水平居全国前列。

2007—2009 年是北京市装配式建筑研发与试点阶段，北京市部分企业联合开展装配式住宅的探索与研发，并进行一系列预制剪力墙结构受力性能试验，确定了装配整体式剪力墙结构体系设计思路和方法。中粮万科假日风景 B3、B4 号工业化住宅于 2009 年竣工交付，被授予"北京市住宅产业化试点工程"称号，为北京市发展装配式建筑工作打下了坚实的基础。

2010—2013 年是北京市装配式建筑优化及完善阶段。2010 年，北京市发布《关于印发〈关于推进本市住宅产业化的指导意见〉的通知》，明确了推进住宅产业化的指导思想，全面启动住宅产业化工作；同年发布《关于产业化住宅项目实施面积奖励等优惠措施的暂行办法》，创新地提出产业化住宅面积奖励的激励措施。2011 年，发布《北京市"十二五"时期民用建筑节能规划》，将住宅产业化目标任务提升为建筑节能工作的一项约束性指标。2013 年，发布《北京市人民政府办公厅关于转发市住房城乡建设委等部门绿色建筑行动实施方案的通知》，将推动住宅产业化的相关工作列为实施绿色建筑的重要任务，提出"十二五"期间的工作目标以保障性住房为重点，按照强制与鼓励相结合的原则，全面推进住宅产业化。

2014—2016 年是北京市装配式建筑稳步发展阶段。2014 年，北京市被住房城乡建设部列入"国家住宅产业化现代化综合试点城市"，同年发布《关于在本市保障性住房中实施绿色建筑行动的若干指导意见》《关于加强装配式混凝土结构产业化住宅工程质量管理的通知》等文件，提出保障性住房实施产业化是绿色建筑行动的重要组成部分，按照分类指导、重在落地的原则，新建保障性住房实现"实施绿色建筑行动和产业化建设"100% 全覆盖，并提出"装配式装修"的内装工业化要求；同时加强装配式混凝土结构产业化住宅工程质量管理，明确装配式混凝土结构工程参建各方的主体责任和具体管理要求。2015 年，北京市发布《关于在本市保障性住房中实施全装修成品交房有关意见的通知》《关于实施保障性住全装修成品交房若干规定的通知》，实现保障性住房全装修成品交房全覆盖。这一时期，北京市持续开展关键技术和成套技术的研发工作，组织试点示范工程建设，逐渐优化和完善装配式建筑体系；加快健全产业化技术标准体系，发布实施《装配式剪力墙结构设计规程》《装配式混凝土结构工程施工与质量验收规程》等地方标准，为装配式建筑的设计、施工和建设管理提供了有效的技术保障。

2017 年起，北京市装配式建筑进入全面发展阶段，成为首批"国家装配式建筑示范城市"。同年 3 月，《北京市人民政府办公厅关于加快发展装配式建筑的实施意见》发布，明确了新建保障性住房、政府投资项目和达到一定规模的商品房开发项目应采用装配式建筑；并将发展装配式建筑相关要求落实到项目规划审批、土地供应、项目立项、施工图审查等各环节；同时制定激励政策，在房屋预售、房屋登记、评优评奖和市场信用评价方面均对装配式建筑给予了政策支持和倾斜。2017—2019 年，北京市新建装配式建筑面积占全市新建建筑面积的比率分别为 15%、29%、26.9%，均完成年度既定目标。通州马驹桥公租房和海淀温泉 C03 及郭公庄一期北区公租房 3 个装配式建筑项目获得 2017 年度中国人居环境范例奖，其中通州马驹桥公租房项目还获得了中国土木工程詹天佑奖优秀住宅小区金奖、全国优秀示范小区金奖。

十几年来，北京市积极稳妥地推进住宅产业化和装配式建筑的发展，从保障房试行到全面铺开，从局部构件应用到多种技术体系逐步完善，装配式建筑在提升工程建设质量、促进建筑产业转型升级等方面发挥了显著作用，形成稳中有序、全面落实、积极推进的良好局面。

1.2　技术框架

1.2.1　绿色建筑技术框架

绿色建筑是在全寿命期内，节约资源、保护环境、减少污染，为人们提供健康、适用、高效的使用空间，最大限度地实现人与自然和谐共生的高质量建筑。绿色建筑的项目建设必须以系统性、整体性为原则，做好绿色建筑方案设计，明确绿色建筑的项目定位、绿色建筑技术指标、对应的技术策略、成本与效益分析，将绿色建筑实施策略贯穿于规划、设计、施工、运行各个环节，在实际操作层面要从绿色建筑技术集成优化考虑，结合项目当地地理气候特点，在满足使用功能基础上选用合理、适用的绿色建筑技术。多种绿色建筑适用技术的优化组合，可以实现绿色建筑整体节能效果的大幅提升；绿色材料、绿色产品的合理选用可以提高建筑的使用寿命，提高绿色建筑的健康舒适度。根据绿色建筑适用技术、材料和产品的不同应用领域，绿色建筑适用技术可分为绿色建筑节地与室外环境技术、绿色建筑能效提升和能源优化配置技术、绿色建筑水资源综合利用技术、绿色建筑节材和材料资源利用技术、绿色建筑室内外环境健康技术和绿色建筑施工与运营管理技术六大类。

1. 绿色建筑节地与室外环境技术

绿色建筑节地与室外环境技术包括适宜本市不同类型、不同规模的绿色建筑规划与设计技术；土地节约利用、地下空间的开发利用技术；屋顶绿化、垂直绿化、透水铺装、雨水花园、人工湿地等场地生态设计技术；绿色、清洁能源交通与建筑室外环境优化配置技术；绿色建筑规划与设计模拟技术及软件研发产品；区域及建筑群能源资源消耗、物理与生态环境的预测和诊断技术；基于地理信息系统和建筑信息模型的综合规划技术和绿色建筑集成设计方法等。

2. 绿色建筑能效提升和能源优化配置技术

绿色建筑能效提升和能源优化配置技术包括能源与资源优化配置及节约利用技术，如可再生能源的高效利用、建筑群集中冷热源综合优化配置、能源梯级利用及余热回收、绿色建筑设备系统优化与能效提升、建筑供热与空调系统节能及计量技术；适用于绿色建筑的节能新技术与产品，如空调与采暖系统、照明装置、节能型电气设备、节能电梯及生活热水制备技术和产品；适合本市气候和经济条件的建筑围护结构、可再生能源耦合系统的集成技术等。

3. 绿色建筑水资源综合利用技术

绿色建筑水资源综合利用技术包括水资源及本地资源的综合利用技术，节水系统、节水器具和设备整装配套应用技术；雨水、再生水利用技术；景观水循环利用及景观植物高效灌溉技术；废水处理技术；供水系统管网的优化技术等。

4. 绿色建筑节材和材料资源利用技术

绿色建筑节材和材料资源利用技术包括适用于绿色建筑的节能防火高耐久性功能建材产品，如集防火、保温、降噪等多种功能于一体的新型建筑墙体和屋面系统；能提升绿色建筑环境质量的功能材料、高性能快速修复材料，具备抗菌、防污、自洁净等特殊功能的建材产品；利用废弃物制造建材产品成套技术，如利用建筑垃圾、污泥等城市废弃物，利用电厂脱硫石膏、粉煤灰、冶金尾矿等工业废弃物规模化制造新型建材成套技术；高性能混凝土、大掺量掺合料及再生骨料应用技术等。

5. 绿色建筑室内外环境健康技术

绿色建筑室内外环境健康技术包括绿色建筑室内环境质量健康保障关键技术，如建筑室内环境评价与监控技术，室内光环境（自然光导入技术等）、室内声环境（室内隔声、降噪技术等），室内通风（集中通风空调系统对室内空气质量监控技术），室内末端调节自主控制技术、优化室内热湿环境的可调节遮阳技术等；建筑室内复合污染防控技术，室内装饰装修设计及施工控制技术等；室内无障碍设施设计等产品及技术。

6. 绿色建筑施工与运营管理技术

绿色建筑施工与运营管理技术包括绿色施工技术（施工现场节材、节水、节能、节地与环境保护技术等）；信息自动采集与智能交互管理技术（绿色建筑的环境、生态、建筑物、设备及安全服务等领域的信息采集和管理）；绿色能源智能化调控、大数据管理和监控技术（综合性智能采光控制技术、地热与协同控制技术、能源消耗与水资源消耗自动统计与管理技术、耗材管理技术、安全防范系统技术等）；绿色建筑环境管理技术（绿化管理技术、垃圾资源化管理技术、非传统水源水质智能监测技术）等。

绿色建筑的适用技术、材料和产品可实现建筑寿命周期内自然资源消耗最小化，减少环境污染，保证使用空间健康、舒适、高质量的同时保护生态环境，达到建筑质量、功能、性能与环保的统一。

1.2.2 装配式建筑技术框架

装配式建筑是由预制部品部件在工地装配而成的建筑，包括装配式混凝土建筑、钢结构建筑、现代木结构建筑和其他符合装配式特征的建筑。装配式建筑实现了标准化设计、工厂化生产、装配化施工、一体化装修、信息化管理五化一体的核心内容,达到综合效益最大化的综合目标。根据装配式建筑适用技术、材料、产品的不同应用领域,装配式建筑适用技术分为结构系统、外围护系统、设备与管线系统、内装系统、生产施工技术五个方面,其中每个方面包括相适用的技术、产品或材料,有效地应用于装配式建筑全寿命期的规划设计、施工、运营管理、改造、拆除等各阶段,并包含工程案例。

1. 结构系统

适宜北京及周边地区不同建筑类型、不同建筑高度、不同规模的结构系统,包括结构设计基本理论、关键节点、预制构件设计原则、典型结构构件、非结构构件及与主体连接方式、对其他相关专业的影响及其他专业对结构构件的要求。涉及构件类型包括墙、柱、梁、支撑、楼板、阳台板及阳台围护墙体、楼梯及防火隔墙、空调板、女儿墙等。

2. 外围护系统

适宜北京及周边地区不同结构系统、不同建筑高度的低多高层建筑外围护系统,主要分为墙体和屋顶两大类。墙体围护系统包括装配式墙体、幕墙、门窗、阳台、空调、防护栏杆及其他组成部分,包括墙体板材的连接、保温、防火、防水、防潮及墙面外装饰相关的技术、材料和产品;屋顶围护系统包括装配式屋面板、女儿墙、天窗、老虎窗、檐沟、雨水系统及其他组成部分,包括相关的连接、保温、防水和与太阳能及设备用房相关的技术和产品。

3. 设备与管线系统

预制构件所表现出来的加工精度高、技艺精湛的特点为建筑结构的安全性提供保障,在装配式建筑的设计施工过程中,给排水管的预埋机制也可以得到充分应用。主要的应用技术包括中央集成给水管道系统、模块化户内中水集成系统、不降板或微降板敷设同层排水系统、整体厨卫、预制沟槽保温板地面辐射供暖系统、预制轻薄供暖板地面辐射供暖系统、架空模块式地面辐射供暖系统等。

适宜北京及周边地区装配式建筑的电气系统及管线设计包括户内电气设备、管线敷设和连接方式的标准化设计、户内三维电气管线综合设计、户内电气设备的安装形式及进出管线的敷设形式设计、预制构件内电气管路的连接技术、利用装配式建筑结构框架柱(或剪力墙边缘构件)内部钢筋作引下线的构件之间连接技术、预制外墙上金属门窗的防侧击雷电气回路的连接方式设计、整体卫浴和整体厨房的电气设备和管线的预留设计。

4. 内装系统

适宜北京及周边相应的工业化内装技术产品的主要构成体系技术产品、技术体系可分为快装技术系统、部品技术系统。快装技术系统中包括快装地面系统、快装墙体系统、快装吊顶系统。部品技术系统中涵盖集成式厨房系统、集成式卫生间系统、收纳部品系统、干法地暖系统、智能家居系统。

5. 生产技术与施工技术

生产技术包括装配式建筑预制混凝土构件生产技术和生产管理两大部分。其中装配式建筑预制混凝土构件生产技术包括混凝土配比技术、衬模技术、模具生产技术、钢筋加工技术、生产工艺工法、专有生产设备、表面处理技术、存储码放技术和预留预埋安装技术等;装配式建筑预制混凝土构件生产管理包括生产组织管理技术、协同排产技术、存储物流技术、可追溯性质量管理技术、基于BIM、RFID、GPS等技术的建造管理信息技术等。

施工技术包括装配式建筑施工安装专项技术体系、装配式建筑施工管理技术体系、装配式建筑施工安装信息化技术体系三部分。其中装配式建筑施工安装专项技术包括构件吊装技术、构件安装技术、构件连接技术、构件低温连接技术、现浇节点施工技术、预制外墙防水施工技术、外围护结构安装技术、设备与管线安装技术、内装工业化安装技术、装配式施工塔吊专项技术、附着式升降脚手架技术。装配式建筑施工管理技术包括工程策划技术、施工组织设计技术、动态平面布置技术、质量控制技术、质量通病与预防技术、测量管理技术、进度管理技术、成本管理技术、安全管理技术。装配式建筑施工安装信息化技术包括装配式建筑 BIM 模型技术（施工阶段）、装配式建筑 BIM 信息协同平台技术（施工阶段）。

装配式建筑是建造方式的重大变革，工程实践表明，装配式建筑能够提升质量和安全，缩短施工工期，降低资源消耗，减少建筑垃圾扬尘排放。绿色建筑和装配式建筑适用技术的创新和发展，是促进建筑业发展模式可持续转变的主动力，关系着绿色建筑和装配式建筑未来发展方向，在城市绿色低碳发展中具有关键性作用。

1.3 北京市绿色建筑和装配式建筑适用技术推广目录

北京市绿色建筑和装配式建筑适用技术是指适应北京地区地域使用条件，可靠、经济、安全、成熟，且在绿色建筑节地、节能、节水、节材、环境保护和装配式相关技术体系、工艺工法、部品部件、生产施工技术等方面具有前瞻性、先进性，在产品性能指标或施工技术方面有一定创新，经京津冀地区试点工程使用，易于大面积推广应用的适宜技术。

北京市住房和城乡建设科技促进中心通过组织企业申报、征集绿色建筑和装配式建筑技术，经过专家评审、征求意见，最终形成了《北京市绿色建筑和装配式建筑适用技术推广目录（2019）》，共收录 91 项适用技术。其中绿色建筑适用技术 26 项，装配式建筑适用技术 65 项，适用于北京市新建建筑工程和既有建筑绿色化和装配式改造工程，可供绿色建筑和装配式建筑规划设计、建设、施工、监理、开发、研究、咨询和有关管理部门参考使用。本书作为该目录的配套书籍，旨在对目录中相关技术进行详细说明和解读，并提供工程案例参考，从技术推广层面助力北京市绿色建筑和装配式建筑的健康快速发展。

第2章　北京市绿色建筑适宜技术

2.1　绿色建筑节地与室外环境

2.1.1　室外陶瓷透水路面砖

1. 技术简介与适用范围

该产品利用废瓷砖、矿渣等工业垃圾作为基础骨料外，加入特殊耐高温硅酸盐辅料、高温熔剂，通过大吨位压机成型后，由特殊窑炉经过高温再次烧结成陶瓷。废瓷骨料在窑炉高温区与硅酸盐辅料、高温熔剂进行深层次反应，形成高强度的陶瓷透水路面砖（图 2-1-1）。

适用范围：城镇公园、道路、广场及建筑小区室外工程。

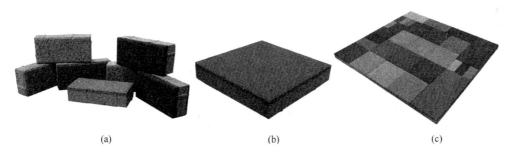

(a)　　　　　　　　　　　(b)　　　　　　　　　　　(c)

图 2-1-1　陶瓷透水路面砖产品实例

（a）陶瓷透水路面砖 100mm×200mm×55mm；（b）陶瓷透水路面砖 300mm×300mm×55mm；

（c）陶瓷透水路面砖组合系列

2. 技术应用

1）技术性能

室外陶瓷透水路面砖以陶瓷废料作为主要原料，采用合理的级配优化处理，利用高温胶粘剂产生液相，液相把骨料颗粒紧紧地粘接在一起，从而形成一定强度和气孔特征的结构。不仅可以提高透水砖的强度，增强其耐磨性，同时还可以达到高透水性的要求。室外陶瓷透水路面砖（板）性能指标见表 2-1-1。

表 2-1-1　室外陶瓷透水路面砖（板）性能指标

技术指标项目	陶瓷透水路面砖	陶瓷透水路面板	
规格 （mm×mm×mm）	100×100×55	300×150×55	200×400×55
	200×100×55	300×300×55	300×450×55
	200×200×55	—	400×400×55
	—	—	300×600×55

续表

技术指标项目	陶瓷透水路面砖	陶瓷透水路面板	
透水系数（cm/s）	$\geqslant 2.0 \times 10^{-2}$	$\geqslant 2.0 \times 10^{-2}$	$\geqslant 2.0 \times 10^{-2}$
劈裂抗拉强度（MPa）	$\geqslant 3.5$	—	—
抗折强度（MPa）	—	$\geqslant 4.5$	$\geqslant 4.5$
耐磨性	磨坑长度$\leqslant 35$	磨坑长度$\leqslant 35$	磨坑长度$\leqslant 35$
防滑性	BPN$\geqslant 60$	BPN$\geqslant 60$	BPN$\geqslant 60$
尺寸偏差（mm）	± 2	± 2	300×600：± 3 300×450：± 2
平整度（mm）	最大凸面：± 1.5	最大凸面：± 2	最大凸面：± 2.5
抗冻性	夏热冬冷地区：冻融循环 25 次，单块质量损失率$\leqslant 5\%$，冻后顶面损失深度$\leqslant 5mm$，强度损失率$\leqslant 20\%$		
	严寒地区：冻融循环 50 次，单块质量损失率$\leqslant 5\%$，冻后顶面损失深度$\leqslant 5mm$，强度损失率$\leqslant 20\%$		

2）技术特点

室外陶瓷透水路面砖（板）采用陶瓷废料为原料，经过特殊工艺、高温煅烧，与传统路面铺装材料相比，具有以下优势：

（1）透水性强，透水系数超过国标 A 级标准的要求；

（2）强度高，抗折强度可达 4.5MPa 以上；

（3）蓄水性强，内部结构孔洞如海绵，遇水能快速吸收，就地消纳、吸收，有效缓解城市排水系统压力，减少城市内涝现象；

（4）每平方米可以蓄水 8～10kg，天热可蒸发吸热，有效调节地表温度，减轻城市热岛现象，并通过缓释蒸发，增加空气湿度，降低扬尘；

（5）安全防滑性强，防滑性 BPN 值达 60～85；

（6）无风化，耐腐蚀，抗冻融，可多次循环重复使用；

（7）属环境友好型产品，符合国家环保产业政策，固废利用，循环经济，每平方米可以利用废陶瓷 85kg 以上；

（8）装饰性能好，产品颜色丰富多彩，不褪色。

3）应用要点

室外陶瓷透水路面砖的施工铺装工艺和其他材质透水砖基本一致，主要参照住房城乡建设部发布的《透水砖路面技术规程》（CJJ/T 188—2012）和国家建筑标准设计图集《城市道路——透水人行道铺设》（16MR204）的要求执行。陶瓷透水砖路面结构层由透水砖面层、找平层、透水混凝土垫层、级配碎石层、土基等组成，构造做法如图 2-1-2 所示。施工工序如图 2-1-3 所示。

3. 推广原因

室外陶瓷透水路面砖，利用废弃物原材料，透水性能较好、结构强度可靠，符合绿色建筑发展趋势，广泛适用于城镇公园、道路、广场及建筑小区室外工程等室外地面的面层铺装，前景广阔，具有推广价值。

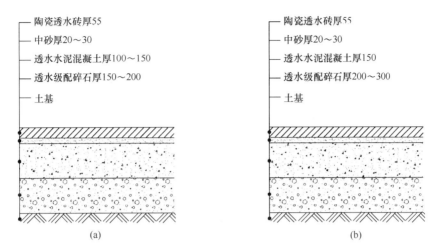

图 2-1-2　构造做法（单位：mm）

（a）人行步道工程做法；（b）车行道路及停车场工程做法

图 2-1-3　施工工序

4. 标准、图集、工法或专利、获奖

《城市道路——透水人行道铺设》（16MR204）、《透水砖路面技术规程》（CJJ/T 188—2012）、《透水路面砖和透水路面板》（GB/T 25993—2010）、《一种采用原位生成高温粘结剂制备的陶瓷透水砖及其制备方法》等专利、2011 年"江西省技术发明奖"，2017 年"第六届中国创新创业大赛"广东赛区一等奖、2017 年"第六届中国创新创业大赛"国赛优秀奖等荣誉。

5. 工程案例

北京世园会项目、清华大学光华路校区项目、北京房山区万年广阳郡项目等。该技术目前已广泛用于全国 10 多个省市，使用面积超过 100 万 m²（表 2-1-2）。

表 2-1-2　工程案例与应用情况

工程案例一	北京世园会项目	案例实景
应用情况	项目地址：北京延庆世园会； 建设单位：北京世园投资发展有限责任公司； 使用面积：11000m²	
工程案例二	清华大学光华路校区项目	案例实景
应用情况	项目地址：北京朝阳区清华大学光华路校区； 建设单位：清华大学； 使用面积：1700m²	
工程案例三	北京房山区万年广阳郡项目	案例实景
应用情况	项目地址：北京房山区清苑南街万年广阳郡； 建设单位：北京万年基业投资集团； 使用面积：2600m²	

6. 技术服务信息

技术服务信息见表 2-1-3。

表 2-1-3　技术服务信息

技术提供方	产品技术		价格
广东净雨环保科技有限公司	室外陶瓷透水路面砖		280～360 元/m²
	联系人	汪　川 梅文胜	电话　0757-82666845
			手机　13651291146 18988521212
			邮箱　chinacret@163.com
	网址		www.chinacret.com
	单位地址		广东省佛山市禅城区石湾镇三友南路 17 号

2.1.2　屋顶绿化用超轻量无机基质技术

1. 技术简介与适用范围

屋顶绿化用轻型无机基质是根据土壤的理化性状生产的人工土壤，基质为矿物质，按用途分为营养基质和蓄排水基质；具有超轻量、促进植物虚根系发育、提高成活率、不板结、定量肥力控制树木快速生长、有效清洁避免管道淤积及雨水淤积荷重增加等特性。

适用范围：建筑屋面及室内园艺装饰等非土壤界面绿化工程。

屋顶绿化用超轻量无机基质系统构成如图 2-1-4 所示。

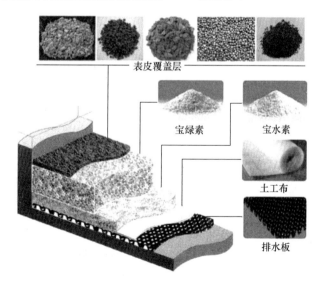

图 2-1-4　屋顶绿化用超轻量无机基质系统构成

2. 技术应用

1）技术性能

屋顶绿化用超轻量无机基质性能指标见表 2-1-4。

表 2-1-4 屋顶绿化用超轻量无机基质性能指标

序号	项目	技术要求	
		营养基质（宝绿素）	蓄排水基质（宝水素）
1	饱和含水质量（kg/m³）	550～650	450～550
2	渗透率〔kg/（h·m²）〕	>300	>800
3	pH 值	6.5～7.5	7.0～8.6
4	EC（μS/cm）	500～1000	—
5	CEC（cmolc/kg）	5～15	—

2）技术特点

（1）饱和吸水时质量 500～650kg/m³，大大减轻了建筑结构的荷载。

（2）合理的粒度配制和粒子的多孔性，促进植物虚根系发育，减少树木主根对建筑物结构的破坏。

（3）纯无机栽培基质，理化指标稳定，不板结，土深不减少，长期应用无须换土。

（4）通过阳离子交换能力的定量设计，可有效控制树木的快速生长，减缓荷重增加。

（5）良好的排水速率避免了雨水淤积瞬间荷重增加及树木沤根危害，同时可有效避免市政管道产生淤泥。

3）应用要点

（1）对建筑结构条件：建筑荷载在 150kg/m² 以上。

（2）施工安装条件：需要铺设两道柔性防水，其中一道具有耐根穿刺性能防水。屋面要有上水及排水。

（3）施工工序：分层次均匀喷淋式浇水；浇透水后必须压实或踩实；苗木移栽后必须踩实；裸露的基质部分必须覆盖 2～3cm 表层覆盖材料，防止基质飞扬，污染环境。表层覆盖材料可选择轻质陶粒、树皮屑；也可选择浮石或彩色碎石等。

节点构造如图 2-1-5 所示。

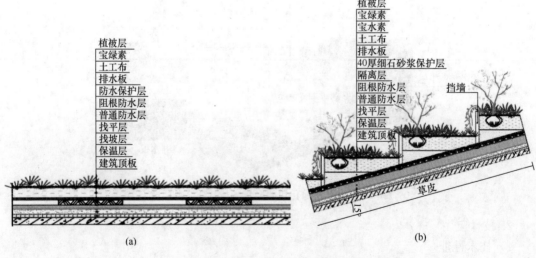

（a）简式屋顶绿化剖面示意图；（b）坡面阶梯式绿化剖面示意图

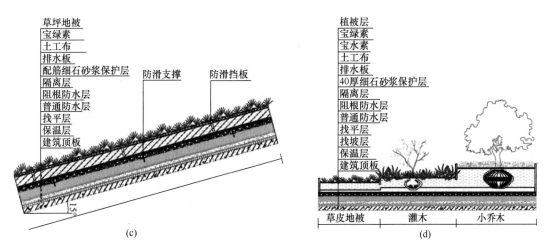

图 2-1-5　节点构造示意

（c）坡面屋顶绿化剖面示意图；（d）种植池剖面示意图

3. 推广原因

用轻型无机基质应用屋顶绿化可以降低绿色屋面荷载，增加建筑屋顶保温隔热效果，缓解城市热岛效应，有效截留雨水，节省建筑空间和工程总造价，符合绿色发展方向。

4. 标准、图集、工法或专利、获奖

《种植屋面工程技术规程》（JGJ 155—2013）、《天津市建筑绿化应用技术规程》（DB29-220—2013）、《建筑基础绿化用轻型无机基质》（Q/FSLHJ0001—2018）（企业标准信息公共服务平台备案，备案时间 2018 年 4 月 23 日）、发明专利《绿化用无机栽培基质》（ZL200410072723.9）等。

5. 工程案例

北京市朝阳区奥体商务园地下空间、海淀区琨御府屋顶花园、朝阳区奥林匹克森林公园廊桥项目等 400 多项屋顶绿化项目（图 2-1-6）。

6. 技术服务信息

技术服务信息见表 2-1-5。

表 2-1-5　技术服务信息

技术提供方	产品技术		价格
北京丽泓世嘉屋顶绿化科技有限公司	屋顶绿化用超轻量无机基质技术		450～680 元/m³
	联系人	马强	电话　010-62354660
			手机　13920492444
			邮箱　13920492444@163.com
	网址		www.lihongshijia.com
	单位地址		北京市朝阳区安苑东里

图 2-1-6　项目实景

（a）奥体商务园地下空间；（b）琨御府屋顶花园；（c）奥林匹克森林公园廊桥；（d）天津滨海高新区服务中心

2.2　绿色建筑水资源综合利用技术

速排止逆环保便器

1. 技术简介与适用范围

该产品节水性能好，可免除水箱避免漏水，去除传统坐便器虹吸通道，仅留下节水装置的便器出口，污水得以瞬间排放，拓宽排污通道，提高污物通过性能，采用脚踏开关，避免交叉感染（图 2-2-1）。

适用范围：器具排水管上设置存水弯的排水系统。

2. 技术应用

1）性能指标

"速排止逆环保便器"产品内设节水装置的单向排污止逆阀门，构件的特选材质为 EP-DM，具有抗自然老化、耐化粪池内便溺物的酸碱、恶臭腐蚀的性能。正常有效使用寿命在 50 年以上。排污系统拓宽了排污通道，提高了污物通过性能，污水置换率 100%；可以同时排出便纸。由"单向排污止逆阀门"自动关闭排污通道，保有正常水封，并且其关闭通道后的"止逆"性能，完全杜绝了外来的菌毒、脏污、臭气、虫豸、倒灌污物，损害房屋室内环境等负面问题。

(a)　　　　　　　　　(b)　　　　　　　　　(c)

图 2-2-1　速排止逆环保便器产品

(a) 高配艺术型；(b) 高配智能型；(c) 普及型产品

《卫生陶瓷》(GB 6952—2015) 检测与正常实际使用情况下验证，用水量为≤0.8L/次，停水时，或无自来水地区可以正常使用，每次只要 0.3L 即可冲刷干净马桶。踩下脚踏式联动开关，2s 时间即可完成一个工作周期。排污门截留的水封高度和液面宽度，符合国标规定，且有升益性能，其水封高度有随着便溺物增量而相应升高和液面扩大的特效，有益于清洁和快速排污，完全满足使用要求。产品免除了水箱储水功能，也就彻底根除了马桶漏水问题。

速排止逆环保便器性能指标和允许偏差应符合表 2-2-1、表 2-2-2 的规定。

表 2-2-1　速排止逆环保便器物理性能

项目		单位	技术指标	试验方法
给水	注水强度	Pa	0.2～0.3	GB 6952
	聚流系数	%	≥100	GB 6952
	注水量	L/s	≤0.5	GB 6952
	水压自锁密封	%	≥100	GB 6952
排水	椭圆通径	mm×mm	52×72	Q/ZXLY001—2015
	半自动排污阀/门	密封性	≥100	Q/ZXLY001—2015
	截留水封率	%	≥98	Q/ZXLY001—2015
	污水置换率	%	≥98	Q/ZXLY001—2015
开关	脚踏/联动式	mm	≥47	Q/ZXLY001—2015

表 2-2-2　速排止逆环保便器陶瓷尺寸允许偏差

项目	单位	允许偏差	试验方法
长度 730	mm	±30	GB 6952
宽度 390	mm	±10	
高度 540	mm	±10	
对角线差	mm	≤3.0	

2）技术特点

"速排止逆环保便器"产品，全面改善并填补了传统坐便器技术的不足，去除了传统坐便器上导致排污阻力的狭长多弯的虹吸通道，成为直排式结构，仅留有 40mm 的便盆排污出口，实现极短距离快速排污，并于此连接节水装置，通过该装置内设的半自动启闭式阀门截留，而获得马桶水封，并使该水封具有特殊性，可随着便溺污物量的增加而使"水封液面"相应适量上升、扩大，有利于便溺物落入水中即时沉入"液面"之下，随即被降温、淹没而消除臭味。使用时，累积了液态的排出重力，有利于开启排污阀门，可 1s 时间快速排污。经国标检测和实际应用验证，其用水量为 0.8L/次，停水可正常使用，以 0.3L 水即可冲干净马桶。

（1）该产品的单向排污止逆阀门，即时关闭排污通道，实现与外界隔离而不受外来污染，保障了室内环境清洁。如图 2-2-2 和图 2-2-3 所示。排污系统通道为横卧式椭圆结构，整体拓宽了排污通道，提高了污物通过性能。产品去除了传统马桶的虹吸弯道，去除了排出阻力和虹吸弯道的排出阻力，实现了 1s 瞬间完全排污、污水置换率 100%，也解决了传统马桶容易堵塞、耗水量大的问题，并改变了长时间停水时不能使用马桶的问题。

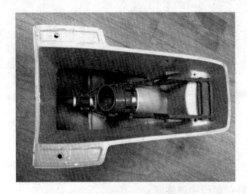

图 2-2-2　产品技术核心主件装配

图 2-2-3　产品结构与工作原理

（2）防倒灌性能：本产品内设的"单向排污止逆阀门"在复位弹簧的作用下，能够瞬间自动关闭排污通道，并由其良好的"止逆性"，可抗衡外来负向压力的性能，有效杜绝了因排污主管道出口堵塞而发生的大量污物倒灌，大面积污染室内环境的难题，以及后续清洗居室的劳民伤财的困惑和精神与经济的负担。

（3）脚踩联动开关：开启半自动阀门，瞬间完全排污，并即时自动关闭便器通道，避免了传统手摁开关上菌毒、脏污的交叉感染，确保使用方便、卫生、人性化。

（4）施工便利，安全性大幅提升：产品内配的核心主件结构简单，组装、拆卸与部件更换便捷、现场安装施工简便易行。产品排污连接件与各种不同标准坑距的排污管口可以自由直接通配，不受"坑距"限制，接口之间均能够紧密固定连接，免除了马桶安装时靠"法兰"或"移位器"等改变坑距的麻烦。

"速排止逆环保便器"大幅改善和提升了坐便器的综合性能，以及其高效节水率、使用方便人性化、普及应用的广泛适应性、安装施工和售后服务的简单、便利性等。根除了传统便器的重复冲水、大量耗水、漏水、返臭、堵塞、倒灌污物等问题。

3）应用要点

（1）"速排止逆环保便器"供水部分给水阀，直接与自来水的软管连接，给水管上应设置真空破坏器等防污染措施。

（2）排水系统核心主件总成，与陶瓷体连接，出口端的柔性连接管，与排污主管道固定连接。

（3）因产品构造内无存水弯，因此器具排水管上应设置存水弯以保证卫生安全。

（4）脚踩联动开关装配于马桶前端下部的凹台上，使用时，垂直完全踩下开关，2s 时间即可完成冲洗。

（5）该产品拓宽了排水系统通径，正常使用可以同时排出便纸，确保马桶终身不堵。为了确保产品核心主件系统的长效性和稳定性，提高系统的使用寿命，维护并增强产品性能，防止人为误操作而损坏系统功能，本产品禁止使用机械疏通工具。

（6）产品系统组装施工工艺，如图 2-2-4 所示。

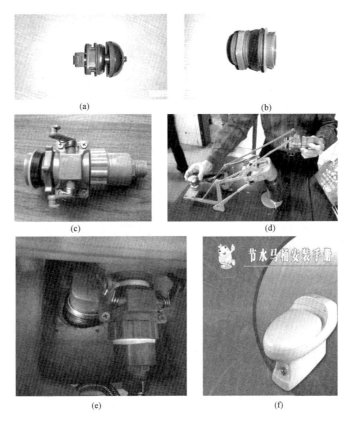

图 2-2-4　产品组装施工工艺图

（a）驱动器结构总成；（b）水圈接口组合结构；（c）供水系统结构总成；
（d）核心主件结构集合总成；（e）产品安装完成（内部俯视图）；（f）有产品安装技术手册

3．推广原因

该产品节能减排性能卓著，全面普及应用，有利于大幅度提高水资源的利用率。该技术产品能够一劳永逸地彻底解决传统马桶上的一系列负面问题与困惑，有极强推广应用前景，也是未来卫浴洁具行业创新发展方向的主导性技术。

4．标准、图集、工法或专利、获奖

《卫生陶瓷》（GB 6952—2015）、《速排止逆环保便器》（Q/ZXLY001—2015）、《速排止逆环保便器》发明专利、"上海世博会场馆建设指定使用产品""全国建筑装修材料科技创新奖""北京市科技创新产品金奖"等奖项。

5. 工程案例

国家最高人民法院节能改造工程、国信苑宾馆节能改造工程、海淀区友谊宾馆、上海世博会场馆建设项目、三峡水利工程指挥部、上海世博会联合国馆、生命阳光馆、上汽集团馆、世博体验中心等，见表 2-2-3。

表 2-2-3　工程案例与应用情况

工程案例一	国家最高人民法院节能改造工程	工程案例二	海淀区友谊宾馆
应用情况	项目地址：北京市东城区； 改造单位：国家最高人民法院； 使用产品：一杯水环保马桶、节水花洒、节水龙头、无水小便器等，卫浴系列节能产品； 具体做法：全面更新换代	应用情况	项目地址：北京市海淀区； 改造单位：友谊宾馆； 使用产品：一杯水环保马桶、节水花洒、节水龙头、无水小便器等，卫浴系列节能产品； 具体做法：全面更新换代
案例实景		案例实景	
工程案例三	国信苑宾馆节能改造工程	工程案例四	上海世博会场馆建设项目
应用情况	项目地址：北京市西城区； 改造单位：国信苑宾馆； 使用产品：一杯水环保马桶、节水花洒、节水龙头、无水小便器等，卫浴系列节能产品； 具体做法：全面更新换代	应用情况	项目地址：上海世博会； 开发单位：中国上海世博会； 场馆应用：联合国馆、生命阳光馆、上汽集团馆、世博体验中心等
案例实景		案例实景	

6. 技术服务信息

技术服务信息见表 2-2-4。

表 2-2-4　技术服务信息

技术提供方	产品技术		价格
征星联宇环保科技（北京）有限公司	速排止逆环保便器		6880～12880 元/台
	联系人	陈林长	电话　010-62267936
			手机　13910754476
			邮箱　38737096@qq.com
	网址		www.zxlykj.com
	单位地址		北京市海淀区西直门北大街 47 号院

2.3 绿色建筑节材和材料资源利用技术

2.3.1 高分子自粘胶膜防水卷材（HDPE）及预铺反粘防水系统

1. 技术简介与适用范围

该系统以高密度聚乙烯（HDPE）为底膜，通过胶膜层，热熔压敏胶膜层表面覆有机/无机复合增强涂层。卷材采用预铺反粘施工方法，通过后浇筑混凝土与胶膜层紧密结合，防止粘接面窜水（图 2-3-1）。

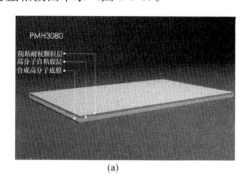 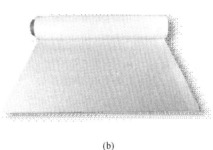

（a）　　　　　　　　　　　　　　　　　（b）

图 2-3-1　高分子自粘胶膜防水卷材（HDPE）构造及成品

（a）防水卷材构造；（b）防水卷材成品

适用范围：建筑地下室工程；地下防水工程；外防内贴法施工的隧道、铁路隧道、地铁隧道等隧道工程；洞库工程等。

2. 技术应用

1）性能指标（表 2-3-1）

表 2-3-1　高分子自粘胶膜防水卷材（HDPE）物理性能

序号	项目			技术要求
1	拉伸性能	拉力 N（50mm）	≥	800
		拉伸强度（MPa）	≥	16
		膜断裂伸长率（%）	≥	400
		拉伸时现象		胶层与主体材料或胎基无分离现象
2	钉杆撕裂强度（N）		≥	400
3	抗穿刺强度（N）		≥	350
4	抗冲击性能（0.5kg·m）			无渗漏
5	抗静态荷载			20kg，无渗漏
6	耐热性			80℃，2h 无滑移、流淌、滴落
7	低温弯折性			主体材料−35℃，无裂纹
8	低温柔性			胶层−25℃，无裂纹
9	渗油性（张数）		≤	1
10	抗窜水性（水力梯度）			0.8MPa/35mm，4h 不窜水
11	不透水性（0.3MPa，120min）			不透水

序号	项目			技术要求
12	与后浇混凝土剥离强度（N/mm）	无处理	≥	1.5
		浸水处理	≥	1.0
		泥沙污染表面	≥	1.0
		紫外线处理	≥	1.0
		热处理	≥	1.0
13	与后浇混凝土浸水后剥离强度（N/mm）		≥	1.0
14	卷材与卷材剥离强度（搭接边）（N/mm）	无处理	≥	0.8
		浸水处理	≥	0.8
15	卷材防粘处理部位剥离强度（N/mm）		≤	0.1 或不黏合
16	热老化（80℃，168h）	拉力保持率（%）	≥	90
		伸长率保持率（%）	≥	80
		低温弯折性		主体材料-32℃，无裂纹
		低温柔性		胶层-23℃，无裂纹
17	尺寸变化率（%）		≤	±1.5

2）技术特点

本产品由主体防水卷材（合成高分子底膜）、高分子自粘胶层、防粘耐候层三层复合而成。

（1）力学性能优异，底膜抗外力破坏、结构变形适应能力强。主体防水卷材采用 HDPE 片材，具有高强度、高延伸变形性能、耐磨、耐穿刺等优良工程性能，最大限度地抵御底板及砖砌导墙与后浇混凝土带来的机械损伤。耐腐蚀：耐酸碱盐、海水浸泡、抗氯离子渗透。

（2）高分子自粘胶层与后浇混凝土形成永久无缝隙结合，杜绝窜水。主体防水卷材通过高分子自粘胶膜层与混凝土结构附着在一起，有效防止窜水现象，其良好的粘结性能，使之能长期处于黏弹状态，确保防水层的整体性和耐水性。当防水层受到外界力作用时，主体防水卷材可以在高分子自粘胶膜层内发生相对位移变形，从而发挥出主体卷材的高强度、耐穿刺、耐撕裂等性能。

（3）当卷材发生局部破损，外界环境水在渗透压作用下沿破损处涌入，卷材、胶层、混凝土结构层三者之间良好的粘接力迫使渗漏无法在任意两层间扩散开来。当主体防水卷材发生与混凝土结构剥离脱落破坏（极限损伤状态）时，部分或全部自粘胶膜层依然附着在混凝土结构表面，确保混凝土表层（维持）具有足够的抗渗性能。

（4）施工便捷，与基层空铺即可，耐候性颗粒层，防粘耐污、方便上人施工；搭接方式多样，长短边搭接方式多样，可粘结，也可焊接；环境友好，不含有害化学物质，绿色节能环保。

3）应用要点

材料使用预铺法施工，对基层要求低，无须预先找平层，不受天气及基层潮湿影响，无须施工保护层，可直接绑扎钢筋，浇筑混凝土。雨期施工及赶工期工程有其独特的明显优势。具有成熟的防水系统解决方案，并具备特殊领域特种功能性需求。

3. 推广原因

预铺反粘高分子卷材是与结构底板混凝土共同粘接，共同沉降，保证地下防水体系的安全可靠、维修方便；施工不用附加层及混凝土保护层，节约成本；卷材采用空铺工法，不需动用明火，无须基层处理剂，绿色环保。

4. 标准、图集、工法或专利、获奖

《预铺防水卷材》（GB/T 23457—2017）、《地下工程防水技术规范》（GB 50108—2008）、《地下建筑防水构造》（10J301）、《高分子自粘胶膜卷材辅助材料》（Q/SYYHF0119—2018）、《建筑防水行业技术进步一等奖》、绿色产品认证、澳大利亚发明专利、中国环境标志产品认证、俄罗斯 Gost 认证、欧盟 CE 认证、住房城乡建设部 10 项新技术、国家战略性创新产品、建筑防水行业科研成果一等奖、北京市科学技术奖。

5. 工程案例

大郊亭住宅楼项目（广华新城）、南水北调配套工程东干渠一标、二标段、北京地铁 15 号线 9~11 标段、北京世园会园区外围地下综合管廊工程、万科翡翠公园项目、成都西客站综合交通枢纽项目、福清核电站、杭临（杭州至临安）城际轨道交通等（表 2-3-2）。

表 2-3-2 工程案例与应用情况

工程案例一	大郊亭住宅楼项目（广华新城）	工程案例二	南水北调配套工程东干渠一标、二标段
应用情况	开发单位：中国石化集团北京燕山石化有限公司； 施工单位：中国建筑一局（集团）有限公司； 监理单位：中国石化集团中原石油勘探局工程建设监理中心； 防水面积：100000m²； 防水做法：1.2mm 厚高分子自粘胶膜防水卷材	应用情况	开发单位：北京市南水北调工程建设管理中心； 防水面积：77962m²； 防水做法：1.2mm 厚 PMH3040 高分子自粘胶膜防水卷材
案例实景		案例实景	
工程案例三	北京地铁 15 号线 9~11 标段	工程案例四	北京世园会园区外围地下综合管廊工程
应用情况	开发单位：北京地铁 15 号线投资有限责任公司； 设计单位：铁一、铁三院； 防水做法：1.2mm 厚高分子自粘胶膜防水卷材	应用情况	开发单位：北京京投城市管廊投资有限公司； 设计单位：北京市市政工程设计研究总院有限公司； 防水做法：1.2mm 厚高分子自粘胶膜防水卷材
案例实景		案例实景	

工程案例五	万科翡翠公园项目	工程案例六	成都西客站综合交通枢纽项目
应用情况	开发单位：北京万科房地产有限公司； 防水做法：1.2mm 厚高分子自粘胶膜防水卷材	应用情况	项目地址：四川省成都市； 开发单位：成都市双流区交通建设投资有限公司； 防水面积：67400m²； 防水做法：1.2mm 厚高分子自粘胶膜防水卷材
案例实景		案例实景	
工程案例七	福清核电站	工程案例八	杭临（杭州至临安）城际轨道交通
应用情况	开发单位：中核集团； 防水面积：82000m²； 防水做法：1.5mm 厚高分子自粘胶膜防水卷材	应用情况	开发单位：杭州杭临轨道交通有限公司； 防水做法：1.7mm 厚高分子自粘胶膜防水卷材
案例实景		案例实景	

6. 技术服务信息

技术服务信息见表 2-3-3。

表 2-3-3　技术服务信息

技术提供方	产品技术		价格
北京东方雨虹防水技术股份有限公司	高分子自粘胶膜防水卷材（HDPE）及预铺反粘防水系统		60～80 元/m²
	联系人	王超群	电话　010-56303892
			手机　15321276017
			邮箱　wangcq@yuhong.com.cn
	网址		www.yuhong.com.cn
	单位地址		北京顺义区顺平路沙岭段甲 2 号

2.3.2 轻钢龙骨石膏板多层板式复合墙体系统

1. 技术简介与适用范围

系统以纸面石膏板作为装饰装修板材、轻钢龙骨作为结构骨架材料、岩棉作为墙体填充材料组合而成，用于内隔墙。采用不同规格、数量的石膏板、龙骨和岩棉等材料组合，满足建筑防火、隔声、装饰装修等功能需求（图 2-3-2）。

适用范围：适用于民用建筑的内隔墙。

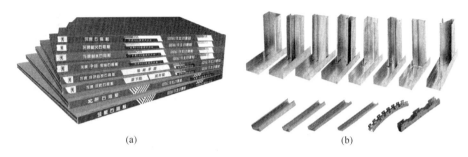

（a）　　　　　　　　　　　　　　　（b）

图 2-3-2　轻钢龙骨石膏板产品图片

（a）石膏板产品；（b）轻钢龙骨产品

2. 技术应用

1）性能指标（表 2-3-4）

表 2-3-4　轻钢龙骨石膏板多层板式复合墙体与传统墙体主要性能指标对比

墙体主材	240 红机砖	150 加气块	150 砂加气条板	石膏板式复合墙体	
结构类型	水泥砂浆＋红机砖	水泥砂浆＋加气块	砂加气条板	50 龙骨＋双面双层 12 石膏板	75 龙骨＋双面双层 12 石膏板
施工工艺	湿法作业	湿法作业	湿法作业	全干法作业	全干法作业
施工效率(m^2/工日)	6	8	15	25	25
墙体质量(kg/m^2)	315	187	94	48	49
墙体厚度(mm)	240	150	150	98	123
建筑面积 100m^2 增加使用面积(m^2)	0.00	6.77	6.77	10.60	8.80
隔声量 R_w(dB)	49	44	44	49	52
耐火极限(h)	>4	>4	>4	1～4	1～4
传热系数[$W/(m^2 \cdot K)$]	2.427	1.04	1.07	0.66	0.6
抗震性能	差	差	一般	很好	很好
能耗（kg 标煤/m^2)	21.28	14.25	14.25	6.3	6.3
碳排放(kg/m^2)	56.61	37.90	37.90	16.76	16.76

从表 2-3-4 可以看出，采用石膏板作为面板、岩棉作为保温材料的多层板式复合墙体系统各方面性能明显优于红机砖、加气块、砂加气条板。

（1）多层板式复合墙体的施工速度是其他 3 种墙体施工速度的 1.5～4 倍，施工效率高；

（2）多层板式复合墙体的密度是其他 3 种墙体的 1/6～1/2，自重很小，可以大大节省建筑成本，实现高层化；

（3）多层板式复合墙体厚度很薄，可以增加室内使用面积；

（4）多层板式复合墙体具有良好的隔声、耐火、传热、节能环保性能；同时，该系统墙体全部采用柔性连接，抗震性能明显优于其他3种墙体，安全性高，具有良好的抗震性能。

2）技术特点

（1）轻钢龙骨石膏板多层板式复合墙体，是通过不同种类的轻钢龙骨、石膏板、填充材料、辅材辅料、不同的结构形式组合而成。

① 轻钢龙骨是复合墙体的骨架，属于半支撑结构，只承担复合墙体自身的重力，不承担其他结构的重力。

② 石膏板是面层材料，起到封闭墙体及作为墙体饰面板材的作用。

③ 填充材料是龙骨骨架内填充的岩棉、玻璃棉等保温、耐火、隔声等材料。

④ 辅材辅料包括各种石膏腻子、涂料、接缝纸带、连接螺钉等。

（2）轻钢龙骨石膏板多层板式复合墙体可以根据不同耐火、隔声、耐水、传热、厚度、极限高度等方面的要求，使用不同种类、规格型号的轻钢龙骨、石膏板、填充材料等，再通过不同结构形式的排列组合，满足不同的功能需求。

（3）轻钢龙骨石膏板多层板式复合体系具有绿色环保、节能降耗、节材省地、施工快捷方便、自重轻等诸多优良特性，所用材料为绿色建材、环保建材、低耗建材，实现绿色建筑、环保建筑、节能建筑、快装建筑的目标。

3）应用要点

（1）建筑结构条件：该轻钢龙骨石膏板多层板式复合墙体系统适用于所有建筑结构形式。

（2）施工安装条件：

① 建筑外围护墙施工结束，外门窗玻璃安装完毕。

② 室内各种管道设施及隐蔽工程验收合格。

③ 施工现场地面应打扫干净，保持通风干燥。

④ 安装位置有残留水泥或凹凸不平的地面、墙面，必须修复平整。

⑤ 施工人员如果缺乏工作经验，应经过培训后方可施工。

（3）环境条件：安装施工时的现场温度应为5～40℃。

（4）轻钢龙骨石膏板多层板式复合墙体安装工艺图（图2-3-3）。

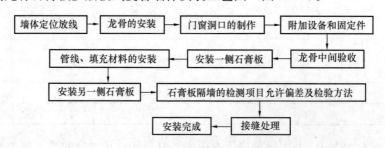

图2-3-3　轻钢龙骨石膏板多层板式复合体安装工艺图

3. 推广原因

轻钢龙骨石膏板所用材料为绿色环保材料。作为内隔墙使用，该墙体系统具有施工快捷方便、自重轻、便于管线分离和后期维护等优点。纸面石膏板主要原料为电厂脱硫石膏，属于工业废弃物再利用。

4. 标准、图集、工法或专利、获奖

《建筑用轻钢龙骨》（GB/T 11981—2008）、《建筑用轻钢龙骨配件》（JC/T 558—2007）、《纸面石膏板》（GB/T 9775—2008）、《内装修——墙面装修》（13J502-1）、《轻钢龙骨石膏板隔墙、吊顶》07CJ03-1、《龙牌高层建筑轻钢龙骨石膏板系统》（2015CPXY-J366）、《一种纸面石膏板隔声墙》发明专利、《一种板材的安装系统》与《一种隔声龙骨》实用新型专利等、获得 2014 年"鲁班奖工程功勋供应商"等奖项。

5. 工程案例

北京城市副中心行政办公区、亚投行办公楼、国贸三期、百度公司办公楼、小米公司办公楼、富力万丽酒店、香格里拉酒店、万豪酒店及国家体育场等（图 2-3-5）。

表 2-3-5　工程案例与应用情况

工程案例一	北京城市副中心行政办公区	工程案例二	亚投行办公楼
应用情况	项目地址：北京市通州区； 建设单位：北京城市副中心行政办公区工程建设办公室； 应用面积：49 万 m²	应用情况	项目地址：奥林匹克公园中心区 B27-2 地块； 建设单位：亚洲基础设施投资银行； 应用面积：25 万 m²
案例实景		案例实景	

6. 技术服务信息

技术服务信息见表 2-3-6。

表 2-3-6　技术服务信息

技术提供方	产品技术		价格	
北新集团建材股份有限公司	轻钢龙骨石膏板多层板式复合墙体系统		100～200 元/m²	
	联系人	徐正东	电话	010-57868040
			手机	15110095046
			邮箱	xzd@bnbm.com.cn
	网址		www.bnbm.com.cn	
	单位地址		北京市昌平区七北路 9 号未来科学城北新中心	

2.3.3　SW 建筑体系

1. 技术简介与适用范围

SW 建筑体系（Sandwich Wall 夹芯墙的英文缩写）是在专用设备上预制好钢网夹芯保温板，通过喷涂、预制、现浇的不同施工方法植入混凝土墙体，构成新型的钢网夹芯混凝土剪力墙结构。

适用范围：多层、高层民用建筑及农村住宅。

2．技术应用

1）性能指标

SW 建筑体系由保温剪力墙外墙或保温夹芯剪力墙外墙，夹芯剪力墙内墙或普通现浇混凝土剪力墙内墙，现浇暗柱、暗梁及边缘构件，以及现浇或装配整体式楼（屋）盖组成的钢筋混凝土剪力墙结构房屋建筑。SW 夹芯墙外墙主断面热工性能指标见表 2-3-7。

表 2-3-7　SW 夹芯墙外墙主断面热工性能指标

	保温夹芯非承重（EPS 保温板）		保温夹芯非承重（XPS 保温板）	
保温夹芯非承重 外墙简图				
保温板厚度 （mm）	主断面平均传热系数 ［W/（m²·K）］	热惰性指标 D 值	主断面平均传热系数 ［W/（m²·K）］	热惰性指标 D 值
200	0.23	2.86	0.20	3.31
180	0.25	2.71	0.22	3.11
160	0.28	2.57	0.25	2.92
140	0.32	2.42	0.28	2.73
	保温剪力墙（EPS 保温板）		保温剪力墙（XPS 保温板）	
保温剪力墙 外墙简图				
保温板厚度 （mm）	主断面平均传热系数 ［W/（m²·K）］	热惰性指标 D 值	主断面平均传热系数 ［W/（m²·K）］	热惰性指标 D 值
210	0.22	4.12	0.19	4.59
200	0.23	4.05	0.20	4.49
180	0.25	3.90	0.22	4.30
160	0.28	3.75	0.24	4.11
140	0.32	3.60	0.27	3.92
120	0.36	3.46	0.31	3.72
100	0.43	3.31	0.37	3.53

2) 技术特点

(1) 结构保温一体化，保温与结构同寿命（建筑不拆，保温不坏）（图 2-3-4）。

(a)　　　　　　　　　　　　　　　　　(b)

图 2-3-4　结构保温一体化墙板

（a）SW 夹芯板施工现场搬运；（b）SW 夹芯板与暗柱、地梁连接

(2) 隔声、隔热、节能效果好。

(3) 抗风、抗震性能好，满足 8 度抗震设防要求。

(4) 生产施工速度快，施工简单、方便、快捷。不需要大型机械吊装，降低了对施工设备的要求，给运输、吊装作业带来了很大方便（图 2-3-5）。

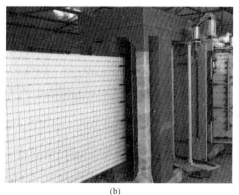

(a)　　　　　　　　　　　　　　　　　(b)

图 2-3-5　结构保温一体化墙板生产

（a）SW 夹芯保温板墙展示；（b）SW 夹芯板全自动插丝设备出板展示

(5) 经济实用，综合造价低。根据实际测算，SW 建筑体系与传统的多层钢筋混凝土剪力墙施工相比，每平方米墙面节约混凝土 $0.07m^3$，节约钢材 13kg，节省人工 1.5 个工日，每平方米降低工程造价约 260 元。

(6) 绿色节能，低碳环保，有利于保护生态环境，适合别墅、多层、高层等建筑项目（图 2-3-6）。

(7) 模数化、模块化。引用"模块化"理论应用于小住宅户型设计，在模块化设计的基础上，分析基本空间的位置关系及几种常用的户型组合，体现民居的多样，避免千篇一律（图 2-3-7）。

SW 建筑建房不用一块砖；建筑保温与结构同寿命，有效地保护了耕地，节约了能源，减

(a)　　　　　　　　　　　　　　　(b)

图 2-3-6　样板展示与实景

（a）样板展示；（b）实景

图 2-3-7　模数化、模块化效果

少了大气污染，保护了自然资源。比砖混结构的楼房更坚固，比普通剪力墙更经济，实现了建筑结构与节能保温一体化，在实际工程应用中受到政府部门的大力支持和老百姓的普遍欢迎。

3）应用要点

SW 建筑体系适用于抗震设防烈度 8 度及以下地区的民用混凝土夹芯剪力墙建筑的设计、施工及验收，也适用于现浇混凝土夹芯剪力墙建筑。

（1）现浇施工工艺操作要点

① 应根据项目的实际特点确定混凝土的配合比、最大骨料粒径和坍落度，以确保混凝土浇筑密实。

② 墙体两侧混凝土应同步浇筑，应采取有效措施保证夹芯板的位置。

③ 当采用双层钢丝网时，应采用自密实混凝土浇筑。

（2）喷涂施工工艺操作要点

① 混凝土喷涂应按顺序进行，边喷涂边抹平，抹平时刮去的混凝土余料可返回喷射机再用。

② 喷涂混凝土厚度允许偏差可为＋5～－3mm。墙面混凝土初凝后，应进行找平、压实；混凝土墙面与暗柱、暗梁模板边缘应加重压实，防止漏浆。

③ 充筋方管或厚度标志网拆除后，应补料、压实。

④ 门、窗洞口转角部位应加耐碱玻纤网布防止开裂。

⑤ 混凝土终凝 2h 后应立即采取养护措施，养护时间不应少于 7d。当气温低于 5℃时，不宜喷水养护，应采取保水养护。

⑥ 浇筑暗柱、暗梁、楼板混凝土时，墙面喷涂混凝土的立方体抗压强度不应小于 10N/mm²。

⑦ 混凝土夹芯剪力墙建筑不宜冬期施工，采用喷涂工艺时不应冬期施工。

⑧ 施工现场超过 4 级风时，安装完成的夹芯板应采取临时支撑措施，并应和暗柱钢筋绑扎牢固，或与外脚手架连接、支顶。

⑨ 施工现场超过 5 级风时，不得安装夹芯板和喷涂（现浇）混凝土。

3. 推广原因

保温夹芯承重外墙的保温夹芯层和面层在工厂预制，与传统施工方法比，减少现场人工和模板，减少现场噪声和粉尘污染等。保温夹芯承重外墙适用于多层、高层建筑。

4. 标准、图集、工法或专利、获奖

《夹模喷涂混凝土夹芯剪力墙建筑技术规程》（CECS 365—2014）、《夹模喷涂混凝土夹芯剪力墙构造》（2017CPXY—J384 图集）；《夹模边框式芯墙自承重结构多层住宅体系工业化施工方法》《结构保温一体化承压模板及应用该模板的建筑施工方法》《现浇钢丝网架夹芯保温剪力墙》《结构保温一体化夹芯剪力墙》《多层平行钢丝网架夹芯保温板及承重保温一体化墙体结构》《网片固定装置及多层平行钢丝网架夹芯保温板》《断缝保温剪力墙》《温度变形缝防水结构和现浇外叶墙温度变形缝》等专利。

5. 工程案例

北京延庆程家营村、阎家庄村民居项目、三门峡金渠涧河花园项目、郑州航空港河东棚户区 3 号地建设项目、郑州风和日丽新领地建设项目等，截至目前已应用数十个项目，使用面积 120 万 m²（表 2-3-8）。

表 2-3-8　工程案例与应用情况

工程案例一	三门峡金渠涧河花园项目	工程案例二	郑州航空港河东棚户区 3 号地建设项目
应用情况	项目地址：河南省三门峡市； 开发单位：河南金渠置业有限公司； 总包单位：河南豫康源建设工程有限公司； 建筑面积：130000m²； 保温做法：SW 钢网夹芯板作为保温层与剪力墙的受力钢筋组合成外墙的骨架，两侧浇筑混凝土后发挥受力和保温的双重作用	应用情况	项目地址：河南省郑州市； 开发单位：郑州航空港区航程转业有限公司； 部品供应单位：河南省德嘉丽科技开发有限公司； 建筑面积：210000m²； 保温做法：SW 钢网夹芯板作为保温层与剪力墙的受力钢筋组合成外墙的骨架，两侧浇筑混凝土后发挥受力和保温的双重作用
案例实景		案例实景	

6. 技术服务信息

技术服务信息见表 2-3-9。

表 2-3-9　技术服务信息

技术提供方	产品技术		价格	
清华大学建筑设计研究院有限公司 北京华美科博科技发展有限公司	SW 建筑体系	SW 钢网夹芯板	100～200 元/m²	
		低能耗房屋	1000～1500 元/m²	
	联系人	张以超	电话	010-63711258
			手机	13381223838
			邮箱	13381223838@163.com
	网址		www.huameikebo.com	
	单位地址		北京市海淀区清华科技园科技大厦 D 座 1202-2 室	

2.3.4　金邦板

1. 技术简介与适用范围

金邦板由纤维增强水泥板及装饰层复合而成，具有防火、耐候等特性，装饰效果好，现场无湿作业，施工快捷，生产自动化程度较高（图 2-3-8）。

适用范围：建筑外墙装饰。

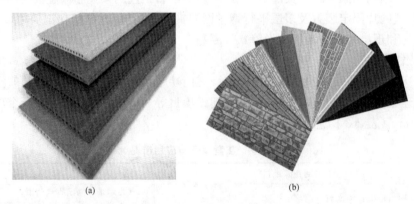

(a)　　　　　　　　　　　　　　(b)

图 2-3-8　金邦板产品图片

(a) 金邦板产品（一）；(b) 金邦板产品（二）

2. 技术应用

1）性能特点

(1) 金邦板主要性能指标见表 2-3-10。

表 2-3-10　金邦板主要性能指标

序号	检验项目	检测依据	标准要求	检验结果	
				K 系列	S 系列
1	弯曲破坏荷载(N)	JC/T 2085—2011	K 系列≥1000，S 系列≥800	1800～5000	1500～2500
2	耐冲击性	JC/T 2085—2011	不产生贯通性裂纹	无	
3	不透水性(mm)	JC/T 2085—2011	水面降低高度≤10	1～2	
4	燃烧性能	GB 8624—2006	—	A(A1)级	

续表

序号	检验项目	检测依据	标准要求	检验结果	
				K 系列	S 系列
5	含水率(%)	JC/T 2085—2011	≤20	4～12(素板)	6～12(素板)
6	吸水率(%)	JC/T 2085—2011	素板≤25,装饰板≤15	5～11(素板)	5～13(素板)
7	抗冻性	JC/T 2085—2011	200 次循环,表面剥离面积率≤2%,没有明显的层间剥离,并且厚度变化率≤10%	200 次循环,表面无剥离,无层间剥离,K 系列厚度变化率0.09%,S 系列厚度变化率0.14%	
8	湿胀率(%)	JC/T 2085—2011	≤0.3	0.15	0.17
9	石棉含量	GB/T 23263—2009	—	未检出	
10	导热系数[W/(m·K)]	GB/T 10294—2008	—	0.1767	0.21
11	放射性	GB 6566—2010	—	A 类	

（2）金邦板的性能特点如下：

① 绿色环保：采用零石棉配方，无放射性，生产使用回收过程无污染排放。

② 隔声：对人耳最敏感的 250～1000Hz 的音频，隔声效果明显。

③ 隔热：热传导率低，能够有效地提高墙体的保温效果。

④ 防火：符合 GB 8624—2006 中 A 级材料的标准。

⑤ 质轻高强：真空挤出成型，密实度高，尺寸稳定，力学性能优越。

⑥ 耐久性：采用在高温高压的蒸压釜中进行养护，尺寸稳定，从而获得稳定的强度。

⑦ 层间位移：采用企口连接，卡件固定，板材与主体结构之间为非刚性固定状态，具有良好的立面变形及层间位移性能，提高建筑的抗震性能。

⑧ 图案多样：多种花色图案与表面涂装颜色任意组合，色彩丰富。

⑨ 安装方便：采用企口连接，卡件固定的安装方式，方便快捷，节省人工，干法作业，施工不受季节影响。

⑩ 应用广泛：可广泛用于外墙装饰、外墙保温、钢木结构别墅等工业与民用建筑以及隧道、地铁车站等工程。

2）技术特点

金邦板（纤维增强水泥装饰挂板）以水泥、木质纤维、粉煤灰、硅粉等材料为主要原料，经充分搅拌、捏合和混炼后真空高压挤出成型，经过养生室和蒸压釜两次养护后，经过切割、打磨、铣边等工序加工而成。生产自动化程度较高，其整体生产技术水平在国内处于领先地位。可满足大批量供货，符合国家节能减排、持续循环发展的政策；产品自身具备保温、隔热、防火、耐候、隔声等性能，符合国家对绿色建筑要求的材料指标。

（1）高压真空挤出成型工艺，决定了产品内部是均匀同质的，在环境湿热变化导致板材变形时，体态稳定，不易翘曲变形。

（2）不含石棉等对人体有害的物质。生产过程无废水、废渣、废气，不污染环境，是一种绿色环保材料。

（3）水泥为主要材料，是热的不良导体，在日照时吸收热量较少。结合其多孔中空的断面结构，具有良好的保温隔热性能。以 K 系列金邦板为例，经过检测导热系数为 0.1767W/(m·K)。

（4）以无机胶凝材料为基材，复合纤维增强，同时板材本身具有多孔中空结构，使得板材的耐火极限较高，具有优良的防火性能。产品通过国家建筑材料测试中心检测：认定为不燃材料 A（A1）级。

（5）板材构造为多孔中空结构，在板材中间形成一层空腔，是一种增加隔声效果的独特构造。

（6）金邦板是水泥材质，结合多种材料复合而成的，搅拌用水占粉料总量的比率很低，板材内部几乎没有多余的游离水分。独特的真空高压挤出工艺，使产品的毛细孔极少，自由水结冰发生的冻融破坏概率极小，实验检测其冻融循环可达 200 次以上，耐候性极好。

3）应用要点

（1）适用范围

金邦板作为一种新型外墙装饰材料，可以应用于办公楼、学校、医院、住宅公寓等各类建筑，不仅可以作为外围护结构非承重墙体独立使用，还可与保温材料配合构成外墙外保温结构体系、复合墙体结构体系等。金邦板可广泛应用于各类新建工业与民用建筑，以及既有建筑改造工程等。

另外，金邦板产品密实度较高，具有耐湿、防潮的性能，除用于一般建筑物外，还可用于湿度较大的游泳场馆、地下工程墙面装饰（地铁车站、地下隧道、地下停车场）。

（2）主要应用技术条件

金邦板作为一种集功能性、装饰性于一体的新型低碳墙体装饰材料，以独特的企口设计、卡件固定方式，构成具有国际先进水平的施工技术，板材长度可定尺加工，如遇门窗洞口可灵活裁切，适应工程多变性，此种干法施工技术能够有效缩短建筑施工的工期，并减少建筑垃圾的产生，具有良好的经济技术指标。

① 施工简便。独特的卡件设计，上下卡板安装，板材规格最长 3m，板幅较大，使金邦板施工简单快捷。

金邦板施工安装节点设计如图 2-3-9 所示。

② 节省材料。安装仅需竖向龙骨，减少用钢量（图 2-3-10）。

3. 推广原因

该产品在装饰功能性、安全性、经济性方面具有较大优势。实现现场无湿作业，施工快捷，符合绿色环保要求。

4. 标准、图集、工法或专利、获奖

《纤维增强水泥外墙装饰挂板》（JC/T 2085—2011）、《人造板材幕墙工程技术规范》（JGJ 336—2016）、《金属与石材幕墙工程技术规范》（JGJ 133—2001）、《建筑幕墙》（GB/T 21086—2007）、《纤维增强水泥外墙装饰挂板建筑构造—金邦板幕墙、外围护复合墙体系统》（18CJ60-3）、《人造板材幕墙》（13J103-7）、《金邦板建筑构造专项图集》（14BJ129）、《一种外墙板结构》（ZL201220010676.5）、《一种纤维水泥外墙板的安装结构》（201220010678.4）、《一种纤维水泥外墙板》（ZL201320092851.4）等专利、获得"中国中材杯"全国建材行业技术革新奖"技术开发类三等奖"等奖项。

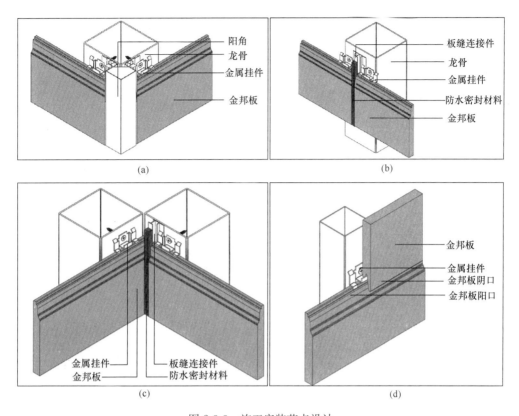

图 2-3-9　施工安装节点设计

（a）阳角部位；（b）板缝连接部位；（c）阴角部位；（d）阴阳口搭接部位

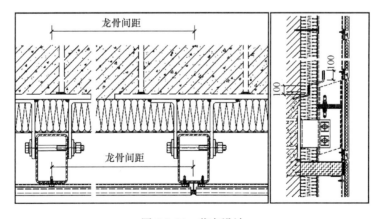

图 2-3-10　节点设计

5. 工程案例

北京城市副中心行政办公区 C1 工程、中铝科学技术研究院办公楼、北新科学院办公楼、北京太阳星城住宅项目、安全部 105 综合办公楼项目、北京方庄公馆住宅项目、顺义住宅联盟产业化示范基地办公楼等（表 2-3-11）。

表 2-3-11　工程案例与应用情况

工程案例一	北京城市副中心行政办公区 C1 工程	案例实景
应用情况	项目地址：通州区潞城镇； 开发单位：北京城市副中心行政办公区工程建设办公室； 总包单位：中国建筑一局（集团）有限公司； 建筑面积：142721.79m²； 外墙做法：大面积玻璃幕墙＋纤维增强水泥外墙挂板	
工程案例二	北新科学院办公楼	案例实景
应用情况	项目地址：北京市昌平区七北路 9 号； 开发单位：中建材创新科技研究院有限公司； 总包单位：中建三局集团有限公司； 建筑面积：44287m²； 外墙做法：玻璃幕墙＋纤维增强水泥外墙挂板	
工程案例三	中铝科学技术研究院办公楼	案例实景
应用情况	项目地址：北京昌平区国家未来科学城内； 开发单位：中国铝业公司； 总包单位：中国建筑一局（集团）有限公司； 建筑面积：272870m²； 外墙做法：玻璃＋纤维增强水泥外墙挂板	

6. 技术服务信息

技术服务信息见表 2-3-12。

表 2-3-12　技术服务信息

技术提供方	产品技术		价格	
北新集团建材股份有限公司	金邦板		180～400 元/m²	
	联系人	徐小阁	电话	0512-67151255
			手机	13720023470
			邮箱	xuxiaoge08@qq.com
	网址		www.bnbm.com.cn	
	单位地址		北京市昌平区七北路 9 号北新中心	

2.3.5　建筑外墙用岩棉板

1. 技术简介与适用范围

龙牌岩棉板以玄武岩为主要原料，制品具有较好的绝热、吸声性能，化学稳定性能，耐腐蚀性能以及不燃性能，保温节能同时安全防火（图 2-3-11）。

适用范围：建筑外墙外保温以及非透明幕墙保温。

(a)　　　　　　　　　　　　　　　　　(b)

图 2-3-11　龙牌岩棉产品图片

（a）龙牌岩棉产品（一）；（b）龙牌岩棉产品（二）

2. 技术应用

1）性能特点

（1）龙牌岩棉板主要性能指标见表 2-3-13。

表 2-3-13　岩棉板主要性能指标

检验项目	性能标准	试验方法
纤维平均直径（μm）	≤6.0	GB/T 5480
渣球含量（%）（粒径大于 0.25mm）	≤7.0	GB/T 5480
导热系数［W/(m·K)］（平均温度 25℃）	≤0.040	GB/T 10295
燃烧性能	A(A1)级	GB 8624
质量吸湿率（%）（50℃，RH95%，96h）	≤0.5	GB/T 5480
憎水率（%）	≥98.0	GB/T 10299
压缩强度（kPa）	≥40	GB/T 13480
酸度系数	≥1.8	GB/T 5480

（2）龙牌岩棉板的性能特点如下：

① 绝热性能良好：绝热性能好是岩棉制品的基本特性，在常温条件下（25℃左右）龙牌岩棉板导热系数通常为 0.030～0.046W/(m·K)。

② 防火性能 A 级：岩棉本身属无机质硅酸盐纤维，具有防火等级最高的 A 级燃烧性能属不燃物。

③ 隔声性能强：龙牌岩棉板具有超强的隔声和吸声性能，其吸声机理是这种制品具有多孔性结构，当声波通过时，由于流阻的作用产生摩擦，使声能的一部分为纤维所吸收，阻碍了声波的传递。

④ 化学稳定性能持久：由于岩棉制品化学成分稳定，酸度系数高（最高可达到 2.0 左右），保证了岩棉纤维有较好的物化性能和抗风化能力。岩棉不燃、不霉、不蛀，与建筑物

主要材料水泥同属一类物质，是目前常用建筑保温材料中使用寿命最长的保温材料之一，可达到与建筑物同寿命。

2）技术特点

（1）龙牌岩棉板大量应用于外墙外保温系统中，外墙保温岩棉板具有较高的抗压和抗拉伸强度、较低的吸水和吸湿性、尺寸稳定性良好、不会产生热膨胀或收缩、耐老化等优点，能与外墙系统兼容，对建筑物提供有效的保温节能、防火及极端气候保护等多种性能。

（2）岩棉板不燃烧，不释放热量和有毒烟气，火灾发生时还可以有效隔断火焰蔓延，防火性能卓越。

（3）岩棉板对碳钢、铝（合金）、铜等金属材料及建筑物中各种构件均不产生腐蚀，具有高效的吸声降噪和弹性消振的物理特性，不吸湿、耐老化，性能长期稳定。

（4）龙牌岩棉板生产工艺流程：原料（主要原材料：玄武岩、白云石、高炉矿渣；辅助原材料：胶粘剂、防尘油、憎水剂）→称量→粉碎、混合→喂料机→冲天炉→焦炭或天然气燃烧→熔融成熔体→四辊离心机→岩棉丝→集棉室→布棉机→固化炉→固化成型→切割机→检验→包装→入库。

龙牌岩棉板主要生产工艺流程操作要点见表 2-3-14。

表 2-3-14　龙牌岩棉板主要生产工艺流程操作要点

主要生产工艺流程	操作要点
熔制	原料经粉碎、混合，用喂料机送入冲天炉，喷入天然气燃烧产生 1500℃左右高温，将原料熔融成熔体，熔体经四辊离心机甩制成岩棉丝
集棉	岩棉丝被吹入集棉室，负压沉降于集棉室，由网带输送至固化炉
制板	制板部分由布棉机、固化炉、主动力、热风炉、冷却切割机等部分组成。 固化炉：是制板成型的设备，摆动布棉后的原毡经布棉机输送到固化炉内，在上下链带间向前运行，热风机将热风吹入固化炉内的棉毡使其固化。 切割机：对固化后的制品进行分切，先进行纵向切割，再横向切割
包装入库	经检验合格后的制品自动整齐码放包装，搬运入库

3）应用要点

（1）适用范围

龙牌岩棉板具有绝佳的绝热性能、吸声性能、化学稳定性能、耐腐蚀性能以及不燃性能，广泛应用于建筑业、工业及造船业的吸声、隔热、节能保温工程。

在建筑节能保温防火要求的大环境下，龙牌岩棉板大量应用于建筑保温、建筑吸声、建筑防火等领域。

（2）主要应用技术条件

① 外墙外保温建筑结构基层面条件要求

a. 水泥砂浆外墙面粉刷层基层粘结牢固、无开裂、无空鼓、无渗水。

b. 基层面干燥、平整，平整度：2m 靠尺测定不大于 4mm 误差。

c. 基层面具一定强度，表面抗拉强度不小于 0.5MPa。

d. 基层面无油污、浮尘或空鼓的疏松层等其他异物。

② 外墙外保温施工条件要求

a. 外墙外保温施工期间以及完工后 24h 内。基层及施工环境温度应为 5～35℃，夏季应避免烈日暴晒；在 5 级以上大风天气和雨、雪天不得施工。如施工中突遇降雨，应采取有效措施防止雨水冲刷墙面。

b. 基层墙体及水泥砂浆找平层和门窗洞口的施工质量应验收合格，门窗框或辅框应安装完毕。伸出墙面的消防梯、水落管、穿越墙体洞口的管线和空调器等预埋件、连接件应安装完毕，并按外保温系统的设计厚度留出间隙。

c. 基层墙面应坚实平整，水泥砂浆找平层的平整度和垂直度应符合相关标准的要求，基层墙面及其水泥砂浆找平层已经按照规范要求验收合格。

d. 施工用专用脚手架应搭设牢固，安全检验合格。脚手架横竖杆与墙面、墙角的间距应满足施工要求。

e. 作业现场应通水通电（或者甲方提供接水或接电总接头），并保持作业环境清洁和畅通。

3. 推广原因

该产品具有良好的防火、保温隔热性能，适用于建筑外墙外保温以及非透明幕墙保温等工程。

4. 标准、图集、工法或专利、获奖

《建筑外墙外保温用岩棉制品》（GB/T 25975—2018）、《一种岩棉废棉回收装置》（ZL201520318347.0）等专利、获得"北京市自主创新产品"等证书。

5. 工程案例

国贸三期、北京宝格丽酒店、北新绿色建筑研究院、华为产业园、北京平安金融中心、北京环保园、首都机场 T3 航站楼、国家体育场（鸟巢）、国家电力部大厦、公安部招待所大楼、北京亦庄开发区亦庄公寓大楼、北京亦庄西得乐工程、北京利乐包装厂房、北京 LG 厂房（表 2-3-15）。

表 2-3-15　工程案例与应用情况

工程案例一	北京宝格丽酒店	工程案例二	北新绿色建筑研究院
应用情况	项目地址：北京市朝阳区新源南路 8 号； 开发单位：宝格丽酒店； 总包单位：浙江亚厦集团； 建筑面积：3.8 万 m²； 外墙做法：幕墙	应用情况	项目地址：北京市昌平区七北路 9 号； 开发单位：北新集团建材股份有限公司； 总包单位：中国中铁建工集团； 建筑面积：3.2 万 m²； 外墙做法：干挂
实例实景		实例实景	

6. 技术服务信息

技术服务信息见表 2-3-16。

表 2-3-16　技术服务信息

技术提供方	产品技术		价格
北新集团建材股份有限公司	岩棉板		6000 元/t
	联系人	王东兴	电话　010-57868697
			手机　13311230053
			邮箱　wdx@bnbm.com.cn
	网址		www.bnbm.com.cn
	单位地址		北京市昌平区七北路 9 号未来科学城北新中心

2.3.6　改性酚醛保温板外墙外保温系统

1. 技术简介与适用范围

改性酚醛保温板是以改性酚醛树脂、表面活性剂、发泡剂、改性剂、固化剂等材料为主要原料，通过连续发泡、固化和熟化而成，板材表面经过界面处理有效解决了掉粉等问题。该系统具有防火、保温功能。

适用范围：建筑外墙外保温。

2. 技术应用

1）技术性能

改性酚醛保温板的导热系数可达 $0.024W/(m \cdot K)$，体积吸水率可达 2.1%，芯材垂直于板面方向的抗拉强度可达 132kPa，芯材的氧指数可达 40%，芯材燃烧性能为 B1(B)级。

2）技术特点

（1）系统使用可循环利用的生物质材料制造的改性酚醛保温板为芯材，具有节能环保和可再生资源利用的特点。

（2）系统具有优良的防火性能，芯材氧指数高达 40% 以上，遇火不熔融、无滴落、低烟、低毒。

（3）改性酚醛保温板是一种高效的保温材料。

（4）系统采用接枝共聚方法将生物质酚与苯酚有效连接，形成的酚醛泡沫板材较传统酚醛保温板的强度和韧性得到明显提高，同时降低了吸水率。

（5）系统材料配套性好，与混凝土与砌体基层墙体有良好的适应性。

（6）系统采用薄抹灰施工工艺，操作方便简单。

3）应用要点

（1）应用于既有建筑的节能改造时，应对既有墙面进行拉拔试验，基层墙面的附着力不低于 $0.10N/mm^2$。

（2）改性酚醛保温板应在出厂前有效陈化，在运输、装卸、施工等环节中，不应重压猛摔或与锋利物品碰撞，以避免破坏。

（3）须用界面材料对改性酚醛保温板进行界面处理，界面处理宜在工厂进行。界面处理后的改性酚醛保温板与砂浆的粘接强度应大于改性酚醛保温板的原强度。

（4）建筑首层外墙外保温防护层的厚度不低于 15mm。

（5）锚栓安装时宜采用旋入式，尽量避免敲击锚栓，以免破坏改性酚醛保温板。

（6）改性酚醛保温板外墙薄抹灰系统应用，其他执行《酚醛泡沫板薄抹灰外墙外保温系统材料》（JG/T 515—2017）和《酚醛泡沫板外墙外保温施工技术规程》（DB11/T 943—2017）。

3. 推广原因

该技术使用改性酚醛泡沫板作为外保温系统组成材料，比传统酚醛保温板性能有所提高，系统具有较好保温及防火阻燃效果。

4. 标准、图集、工法或专利、获奖

《酚醛泡沫板外墙外保温施工技术规程》（DB11/T 943—2017）、《绝热用硬质酚醛泡沫制品（PF）》（GB/T 20974—2014）、《酚醛泡沫板薄抹灰外墙外保温系统材料》（JG/T 515—2017）、《建筑构造专项图集》（12BJZ25）、《保温板薄抹灰外墙外保温施工技术规程》（DB11/T 584—2013）、北京市工程建设工法证书（08-24-105）、《OPF 傲德复合酚醛防火保温板》（Q/TXLGX0005—2018）（企业标准信息公共服务平台）、《酚醛树脂型表面活性剂的制备方法及制备酚醛泡沫塑料》（ZL201510744853.0）、《一种中性酚醛泡沫塑料及其制备方法》（ZL201510744660.5）等专利、《通州区科学技术二等奖》（编号 2016-2-11）、《高新技术企业证书》等奖项。

5. 工程案例

北京通州旧房节能改造工程、密云旧房节能改造工程、丰台旧房改造、华北电力大学昌平校区节能工程、石龙医院、朝阳区劲松七区旧房改造项目、审计署知春东里改造项目、亦庄国际 12km² 定向回迁安置房项目等（图 2-3-12、表 2-3-17）。

图 2-3-12　案例实景
（a）审计署知春东里改造项目；（b）朝阳区劲松七区旧房改造项目；
（c）亦庄国际 12km² 定向回迁安置房项目

表 2-3-17　工程案例应用情况

工程案例	系统类型	保温材料	建筑面积	项目地址	竣工时间
审计署知春东里改造项目	涂料饰面薄抹灰外墙外保温系统	80mm 厚改性酚醛保温板	10 万 m²	北京市海淀区知春路	2016 年 10 月
朝阳区劲松七区旧房改造项目	涂料饰面薄抹灰外墙外保温系统	60mm 厚改性酚醛保温板	6 万 m²	北京市朝阳区劲松	2015 年 8 月
亦庄国际 12km² 定向回迁安置房项目	涂料饰面薄抹灰外墙外保温系统	60mm 厚改性酚醛保温板	120 万 m²	北京市大兴区亦庄	2012 年 12 月

6. 技术服务信息

技术服务信息见表 2-3-18。

表 2-3-18　技术服务信息

技术提供方	产品技术		价格	
北京莱恩斯高新技术有限公司	改性酚醛保温板外墙外保温系统		1500 元/m³	
	联系人	孙垂海	电话	010-81504338
			手机	13901162430
			邮箱	chsun@126.com
	网址		www.lions.com.cn	
	单位地址		北京市通州区光机电一体化产业基地兴光五街 11 号	

2.3.7　ZL 增强竖丝岩棉复合板

1. 技术简介与适用范围

该产品是由若干岩棉条拼接，在长度方向及上下两面涂覆玻纤网增强聚合物水泥砂浆层（图 2-3-13），在工厂预制而成的保温板材。可使该岩棉复合板组成的保温系统垂直于板面的抗拉强度达到 0.10MPa 以上，提高了岩棉保温系统安全性和可操作性。

适用范围：各种建筑的外墙外保温及防火隔离带的保温层。

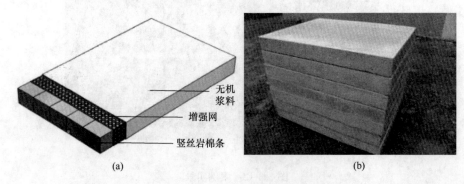

图 2-3-13　增强竖丝岩棉复合板构造及成品

(a) 岩棉复合板构造；(b) 岩棉复合板成品

2. 技术应用

1）性能指标

增强竖丝岩棉复合板性能指标和允许偏差应符合表 2-3-19、表 2-3-20 的规定。

表 2-3-19 增强竖丝岩棉复合板物理性能

项目		单位	技术指标	试验方法
芯材	密度	kg/m³	≥100	GB/T 5480
	导热系数	W/(m·K)	≤0.045	GB/T 10294 或 GB/T 10295
	短期吸水量	kg/m²	≤1.0	GB/T 25975
	酸度系数	—	≥1.8	GB/T 5480
复合板	尺寸稳定性	%	≤1.0	GB/T 8811
	垂直于板面方向的抗拉强度（不切割）	MPa	≥0.10	JGJ 110
	憎水率	%	≥98	GB/T 10299
	燃烧性能等级	—	A 级	GB 8624

表 2-3-20 增强竖丝岩棉复合板尺寸允许偏差

项目	单位	允许偏差	试验方法
长度	mm	±5.0	
宽度	mm	±3.0	GB/T 5486—2008
厚度	mm	+2.0，0.0	
对角线差	mm	≤5.0	

2）技术特点

增强竖丝岩棉复合板通过对岩棉纤维排列方向的重新调整以及面层复合技术改性形成的复合板，强度大幅提升，性能优于普通岩棉板，克服了普通岩棉板抗拉强度低、高吸水率等缺点。组成的保温系统提高了耐候性能，能够满足建筑外墙外保温的要求。产品在安装以及搬运和存放过程中施工更加便捷。

（1）提升岩棉板抗拉强度。由于增强竖丝岩棉复合板的芯材岩棉丝垂直于板面呈竖向排列，改变了普通岩棉板的纤维分布方向，从而改变了纤维的受力方向和物理力学性能指标，从根本上解决了纤维分层、膨胀变形的问题，增强了抗拉强度。

使用无机保温浆料复合耐碱网格布包覆后，板材的抗拉强度高达 0.10MPa，是普通岩棉 7.5kPa 的 13 倍，实现了岩棉板的抗风压安全性。

（2）芯材和面层防护材料的高憎水性能。面层的无机保温砂浆复合增强网防护层（厚度 3～5mm）是一种优异的防水保温砂浆，有效地包裹岩棉，使岩棉与外界水隔离，具有较强憎水效果。

（3）形成独立受力单元，提高抗沉降能力。增强竖丝岩棉复合板通过网格布复合防护砂浆的四面包覆，每一块板材形成一个相对独立的受力单元，由于网格布整体性，板材受力性大大提高，同时提升了岩棉丝的抗沉降能力。

（4）施工性大幅提升。如图 2-3-14 所示，板材在现场可以用木工手锯随意裁切，施工便捷，且面层在砂浆的包裹下，操作人员不与岩棉纤维直接接触，劳动保护效果明显提升。

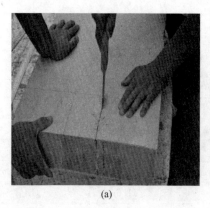

（a）　　　　　　　　　（b）

图 2-3-14　增强竖丝岩棉复合板裁切

（a）切割中；（b）切割后

3）应用要点

该板材连接既可以选用粘贴锚固构造，又可以选用贴砌构造。

为了确保系统的稳定性，提高系统的耐候防裂性能，增强竖丝岩棉复合板面层宜采用10～20mm厚的胶粉聚苯颗粒浆料找平过渡。为防止增强竖丝岩棉复合板下坠，并提升板材与基层墙体的结合力，在楼层的最底层增强竖丝岩棉复合板的下侧安装 L 形托架（高层建筑应适当增加）。施工主要步骤如图 2-3-15、图 2-3-16 所示。

1.涂刷基层界面砂浆　　　2.安装托架　　　3.粘贴岩棉复合板

4.安装锚栓　　　5.保温砂浆找平抹灰　　　6.抗裂层施工

7.刮柔性耐水腻子　　　8.涂料饰面施工

图 2-3-15　胶粉聚苯颗粒贴砌增强竖丝岩棉复合板外保温系统施工主要步骤

3. 推广原因

该技术产品符合岩棉保温板发展应用方向，有利于提高外墙外保温系统的保温、防火阻燃及施工性能，产品具有较强推广前景。

4. 标准、图集、工法或专利、获奖

《胶粉聚苯颗粒复合型外墙外保温工程技术规程》（DB11/T 463—2012）、《增强竖丝岩棉复合板》（Q/DXZLN0010）（企业标准信息公共服务平台备案，备案时间：2016 年 6 月 16 日）、《一种防火隔离带用岩棉复合板》等专利。

1. 保温板打灰

2. 粘贴保温板

3. 锚栓安装

4. 板面找平抹灰

5. 抗裂层施工

6. 饰面层施工

图 2-3-16　砂浆粘贴增强竖丝岩棉复合板外保温系统施工主要步骤

5. 工程案例

北京海淀区琨御府项目、北京远洋傲北项目、北京小瓦窑住房工程、北京动感花园项目、北京亚林东项目等。到现在为止已应用数十个项目，使用面积 200 万 m² （表 2-3-21）。

表 2-3-21　工程案例与应用情况

工程案例一	北京海淀区琨御府项目	案例实景
应用情况	项目地址：北京海淀五路居； 开发单位：京投发展； 总包单位：中铁电气化 & 城建集团； 建筑面积：200000m²； 保温做法：粘贴增强岩棉复合板体系统； 砂浆粘贴岩棉复合板，采用网格布和抗裂砂浆进行板缝处理	
工程案例二	北京小瓦窑住房工程	案例实景
应用情况	项目地址：北京海淀区小瓦窑； 总包单位：江苏省建工集团； 保温面积：13000m²； 保温做法：粘结增强竖丝岩棉复合板系统； 采用砂浆粘贴增强竖丝岩棉复合板，胶粉聚苯颗粒进行面层抹灰找平处理，之后进行抗裂层和饰面层施工	

工程案例三	北京远洋傲北项目	案例实景
应用情况	项目地址：北京昌平区小汤山镇； 开发单位：远洋国际建设有限公司； 保温做法：贴砌增强竖丝岩棉复合板系统； 采用胶粉聚苯颗粒贴砌增强竖丝岩棉复合板，之后进行抗裂层和饰面层施工	

6. 技术服务信息

技术服务信息见表 2-3-22。

表 2-3-22　技术服务信息

技术提供方	产品技术		价格
北京振利节能环保科技股份有限公司	ZL 增强竖丝岩棉复合板		600～1000 元/m³
	联系人	王川	电话　010-63826971
			手机　13911016534
			邮箱　wangchuan717@163.com
	网址		www.zhenli.com.cn
	单位地址		北京市大兴区长子营镇工业区长建路 15 号院

2.3.8　水包水岩彩漆

1. 技术简介与适用范围

该产品通过将液态的水性树脂转换成胶状的水性彩色颗粒，并均匀分布在特定的水性乳液中，最终形成色彩任意搭配，实现大理石、花岗岩的装饰效果，并具备高档建筑涂料的所有特性（图 2-3-17）。

适用范围：建筑内外墙装饰。

(a)　　　　　　　　　　　　　　　(b)

图 2-3-17　水包水岩彩漆

（a）水包水岩彩漆产品；（b）水包水岩彩漆涂装样板

2. 技术应用

1）性能指标

该产品质量完全达到《水性多彩建筑涂料》（HG/T 4343—2012）中给定的各项性能指标。其中最重要的耐沾污性，标准要求达到≤2 级，该产品达到最好等级 0 级，有效保证建筑物可以持久亮丽；耐候性达到 1000h，理论推测漆膜可以对建筑物保护时间长达 20 年以上。覆盖裂纹能力 0.9，远大于标准中规定的≥0.5 的要求。

2）技术特点

水包水岩彩漆是一种由连续相和分散相组成的多相共存的复杂体系，由性能优异的成膜物所包裹的有色水溶性乳胶彩粒（分散相）和以水溶性保护胶溶液作为分散介质（连续相）所构成的多相均匀的悬浮体。彩粒的大小肉眼可见，其形状有圆点状、针状等，它们均匀地分散在保护胶溶液中，并在其中呈现稳定的状态。在涂装时，起先湿膜中的彩粒仍保持在水相中的悬浮态，随着湿膜中水分的挥发，彩粒相互堆砌、融合，最终形成多彩涂膜。

水包水岩彩漆与其他装饰材料相比，具有环保性强、高仿石材效果逼真、耐候性、耐水性、耐沾污性好、质量稳定、施工简单、保护植被等优点（表 2-3-23）。

表 2-3-23　水包水岩彩漆与其他建筑装饰材料对比

种类	装饰性	重涂性	色彩	安全性	单位面积质量（kg/m²）	节能	造价（元/m²）
普通乳胶漆	单一	好	丰富	好	0.3	节能	8～15
真石漆	质感强	—	比较丰富	较好	4	能耗高，破坏植被	30～40
天然石材	豪华、典雅	—	单一	差	60	能耗高，破坏植被	500～600
水包水岩彩漆	高仿天然石材	好	丰富	好	0.5	节能	30～40

3）应用要点

（1）适用范围

水包水岩彩漆主要用于建筑物外墙，适用于水泥砂浆面、混凝土面、水泥纤维板、各种保温层表面、木材、金属板（包括铝板）等，不限地域。

（2）主要应用技术条件

① 施工环境：应避免在气温低于 5℃、高于 30℃、相对湿度高于 85％的环境条件下施工；避免在大风（≥4 级）天气里施工，以免开裂。

② 基层必须提前处理好：将要被涂刷的墙面必须牢固、干燥，混凝土、抹灰墙面应有足够的养护期，一般应养护 28d 以上，以保证墙面含水率应小于 10％，表层含盐量≤0.1％，pH 值≤10。对凹凸部位进行打磨填平，若墙面存在较大裂缝或凹陷，用水泥砂浆修补。修补较大裂缝时，应在裂缝处别出楔形槽，分多次向槽内填补水泥砂浆，直至填平。注意：每次填补时，应让水泥砂浆完全干燥后再进行下一次填补，目的是减少收缩，保证含水率≤10％。凹陷修补同样也要分步进行。检查墙体是否有从自来水管漏水的痕迹，如有应排除漏水之源。基材表面若有旧涂层，对于易铲除的部分，应用铲刀铲除干净；对于不易铲

除的部分，应该用水泥砂浆找平后，再进行后续施工（图 2-3-18、图 2-3-19）。

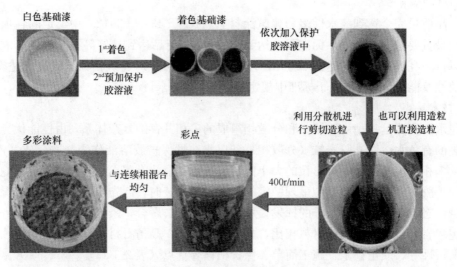

图 2-3-18　水包水岩彩漆制作流程

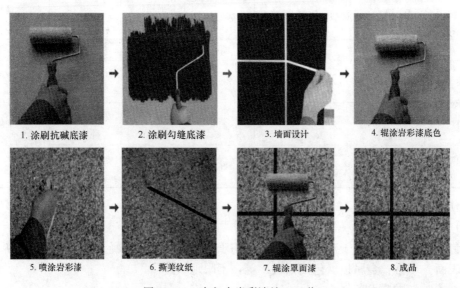

图 2-3-19　水包水岩彩漆施工工艺

3. 推广原因

该产品具有高度仿真大理石、花岗岩的装饰效果。与天然石材相比可大大降低建筑负载、节约天然资源、降低整体造价。另外，产品具有水性环保，施工便捷等特性，并已有房山大学城等实际应用案例。

4. 标准、图集、工法或专利、获奖

《水性多彩建筑涂料》（HG/T 4343—2012）、《一种真石漆及其制备方法、施工方法》发明专利、《一种涂料组合物及其制备方法》发明专利等。

5. 工程案例

北京房山大学城、廊坊 K2 狮子城、山东济南银丰地产等（表 2-3-24）。

表 2-3-24　工程案例与应用情况

工程案例一	北京房山大学城	案例实景
应用情况	项目地址：良乡高教园区； 开发单位：北京市整理储备中心房山区分中心； 总包单位：北京城建五建； 建筑面积：4 万 m²； 外墙做法：抗碱底漆一遍＋勾缝漆一遍＋岩彩底色漆一遍＋喷涂水包水岩彩漆＋罩面漆一遍	
工程案例二	廊坊 K2 狮子城	案例实景
应用情况	项目地址：廊坊市安次区； 开发单位：廊坊中投置地房地产开发有限公司； 总包单位：北辰正方建设集团； 建筑面积：2 万 m²； 外墙做法：抗碱底漆一遍＋勾缝漆一遍＋岩彩底色漆一遍＋喷涂水包水岩彩漆＋罩面漆一遍	
工程案例三	山东济南银丰地产	案例实景
应用情况	项目地址：济南市历下区； 开发单位：山东华创置业有限公司； 总包单位：青岛一建； 建筑面积：13 万 m²； 外墙做法：抗碱底漆一遍＋勾缝漆一遍＋岩彩底色漆一遍＋喷涂水包水岩彩漆＋罩面漆一遍	

6. 技术服务信息

技术服务信息见表 2-3-25。

表 2-3-25　技术服务信息

技术提供方	产品技术		价格
北新集团建材股份有限公司	水包水岩彩漆		20~50 元/kg
	联系人	邢净	电话　010-57868777
			手机　15933554908
	网址		www.bnbm.com.cn
	单位地址		北京市昌平区未来科学城七北路 9 号北新科学院

2.3.9　京武木塑铝复合型材

1. 技术简介与适用范围

该复合型材是以铝合金型材和木塑型材为主要材料，铝合金型材和木塑型材均设置空腔，且分别设有梯形凸台和开口槽，通过机械辊压复合，咬合精确、牢固。产品成功地解决了两者的线膨胀系数匹配及热胀冷缩产生的缝隙等问题。室内木塑型材表面覆有抗紫外线专用膜，颜色多样，抗老化，装饰性能好，具有良好的保温隔热性和耐久性（图 2-3-20）。

适用范围：民用建筑门窗。

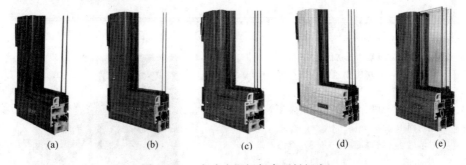

图 2-3-20　京武木塑铝复合型材门窗

(a) 60 豪华内开窗；(b) 60 隔热内开窗；(c) 70 豪华内开窗；(d) 70 隔热内开窗；(e) 80 隔热内开窗

2. 技术应用

1）性能指标

（1）线膨胀系数：木塑型材经国家化学建筑材料测试中心检测线膨胀系数达到$(2.72 \sim 4.0) \times 10^{-5} \mathrm{K}^{-1}$，与铝合金型材的线膨胀系数十分接近，解决了热胀冷缩产生的缝隙问题。

（2）室内膜耐候性：型材室内表面抗紫外线专用窗膜，经国家化学建筑材料测试中心按照《建筑门窗用未增塑聚氯乙烯彩色型材》(JG/T 263—2010)耐人工气候老化性能(老化试验时间 12000h)进行检验，达到标准要求。

（3）型材传热系数：木塑铝复合平开框(60 系列)经国家化学建筑材料测试中心检测传热系数 $1.88\mathrm{W}/(\mathrm{m}^2 \cdot \mathrm{K})$。

（4）整窗性能：60 系列豪华型材，配置(6 单银 Low-E＋12Ar＋6)mm 中空玻璃，整窗保温性能达到 7 级标准[传热系数 $1.88\mathrm{W}/(\mathrm{m}^2 \cdot \mathrm{K})$]；抗风压性能达到 9 级标准；气密性能达到 8 级标准；水密性能达到 3 级标准。

60 系列隔热型材，配置(6 单银 Low-E＋12Ar＋6)mm 中空玻璃，整窗保温性能达到 7 级标准[传热系数 $1.92\mathrm{W}/(\mathrm{m}^2 \cdot \mathrm{K})$]；抗风压性能达到 9 级标准；气密性能达到 8 级标准；

水密性能达到 3 级标准。

80 系列隔热型材，配置(6 单银 Low-E＋15Ar＋5＋15Ar＋5)mm 中空玻璃，整窗保温性能达到 8 级标准[传热系数 1.4W/(m²·K)]；抗风压性能达到 9 级标准；气密性能达到 8 级标准；水密性能达到 3 级标准。

(5) 被动窗性能：经北京建筑材料检验研究院有限公司检测 95 系列型材，配置(5Low-E 钢＋16Ar＋5 白钢＋16Ar＋5Low-E 钢)mm 玻璃，整窗保温性能达到 10 级标准[传热系数 0.98W/(m²·K)]；抗风压性能达到 9 级标准；气密性能达到 8 级标准；水密性能达到 4 级标准。

2) 技术特点

(1) 木塑铝复合型材以木塑型材和铝合金型材为主要原材料，分别设有梯形凸台和开口槽，经机械辊压复合而成，咬合精确、牢固，如图 2-3-21 所示。

(2) 木塑型材以木材废弃物和合成树脂为主要原料，经粉碎混合后添加少量助剂，由挤出机高温挤出成型。其表面密度大，具有耐腐蚀、防虫蛀、防水、不含甲醛、可 100％回收利用等特点，可消耗大量的木材废弃物，节能减排。

(3) 铝合金型材是以采用熔铸工艺生产的铝合金材料为原材料，分为普通型材和隔热型材，具有强度高、耐候性能好等特点。

(4) 两者的线膨胀系数接近，解决了热胀冷缩产生的缝隙问题，同时这是该产品的突出优点。且均为空腔结构，提高了型材的保温性能。

(5) 型材室内表面覆有抗紫外线专用窗膜，颜色多样，抗老化，终身免维护，装饰性能好。

(6) 木塑铝复合门窗型材不吸水变形；防火，燃烧时铝合金部分仍旧保持强度，支撑窗的整体质量，确保安全。

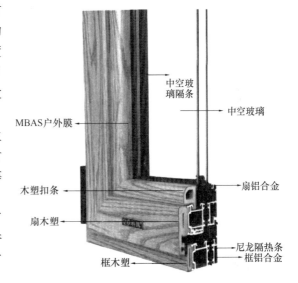

图 2-3-21 木塑铝复合型材结构示意图

3) 应用要点

(1) 型材应贮存在阴凉、通风的库房内，平整堆放高度≤1m。

(2) 运输时应平整堆放、避免重压、轻装轻卸、防雨防晒。

(3) 加工制作过程中，型材表面贴好保护膜，型材表面如有轻微的压坑、碰伤，可用室内相同颜色的修复笔、蜡笔进行修复。

3. 推广原因

该产品由铝合金型材（室外侧）与木塑型材（室内侧）复合而成，具有保温隔热性能好、耐久性好、防虫蛀、防水性能好、不含甲醛等特点，且可 100％回收利用，节约资源。产品内外表面色彩丰富，具有较强的装饰性。产品在天津师范大学综合楼等工程中得到应用。

4. 标准、图集、工法或专利、获奖

《铝合金建筑型材 第 4 部分：喷粉型材》(GB/T 5237.4—2017)、《居住建筑节能设计标准》(DB11/891—2012)、《铝合金建筑型材用辅助材料 第 1 部分：聚酰胺隔热条》(GB/T 23615.1—2009)、国家建筑标准设计图集《建筑节能门窗》(16J607)、《木塑铝复合型材》(Q/JWHDJ0001—2013)(企业标准信息公共服务平台备案，备案时间：2018 年 12 月 19 日)、"2017 年中博精典建筑科学研究院总工之家颁发技术创新奖""2016 年建筑门窗幕墙行业金轩奖"等奖项。

5. 工程案例

北京房山科研楼项目、天津景华春天项目、秦皇岛渝水湾项目、廊坊华元机电科技楼、北京西城区敬老院、天津师范大学综合楼项目等（表 2-3-26）。

表 2-3-26　工程案例与应用情况

工程案例一	天津师范大学综合楼项目	案例实景
应用情况	天津师范大学开发，采用 70 隔热内开窗型材，门窗面积 3000m²，反馈良好	
工程案例二	北京房山科研楼项目	案例实景
应用情况	北京恒通创新科技开发，采用 60 豪华内开窗型材，门窗面积 4500m²，反馈良好	
工程案例三	天津景华春天项目	案例实景
应用情况	由华夏金岸房地产开发，采用 60 隔热内开窗型材，门窗面积 5500m²，反馈良好	

6. 技术服务信息

技术服务信息见表 2-3-27。

表 2-3-27　技术服务信息

技术提供方	产品技术		价格	
北京京武宏达建材科技有限公司	京武木塑铝复合型材		23～26 元/kg	
	联系人	高利利	电话	010-52119775
			手机	13269601129
			邮箱	jwkj2011@163.com
	网址		www.jwjnxc.com	
	单位地址		北京市通州区潞城镇武兴路 12 号	

2.3.10　聚乙烯缠绕结构壁-B 型结构壁管道系统应用技术

1. 技术简介与适用范围

该技术产品以高密度聚乙烯树脂为主要原材料，采用热态缠绕成型工艺制作，熔缝质量优异；独有的承插口电熔连接技术，确保接口零渗漏；管材管件配套能力强，可组成完善的、零渗漏的管道系统。管道系统产品包括 DN200～4000mm 聚乙烯缠绕结构壁-B 型结构壁管材、管件及检查井等。

适用范围：各种土壤环境、不同深度地下敷设的埋地雨污水管网、地下管廊、雨污水收集系统。

2. 技术应用

1）性能指标

主要技术指标为环刚度，环刚度等级分为 SN2、SN4、SN6.3、SN8、SN12.5、SN16。

2）工艺流程及操作要点（图 2-3-22）

生产过程以高密度聚乙烯树脂（HDPE）为原料，根据不同类型的产品，以聚丙烯（PP）波纹管为辅助支撑管，采用一次挤出，热态缠绕成型，自然冷却的加工工艺。热态缠绕成型：从挤塑机口挤出的 190℃的平料带和 O 形料带按预定的位置均匀地缠绕在加热的整体钢制滚筒模具上，自然冷却后保证了管材熔接缝质量。

3）技术特点

（1）产品采用一次挤出，在整体钢制滚筒模具上热态缠绕成型，自然冷却后保证了管材熔接缝质量（图 2-3-23）。

（2）产品接口采用承插口电熔连接技术，接口零渗漏。接口与管线同寿命，保证了管道整个系统运行的安全性（图 2-3-24）。

（3）管材管件配套能力强，可组成完善的、零渗漏的管道系统（图 2-3-25）。

（4）产品内壁粗糙率低，输水量大，在同等使用条件下较同内径水泥管输水量可提高 40%。流速快，不容

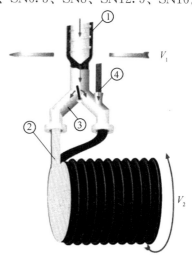

图 2-3-22　聚乙烯缠绕结构壁-B 型结构壁管材工艺示意图

1—挤出机；2—高密度聚乙烯扁平带；

3—流道；4—聚丙烯（PP）波纹管；

V_1—台车移动方向及速度；

V_2—钢制滚筒模具的转动方向及速度

易沉积淤泥，节约养护费用。可提高城市汛期排水能力，减少强降雨天气对城市交通的影响。

图 2-3-23　聚乙烯缠绕结构壁-B 型结构

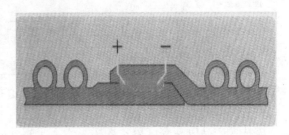

图 2-3-24　承插口电熔连接示意图

图 2-3-25　聚乙烯缠绕结构壁管道系统

（5）质量轻、安装性能优异。无须混凝土垫层和混凝土管基，100m 内可整体吊装下槽。

（6）超强的耐腐蚀能力、耐老化、使用寿命长，确保 50 年以上。

（7）良好的柔韧性。可提高公用设施抗震、减灾的能力。

（8）耐磨性强，耐砂浆磨损是钢管的 4 倍。

（9）产品主要原材料高密度聚乙烯和聚丙烯，无任何毒性，属绿色环保产品。

4）应用要点

（1）管道系统

无须混凝土垫层和混凝土管基，基本上可做到边开挖、边下管、边回填，缩短了工期，缓解施工造成的交通拥堵，社会效益和经济效益明显。100m 内可先焊接，管道整体下槽、回填，在地下水位高的地区提高了施工速度（图 2-3-26）。

（2）由于高密度聚乙烯具有极强的耐化学药品腐蚀和侵蚀的能力。因此管材在输送腐蚀性流体或在腐蚀性土壤中敷设时，无须防腐处理，性能大大优于其他管材，使用寿命长。

（3）管材具有很好的柔韧性，而整个管段又有很强的刚性和整体抗外压能力，发生地震、地面不均匀沉降等地质活动时，也能将管道破坏损失率降为最小，从而提高了公用设施抗震、减灾的能力（图 2-3-27）。

图 2-3-26　产品 100m 内整体吊装下槽

图 2-3-27　产品良好的柔韧性

3. 推广原因

项目技术成熟，解决了传统管网系统接口渗漏、腐蚀、老化等痛点问题。具有质量可靠、施工方便、管网零渗漏、寿命长、耐久性好、适应性强等特点。产品在北京大兴新机场、北京 CBD 核心区内部市政管线北区排水等工程中得以应用，具有较好的示范推广效应。

4. 标准、图集、工法或专利、获奖

《埋地塑料排水管道工程技术规程》(CJJ 143—2010)、《埋地用聚乙烯(PE)结构壁管道系统　第 2 部分：聚乙烯缠绕结构壁管材》(GB/T 19472.2—2017)、《市政排水用塑料检查井》(CJ/T 326—2010)、《缠绕结构壁管的套袖电熔连接装置和连接方法》发明专利、《廊坊市科技进步三等奖》等。

5. 工程案例

北京大兴新机场项目、北京 CBD 核心区内部市政管线北区排水工程、北京通州行政副中心雨、污水排放项目；北京冬奥会延庆赛区项目等（图 2-3-28）。

(a)　　　　　　　　　　(b)　　　　　　　　　　(c)

图 2-3-28　工程应用实例项目

（a）为北京大兴新机场项目，应用 DN300～1800mm 聚乙烯缠绕结构壁-B 型结构壁管材；

（b）、（c）为北京通州行政副中心雨、污水排放项目，采用 DN300～1600mm

聚乙烯缠绕结构壁-B 型结构壁管材及一体化检查井，组成雨、

污水管道系统，保证了系统零渗漏

6. 技术服务信息

技术服务信息见表 2-3-28。

表 2-3-28　技术服务信息

技术提供方	产品技术		价格
河北有容管业有限公司	聚乙烯缠绕结构壁-B 型结构壁管道系统应用技术		26000 元/t
	联系人	陈旭文	电话　0316-7195204
			手机　13373062898
			邮箱　youronggy@163.com
	网址		www.yrgy.net
	单位地址		河北省霸州市经济技术开发区裕华西道北侧清华科技园

2.4　绿色建筑施工与运营管理技术

2.4.1　热塑性聚烯烃（TPO）单层屋面系统

1. 技术简介与适用范围

该系统使用的 TPO 防水卷材采用先进聚合技术所生产的合成树脂基料，卷材物理性能优异，机械固定工法施工，防水效果可靠。TPO 卷材采用热风焊接，接缝可靠；下层铺设隔汽层，有效防止室内水汽进入，避免产生局部"冷桥"。屋面系统采用装配式施工，施工效率较高（图 2-4-1）。

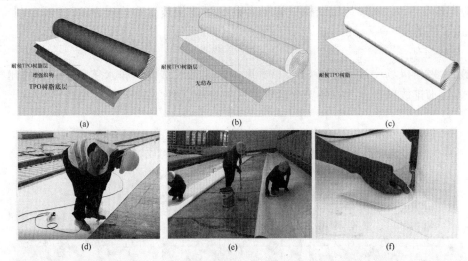

图 2-4-1　TPO 防水卷材类型及施工

（a）增强型 TPO 防水卷材；（b）背衬型 TPO 防水卷材；（c）均质型 TPO 防水卷材；（d）增强型 TPO 防水卷材机械固定工法；（e）背衬型 TPO 防水卷材满粘固定工法；（f）均质型 TPO 防水卷材细部节点处理

适用范围：新建大跨度建筑屋面围护系统及既有建筑屋面改造。

2. 技术应用

1）技术性能

（1）增强型 TPO 防水卷材：最大拉力≥250N/cm；最大拉力时伸长率≥15%；低温弯折性－50℃无裂纹；人工气候加速老化 7000h 合格，并通过美国 FM 认证，以此来确保系统质量的可靠性；

（2）背衬型 TPO 防水卷材：最大拉力≥200N/cm；断裂伸长率≥250%；低温弯折性－40℃无裂纹；

（3）均质型 TPO 防水卷材：拉伸强度≥12.0MPa；断裂伸长率≥500%；低温弯折性－40℃无裂纹；

2）技术特点

（1）较强的接缝强度：基于 TPO 卷材超强的接缝强度，使屋面成为无缝的整体，机械固定屋面系统仅在搭接处固定，卷材空铺，更能适应基层变形，确保防水、保温效果；

（2）TPO 的浅色表面，具有优异的防紫外线功能，反射大部分太阳光，有效降低室内温度与能耗，有利于节能环保，可应用于 LEED 认证的建筑项目；

（3）材料的可再循环性：TPO 卷材的原材树脂绿色环保，可进行回收、再循环利用；

（4）耐候性及可焊接性：基于 TPO 的超长耐候性及可焊接性，TPO 单层屋面系统已成为屋面太阳能光伏建筑一体化的首选防水保温系统形式；

（5）耐根穿刺、优异的低温性能、耐腐蚀等。

3）应用要点

（1）TPO 单层屋面系统类型

TPO 单层屋面系统是使用单层 TPO 防水卷材外露使用，用机械固定、满粘、空铺压顶方式进行施工的屋面系统。其包括机械固定单层屋面系统、满粘单层屋面系统和空铺压顶单层屋面系统 3 种类型（图 2-4-2）。

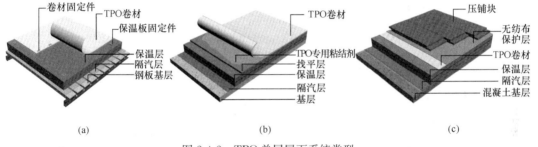

(a)　　　　　　　　　　(b)　　　　　　　　　　(c)

图 2-4-2　TPO 单层屋面系统类型

（a）机械固定单层屋面系统；（b）满粘单层屋面系统；（c）空铺压顶单层屋面系统

（2）节点构造设计（图 2-4-3、图 2-4-4）

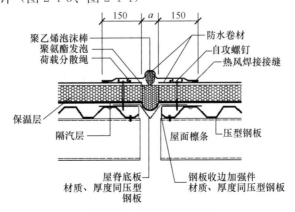

图 2-4-3　水平变形缝图

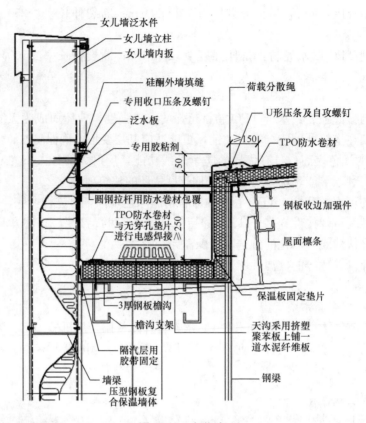

图 2-4-4　女儿墙

（3）施工工序（图 2-4-5、图 2-4-6）

1.铺设隔汽层　　2.铺设保温层　　3.铺设防水层　　4.搭接边热风焊接

图 2-4-5　机械固定工法现场施工图

1.铺设防水层　　2.涂刷胶粘剂　　3.粘接防水层　　4.搭接边热风焊接

图 2-4-6　满粘工法现场施工图

（4）细部构造

TPO 单层屋面系统基于卷材的热塑性、加热后能加工成各种形状，节点施工简便，能够成就各种特殊的屋面造型、满足细部复杂节点的施工要求，使出屋面管道、设备无漏水之忧（图 2-4-7）。

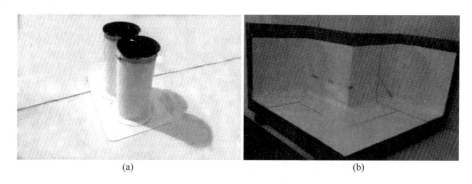

(a)　　　　　　　　　　　　　　　　　　(b)

图 2-4-7　屋面细部构造的处理
（a）管根；（b）阴阳角节点

3. 推广原因

TPO 卷材具有很好的耐久性和较高的太阳能反射指数，有效降低建筑能耗，具有较高的经济性。TPO 防水卷材可再回收利用，减少建筑垃圾产生。综合其性能 TPO 卷材符合节能环保、循环经济的发展方向。

4. 标准、图集、工法或专利、获奖

《屋面工程质量验收规范》（GB 50207—2012）、《屋面工程技术规范》（GB 50345—2012）、《坡屋面工程技术规范》（GB 50693—2011）、《单层防水卷材屋面工程技术规程》（JGJ/T 316—2013）、《热塑性聚烯烃（TPO）防水卷材》（GB 27789—2011）、《单层防水卷材屋面建筑构造（一）》（15J207-1）、《一种用于机械固定系统的增强型 TPO 防水卷材》等专利、《中华全国工商业联合会科技进步三等奖》等奖项。

5. 工程案例

北京大兴区奔驰汽车有限公司涂装车间屋面防水工程；瑞得盛科技开发有限责任公司产研基地项目；顺义航空产业园中航复合材料项目 4 号、5 号厂房；庆东热能设备燃气热水器生产项目；北京通州区百丽物流园屋面防水保温工程等（表 2-4-1）。

表 2-4-1　工程案例与应用情况

工程案例一	北京通州区百丽物流园屋面防水保温工程	工程案例二	顺义航空产业园中航复合材料项目 4 号、5 号厂房
应用情况	采用 1.5mm "雨虹" 增强型 TPO 防水卷材，机械固定工法施工，面积为 14900m²	应用情况	采用 1.5mm "雨虹" 增强型 TPO 防水卷材，机械固定工法施工，应用面积共计 41000m²
案例实景		案例实景	

工程案例三	大众汽车自动变速器（天津）有限公司 DL382 项目	工程案例四	奇瑞捷豹路虎汽车有限公司年产13 万辆乘用车合资项目
应用情况	采用 1.5mm "雨虹" 增强型 TPO 防水卷材，机械固定工法施工，面积为 75000m²	应用情况	采用 1.5mm "雨虹" 增强型 TPO 防水卷材，机械固定工法施工，焊装Ⅱ及发动机车间面积共计 110000m²
案例实景		案例实景	

6. 技术服务信息

技术服务信息见表 2-4-2。

表 2-4-2　技术服务信息

技术提供方	产品技术		价格
北京东方雨虹防水技术股份有限公司	东方雨虹热塑性聚烯烃（TPO）卷材		具体项目可致电咨询
	联系人	刘阿熊	
		电话	010-59031785
		手机	15321276017
		邮箱	wangcong@yuhong.com.cn
	网址		www.yuhong.com.cn
	单位地址		北京市朝阳区高碑店北路康家园 4 号楼

2.4.2　孔内深层强夯法（DDC 桩）地基处理技术

1. 技术简介与适用范围

孔内深层强夯法（DDC 桩）是一种地基处理新技术，可就地取材，采用渣土、土、砂、石料、固体垃圾、无毒工业废料、混凝土块等作为桩体材料，针对不同的土质，采用不同的工艺，地基处理后形成高承载力的桩体和强力挤扩高密实的桩间土。

适用范围：粉土、黏性土、填土（杂填土、素填土）、软土、湿陷性土、膨胀土、液化土、盐渍土、红黏土、冻土、岩溶和土洞、采空区等各类地基的处理。

2. 技术应用

1）技术性能（表 2-4-3）

表 2-4-3　孔内深层强夯法（DDC 桩）地基处理技术性能指标

技术名称	地基处理深度（m）	地基处理后复合地基承载力特征值	适用桩体材料	地基处理效果
孔内深层强夯法（DDC 桩）地基处理技术	3～50	比原天然地基承载力特征值可提高 2～9 倍，复合地基承载力特征值可达 600kPa	土、砂、石料、渣土、固体垃圾、胶结性材料、无毒工业废料及其他的非腐蚀性混合物，对地下水无污染的材料	地基处理后形成高承载力的密实桩体和强力挤密的桩间土，有利于桩与桩间土的紧密咬合，增大相互之间的摩阻力，处理后地基整体刚度均匀，变形模量高，沉降变形小

2）技术特点

孔内深层强夯法（DDC 桩）地基处理技术的技术特点如下：

（1）绿色环保，不用钢材水泥，节能环保，可就地取材，桩体材料可利用范围广泛，能够消纳大量固体垃圾，变废为宝，减少污染，保护环境；

（2）施工时地面振动小，施工噪声低，减少了施工扰民，不产生空气污染，保护环境；

（3）桩体材料可利用范围广泛，可就地取材，选用当地能够满足设计要求并可保证工程质量的桩体材料，降低工程造价；

（4）大量的工程实例经过长期观测，证明符合国家技术规范规定，满足设计要求，沉降变形小，建（构）筑物地基整体刚度均匀，能够保证长期安全使用；

（5）施工速度快，全机械化施工，受季节影响小；

（6）采用特殊专利工艺，地基处理施工不受地下水影响，适用地质条件广泛；

（7）处理深度大。

3）应用要点

（1）根据项目岩土工程勘察报告、场地工程地质条件和环境条件、拟建工程的结构类型、荷载大小和设计要求等，设计 DDC 桩专利工艺参数，施工严格按照《孔内深层强夯法技术规程》（CECS 197—2006）进行。

（2）工艺流程：轴线定位放线→桩位布桩放线→成孔机就位→DDC 桩成孔→孔深、孔径检查→严格按照 DDC 桩专利施工工艺进行打桩→成桩检测验收→资料整理→工序移交。

（3）施工要点：①施工人员必须接受 DDC 桩技术培训；②成孔方法应根据现场地质条件而定；③严格按照 DDC 桩专利施工工艺和相关规程中规定的填料标准、质量、数量、夯锤击数和落距等有关设计参数进行作业。

3. 推广原因

该技术成熟可靠，适应地层广泛，可就地取材，可大量消化建筑垃圾，地基处理效果好。

4. 标准、图集、工法或专利、获奖

《建筑地基基础设计规范》（GB 50007—2011）、《孔内深层强夯法技术规程》（CECS 197—2006）、《建筑地基处理技术规范》（JGJ 79—2012）、《建筑桩基技术规范》（JGJ 94—2008）、《孔内深层强夯法》等专利、《2015 年全国建设行业科技成果推广项目》等证书。

5. 工程案例

中国石化北京燕山石化公司 10 万 m³ 油罐工程；北京东坝家园住宅小区高层 DDC 柱地基处理；北京天宁寺居民住宅小区、北京时代庄园居民住宅小区、北京密云区垃圾综合处理中心焚烧发电厂工程、山东临沂沂水县生活垃圾焚烧发电项目、河北邯郸魏县生活垃圾焚烧发电项目等（表 2-4-4）。

表 2-4-4　工程案例与应用情况

工程案例一	中国石化北京燕山石化公司 10 万 m³ 油罐工程
应用情况	（1）由 4 座 10 万 m³ 大型原油储油罐及附属建筑组成，是我当时储油量最多、直径最大和高度最高的特大型油罐； （2）这种大型薄弱钢结构工程的特点是：荷载大，刚度小，不仅要求地基承载力高、压缩变形小，而且对地基的不均匀沉降要求更加严格； （3）工程地点：北京牛口峪山坡上，地质结构极为复杂； （4）地基处理面积的三分之一在基岩上，三分之二在软弱土上

工程案例一	中国石化北京燕山石化公司 10 万 m³ 油罐工程	
案例实景		检测表结果 经过 DDC 桩技术地基处理，复合地基承载力特征值 $f_{spk} \geqslant 300$kPa，压缩模量 $E_s \geqslant 30$MPa，变形模量 $E_0 \geqslant 28$MPa，满足设计要求
工程案例二	北京东坝家园住宅小区高层 DDC 桩地基处理	
应用情况	（1）工程地点：北京市朝阳区东坝乡； （2）原场地原为藕田，回填土后土质松软，含水率高； （3）设计要求：多层住宅楼复合地基承载力特征值 $f_{spk} \geqslant 200 \sim 220$kPa；高层住宅楼复合地基承载力特征值 $f_{spk} \geqslant 250 \sim 300$kPa；地基刚度均匀	
案例实景		检测结果 经过 DDC 桩技术地基处理，高层复合地基承载力特征值 $f_{spk} \geqslant 300$kPa，多层复合地基承载力特征值 $f_{spk} \geqslant 220$kPa，地基整体刚度均匀，满足设计要求

6. 技术服务信息

技术服务信息见表 2-4-5。

表 2-4-5　技术服务信息

技术提供方	产品技术		价格	
北京瑞力通地基基础工程有限责任公司	孔内深层强夯法（DDC 桩）地基处理技术		220～560 元/m³（根据地基处理的难易程度、当地材料和设计要求等有一定调整）	
	联系人	王　彦 司明昊	电话	010-63165853
			手机	18611986532
			邮箱	chinaddc@163.com
	网址		www. chinaddc.com	
	单位地址		北京市丰台区菜户营 58 号财富西环大厦	

2.4.3　基于 BIM 技术的智能化运维管理平台

1. 技术简介与适用范围

该平台基于 BIM 技术，通过建立关键监控数据的选取、采集、传输、存储和分析方法，实现了室内环境监测、建筑能源管理、空间管理、隐蔽空间管理、资产管理等精细化管理功能，为降低建筑能源系统在全生命周期内的运行能耗提供技术支持。

适用范围：办公建筑、教育建筑、医疗建筑、商业建筑、体育建筑等公共建筑及工业建筑。

2. 技术应用

1）性能指标

软件的性能指标主要有响应时间、吞吐量（通常用 TPS 来表示）、并发数。

响应时间 2.67s；TPS：170 条；发量：70 条/s。

2）技术特点

该平台的主要技术特点：

（1）三维平台直观展示功能。基于 BIM 技术可实现平台模拟与实际情况的完美结合，平台使用方可实现"看见设备"，即可知道设备的"过去""现在"及"将来"，知道设备之前的运行数据，了解设备现在的状态，预测设备未来的运行状况，提前预警可能发生的问题。

（2）智能化运行控制策略。基于物联网、人工智能、大数据及建筑节能技术，根据项目实际情况制定智能化运行控制策略，并随着数据量增加，不断优化控制策略，达到建筑设备最优化运行状态。

（3）管理功能的提升。实现建筑能源、建筑空间、建筑设备、室内环境等数据的互联互通，改变物业原来偏粗放的管理模式，使物业管理更加精细化和智能化。

实施理念：建筑运营就如同根治病症，从监测数据（建筑体检）、数据分析（建筑诊断）、诊断结果（建筑开方）、措施落地（建筑服药）组成（图 2-4-8、图 2-4-9）。

图 2-4-8　实施理念功能架构

3）应用要点

根据项目实际需求，确定平台实施方案，包括软件功能模板、硬件种类以及基本的智能化控制策略等；确定实施方案后，进行软件开发工作，现场实施之前，在实验室进行联调；联调成功后，现场施工、安装及调试；项目运行后，对数据进行采集、分析，优化运行控制策略。针对该平台的具体实施流程如图 2-4-10 所示。

3. 推广原因

基于 BIM 的建筑智能运维管理平台将设计阶段的信息直接传递到运维阶段，并在此基础上，对建筑运行情况进行直观展示，优化运行控制策略，同时可以提升建筑管理水平，使

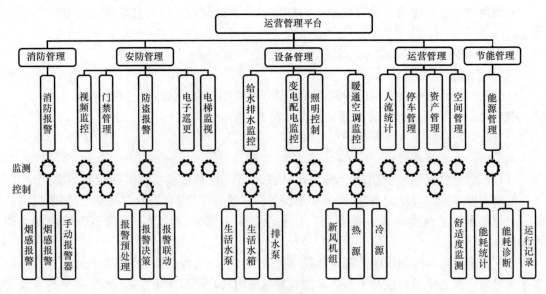

图 2-4-9　基本框架

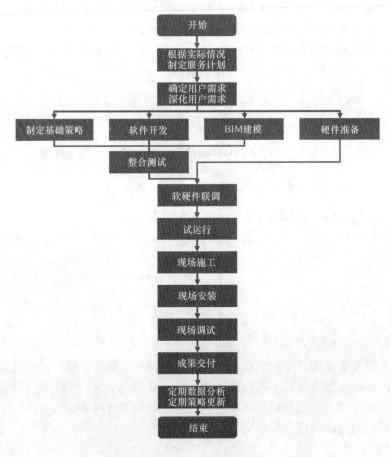

图 2-4-10　实施流程

建筑管理更加精细化和智能化，是一款优秀的建筑智能化运行管理工具平台，有望实现建筑用能降低 10%～30%、节省物业人力成本 1/3 的目标。

4. 标准、图集、工法或专利、获奖

《电力能效监测系统技术规范　第 6 部分：电力能效信息集中与交互终端技术》（GB/T 31960.6—2015）、《基于 Visual Studio 的能耗监控管理系统软件 V1.0》（2017SR361150）、《基于 Visual Studio 的室内环境和人居行为监控系统软件 V1.0》（2017SR361158）、《基于云平台的建筑能耗实时硬件智能控制系统软件 V1.0》（2017SR712486）等专利、2016 年 "中国建筑学会科技进步奖"、2017 年 "第 14 届精瑞科学技术奖 BIM 应用优秀奖"、2019 年 "第十三届北京发明创新大厦金奖" 等奖项。

5. 工程案例

房山区万科紫云家园 05-1 号商业办公楼能源管理平台、延庆朗诗华北被动房改建能源管理平台、丰台区长安新城商业中心西区公建能源管理平台、海淀区 PLUG and PLAY 中国总部办公楼改造、朝阳区翠城馨园 D 区南部建设项目、北京住宅建筑设计研究院办公楼改造项目等。该系统适合于居住区、办公楼、商场、医院等建筑类型，到现在为止已应用 10 余个项目（表 2-4-6）。

表 2-4-6　工程案例与应用情况

工程案例一	丰台区长安新城商业中心西区公建能源管理平台	案例实景
应用情况	项目地址：北京市丰台区 应用单位：北京金隅大成物业管理有限公司 功能模块：能耗监测、环境监测、智能控制、能耗分析、设备管理	
工程案例二	海淀区 PLUG and PLAY 中国总部办公楼改造	案例实景
应用情况	项目地址：北京市海淀区 功能模块：能耗监测、环境监测、智能控制、能耗分析、设备管理	
工程案例三	北京住宅建筑设计研究院办公楼改造项目	案例实景
应用情况	项目地址：北京市东城区 应用单位：北京市住宅建筑设计研究院有限公司 功能模块：能耗监测、环境监测、智能控制、人居行为、能耗分析、设备管理、安防管理	

6. 技术服务信息

技术服务信息见表 2-4-7。

表 2-4-7　技术服务信息

技术提供方	产品技术		价格	
北京市住宅建筑设计研究院有限公司	基于 BIM 技术的智能化运维管理平台		根据功能模块确定	
	联系人	王国建	电话	010-85295991
			手机	15810222311
			邮箱	wgj86365413@126.com
	网址		www.brdr.com.cn	
	单位地址		北京东城区东总布胡同 5 号	

2.5　绿色建筑室内环境健康

2.5.1　HDPE 旋流器特殊单立管同层排水系统

1. 技术简介与适用范围

该系统是指排水支管不穿楼板，不占用下层空间的排水系统。排水立管与支管采用 HDPE 材质。系统组成为加强型 HDPE 旋流器、地面/墙面固定式水箱、壁挂式洁具、旋转降噪式单立管、多通道式超薄地漏及降板区域内台口积水排除管配件等（图 2-5-1、图 2-5-2）。

适用范围：新建及改建民用建筑中的生活排水系统。

图 2-5-1　SPEC 建筑同层排水系统原理图

图 2-5-2　同层排水横支管技术

2. 技术应用

1）技术性能

（1）特殊单立管的流量（定流量测试法）达到可适用于超高层的排水能力 6.5L/s；

（2）包括非承重墙环境下的隐蔽式水箱的承载能力达 400kgf；

（3）水箱使用寿命不低于 20 万次。

2）技术特点

（1）HDPE 加强型旋流器特殊单立管排水系统技术（图 2-5-3）

① 不堵塞、大流量、节省材料、占用空间小、噪声小。

② 强度高、抗冲击、耐腐蚀、寿命长。

③ 湖南大学依据《住宅生活排水系统立管排水能力测试标准》（CECS 336—2013）进行的流量能力检测。

（2）SPEC 台口积水排除技术（图 2-5-4）

① 符合国家标准 GB 50242—2002 的灌水验收要求。

② DN110mm 与 DN160mm 排水立管通用。

③ 替代设计中的立管套管，适合建筑大修。

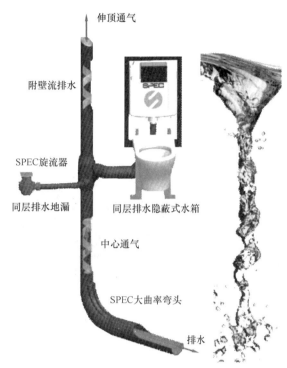

图 2-5-3　SPEC 加强型旋流器特殊单立管排水系统

④ 免受热胀冷缩影响，不受防水材料限制。

⑤ 可应用于所有卫生间积水排除（图 2-5-4）。

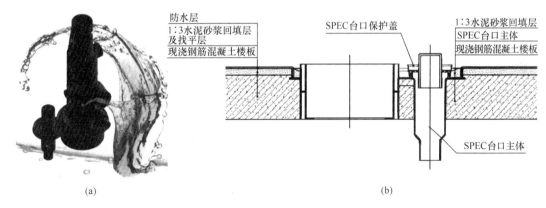

(a)　　　　　　　　　　　　　　　(b)

图 2-5-4　SPEC 台口积水排除技术及构造详图
(a) SPEC 台口；(b) 构造详图

（3）超薄地漏技术（图 2-5-5）

① 安装高度低于 8cm，带 5cm 水封，可实现非降板式同层排水。

② 专利防水设计（防温变渗水），可与防水层合为一体，防止热胀冷缩渗水。

③ 地漏进水端 360°防水设计，安装后稳定不摇晃。

④ 检修方便，地漏芯只需旋转即可取出维护。

⑤ 专利防返溢设计，防返溢，防虫爬，可实现洗衣机排水不返溢。

（4）水箱非承墙地面独立固定技术（图 2-5-6）

符合国家标准《卫生洁具 便器用重力式冲水装置及洁具机架》（GB 26730—2011），具有国家权威检测报告承重 400kg，盐雾测试 200h 以上，产品可用于非承重墙安装和墙内安装，无须额外成本、现场施工简单、超薄更节省空间、低噪声进水。

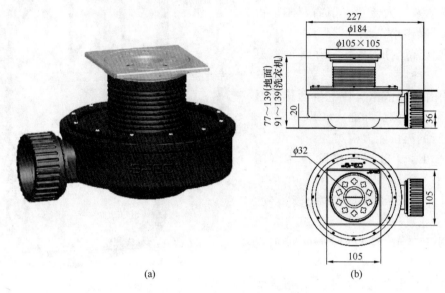

(a) (b)

图 2-5-5　超薄地漏技术节点

（a）超薄地漏 870.016（地面）870.017（洗衣机）；（b）节点

3）应用要点

（1）SPEC 加强型旋流器特殊单立管排水系统的排水横支管敷设方式，可采用非降板式同层排水、降板式同层排水，系统设计时应符合下列要求：

① 连续排水温度不大于 65℃，瞬时排水温度不大于 95℃。

② 排水立管系统中的特殊配件应采用 SPEC 加强型旋流器和 SPEC 大曲率异径弯头。

③ 系统中的排水立管、排水横干管（或排出管）、排水横支管，均应采用高密度聚乙烯（HDPE）光壁排水管材。

④ 系统中除 SPEC 特殊配件以外的其他管件可采用与系统管材相同材质的普通常规产品。

⑤ 底层排水横支管，宜单独排出，也可以按照《建筑给水排水设计标准》（GB 50015—2019）中所规定的底层排水横支管与立管连接处距排水立管管底垂直距离的要求进行敷设；当首层的支管距离不能够满足上述标准要求时，首层横支管则应单独排出。

⑥ 立管中所有排水横支管接入的每个楼层均应设置 SPEC 加强型旋流器，不得接入其他种类的旋流器或者支管连接方式，且其间距不应大于 3.0m。

⑦ 当相邻楼层的排水横支管接入口的间距大小

(a) (b)

图 2-5-6　地面固定式水箱

（a）水箱一；（b）水箱二

3.0m 时，应增加设置 SPEC 加强型直通旋流器（即无横支管接口的 SPEC 加强型旋流器）。

（2）SPEC 建筑同层排水系统安装应按照先立管后水平管的顺序进行施工，根据现场情况用电焊管箍与立管连接。同层排水系统中横管应保证按设计坡度敷设。施工安装管道时必须立管竖直，横管呈直线，确保施工质量和美观，每道工序施工完后要及时对管道系统施工质量进行检查，及时调整偏差项目，水平管道的水平度和立管的垂直度应调整至符合设计要求，管卡要有效，外观应整洁美观（图 2-5-7）。

(a)　　　　　　　　　　　　　(b)

图 2-5-7　SPEC 建筑同层排水现场施工、样板间展示

（a）现场施工；（b）样板间

（3）管道穿越楼板和墙壁时，应设套管。套管与管道之间的单边间隙应为 20～40mm，底部与楼板平齐，穿墙套管两端与墙面平齐。

3. 推广原因

该技术通过排水支管不穿楼板、有效降低排水管的噪声，检修方便、节约空间、节省材料，卫生洁具可灵活布置，既有建筑的卫生间改造。可有效地解决上下层邻里卫生间漏水纠纷等问题，有利于北京市绿色建筑的发展。

4. 标准、图集、工法或专利、获奖

《建筑给水排水设计标准》（GB 50015—2019）、《卫生洁具　便器用重力式冲洗装置及洁具机架》（GB/T 26730—2011）、《建筑排水用高密度聚乙烯（HDPE）管材及管件》（CJ/T 250—2018）、《地漏》（CJ/T 186—2018）、《住宅卫生间同层排水系统安装》（12S306）、《建筑同层排水工程技术规程》（CJJ 232—2016）、《坐便器安装规范》（JC/T 2425—2017）、《住宅生活排水系统立管排水能力（定流量法）测试标准》（T/CECS 336—2019）、《防渗漏地漏（加强型防水地漏）》等专利。

5. 工程案例

北京市顺义区金地未未来住宅项目、海淀区清华大学教师公寓改造工程、通州区新华联总部基地办公楼、海淀区大唐电信研发基地、密云区通用博园住宅项目、门头沟区鸿坤七星长安公寓、朝阳区宜必思酒店改造工程、河北中宏东南智汇城、北京市西城区丰融国际、北京市朝阳区利锦府、杭州市朗诗国际、蒙古国 TIME CLASSIC TOWER、杭州中赢康康谷、杭州希尔顿酒店等。

1）海淀区清华大学教师公寓改造工程

卫生间同层排水系统应用特点：结构无降板；宿舍；HDPE 旋流器特殊单立管排水；壁挂坐便器（图 2-5-8）。

(a)　　　　　　　　　(b)

图 2-5-8　清华大学教师公寓内部

（a）清华大学；（b）内部实景

2）密云区通用博园住宅项目

卫生间同层排水系统应用特点：结构降板；住宅；HDPE 旋流器特殊单立管排水系统；含加气块非承重墙（图 2-5-9）。

(a)　　　　　　　　(b)　　　　(c)

图 2-5-9　密云区通用博园样板间

（a）施工中；（b）施工细节一；（c）施工细节二

3）海淀区大唐电信研发基地

卫生间同层排水系统应用特点：非结构降板；办公、写字楼；HDPE 旋流器特殊单立管排水系统；隐蔽式水箱蹲便器；含加气块非承重墙（图 2-5-10）。

4）通州区新华联总部基地办公楼

卫生间同层排水系统应用特点：结构微降板；办公、写字楼；HDPE 旋流器特殊单立管排水系统；别墅式建筑；含加气块非承重墙（图 2-5-11）。

（a）　　　　　　　　　　　　　（b）

图 2-5-10　海淀区大唐电信实景

（a）大唐电信；（b）内部实景

（a）　　　　　　　　　（b）　　　　　　　　（c）

图 2-5-11　通州区新华联总部基地办公楼实景

（a）外景；（b）施工；（c）内部实景

5）河北中宏东南智汇城

卫生间同层排水系统应用特点：结构降板；高档住宅；HDPE 旋流器特殊单立管排水系统及水箱；污水提升泵；台口积水排除系统；加气块非承重墙（图 2-5-12）。

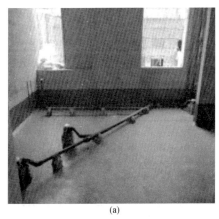
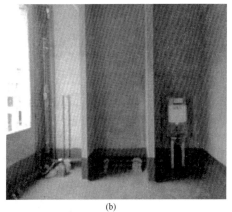

（a）　　　　　　　　　　　　　　（b）

图 2-5-12　河北中宏东南智汇城实景

（a）内部实景一；（b）内部实景二

6. 技术服务信息

技术服务信息见表2-5-1。

表2-5-1　技术服务信息

技术提供方	产品技术		价格
北京建筑节能与环境工程协会、宁波世诺卫浴有限公司、中世诺（北京）科技发展有限公司	建筑同层排水系统		以工程实际情况参考企业价格
	协会联系人	周劲	电话	010-88070911
	企业联系人	蒲加伟	电话	010-83298666
			手机	13911788807　13911669411
			邮箱	190664263@qq.com
	网址		www.specglobal.com
	单位地址		宁波奉化市方桥工业园恒丰路9号

2.5.2　贝壳粉环保涂料

1. 技术简介与适用范围

该产品以优质深海贝壳为基质，经过高温煅烧、研磨、催化等特殊工艺研制而成，展现无污染、吸附甲醛的新一代生态环保涂料特性。产品分为干粉状和水性原浆状，干粉使用时直接兑水搅拌即可上墙，水性原浆状使用时搅拌均匀即可上墙，可使用平涂、弹涂等工艺，施工简单方便（图2-5-13）。

(a)　　　　　　　　　(b)　　　　　　　　　(c)

图2-5-13　贝壳粉环保涂料
（a）涂料样式一；（b）涂料样式二；（c）涂料样式三

适用范围：适用于各类建筑内墙装修，不适用于阳台、厨房和洗手间等部位。

2. 技术应用

1）性能指标（表2-5-2）

表2-5-2　性能指标

项目	标准要求		产品性能
施工性	刷涂二道无障碍		刷涂二道无障碍
表干时间	≤2h		30min
耐碱性	48h无气泡、裂痕、剥落、无明显掉色		48h无气泡、裂痕、剥落、无明显掉色
粘结强度	标准状态	≥0.5MPa	1.09MPa
	浸水后	≥0.3MPa	0.5MPa

项目	标准要求			产品性能
对比率	优等品≥0.95	一等品≥0.93	合格品≥0.90	0.93
耐燃时间（min）	≥15			16
火焰传播比值	≤25			21
质量损失（g）	≤5			4
炭化体积（cm³）	≤25			21
甲醛净化率（净化性能，48h）	—			93.1%
甲苯净化率（净化性能，48h）	—			85.3%

2）技术特点

产品特点：净化甲醛、甲苯；抗综合霉菌、金黄色葡萄球菌、大肠杆菌；平衡调湿；吸声降噪。

贝壳粉、乳胶漆、硅藻泥、壁纸对比见表 2-5-3。

表 2-5-3　贝壳粉、乳胶漆、硅藻泥、壁纸对比

	优爱宝贝壳粉	乳胶漆	硅藻泥	壁纸
制作工艺	绿色环保涂料，原材料为天然海洋废弃贝壳，变废为宝，天然无污染，不含甲醛，资源丰富	以石油化工产品为原料合成的化学油漆，石油属于稀缺不可再生资源	以不含甲醛等任何对人体有害物质，但硅藻泥属于稀有不可再生资源	原料丰富，单普通壁纸胶中含有甲醛等有毒有害物质
吸附分解功能	可净化甲醛、甲苯等有毒有害气体，净化空气和各种异味	不吸附，且部分乳胶漆会散发甲醛、苯、TVOC 等有毒有害气体	可吸附甲醛等异味	部分硅藻土墙纸有吸附甲醛等室内异味的功能，但效果较弱
防火阻燃	阻燃耐高温 1300℃，不产生任何有毒有害烟雾	不阻燃，遇火灾时会产生有毒有害烟雾	不阻燃	大部分墙纸不阻燃，遇火灾时会产生有毒有害烟雾
呼吸调湿	贝壳独特的多孔腔体结构可调节室内湿度	无	可调节室内湿度	无
吸声降噪	表面多孔吸声性能显著，双重降噪	无	良好	一般
使用寿命	20 年不褪色，恒久如新	3～5 年，遇潮湿天气易泛黄、起泡、掉皮	5～8 年	3～5 年容易翘边，开裂，不美观
施工工艺	使用范围广，色彩调配容易，可使用平涂、弹涂、刻绘、丝网印花等不同工艺，施工简单，物美价廉，物超所值	价格相对较低，有良好的粘结性，但施工后透气时间较长，容易发黄变色，发霉变质	不适合大面积施工，无平涂系列产品，施工成本高	施工较为复杂且施工成本较高，对基地要求较高

3）应用要点

施工要点如下：

（1）施工前用报纸或薄膜对门窗及踢脚线、插座等进行保护；

（2）在贝壳粉中按比例加入清水，搅拌均匀后静置让混合物充分溶解；

（3）开始贝壳粉涂料底层第一遍施工，使用平涂机进行喷涂；

（4）贝壳粉底层的平涂施工后，等墙面干就可以进行弹涂施工；

（5）贝壳粉涂料平涂和弹涂施工完成等墙面表干，可以进行背景图案制作；

（6）用毛板刷刷除墙表面的浮料，贝壳粉涂料全部施工完成。

施工工序及装修实景分别如图 2-5-14、图 2-5-15 所示。

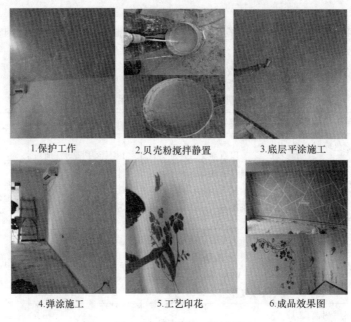

1.保护工作　　　　2.贝壳粉搅拌静置　　　　3.底层平涂施工

4.弹涂施工　　　　5.工艺印花　　　　6.成品效果图

图 2-5-14　施工工序过程

3. 推广原因

该产品具有环保性能良好、施工便捷等特点，且原材料取材天然贝壳，绿色环保、低碳节能、循环利用可持续发展，符合国家绿色发展生态优先战略，规模化生产具有良好的经济效益和社会效益，市场前景广阔。

4. 标准、图集、工法或专利、获奖

《合成树脂乳液内墙涂料》（GB/T 9756—2009）、《抗菌涂料》（HG/T 3950—2007）、《硅藻泥装饰壁材》（JC/T 2177—2013）、《贝壳粉装饰壁材》（2015）（企业标准）、《一种基于贝壳粉的干粉型生态内墙涂料》（2017）等。

荣获"国家高新技术企业"，荣获环保部最高环保认证"十环认证"，荣获科技部"中国好技术"创新科技大奖，列入财政部《环境标志产品政府采购清单》，荣获住房城乡建设部"中国建筑装饰行业标准编制工作先进单位"等。

图 2-5-15　贝壳粉环保涂料室内装修实景

（a）实景一；（b）实景二；（c）实景三；（d）实景四

5. 工程案例

北京依山阁酒店、北京门头沟区泷悦长安剑桥园、广州琶洲中洲中心、海南香水湾·天海度假村、碧桂园幼儿园、广雅中学、中国人保深圳公司办公大楼、新派深圳公寓、金螳螂华南设计院、北京外国语大学附属石家庄外国语学校、广东省政府办公大楼、广州海珠区人民政府办公大楼等（图 2-5-16、图 2-5-17）。

图 2-5-16　北京红叶马术俱乐部红叶餐厅

图 2-5-17　北京外国语大学附属石家庄
外国语学校

6. 技术服务信息

技术服务信息见表 2-5-4。

表 2-5-4　技术服务信息

技术提供方	产品技术		价格	
广东优冠生物科技有限公司	贝壳粉环保涂料		平涂 39 元/m² 　 弹涂 139 元/m²	
	联系人	庞华丽	电话	020-84228338
			手机	15989168675
			邮箱	409965014@qq.com
	网址		www.uibbkf.com	
	单位地址		广州市海珠区琶洲街道新港东路畔江内街 5 号 2 层	

2.5.3　ZDA 住宅厨房、卫生间排油烟气系统技术

1. 技术简介与适用范围

该系统采用干塑性混凝土作为原料，充分利用建筑废弃物、工业尾矿等再生资源，具有绿色环保、工业化、产业化、标准化、专业化特点，其机制管道、防火止回部件、可调射流装置和防倒灌风帽质量可靠，有效提高排气效果且具有防串烟、防倒灌、防交叉污染、防火灾的功能。

适用范围：新建、改建、扩建的民用建筑。

2. 技术应用

1）性能指标（表 2-5-5）

表 2-5-5　主要性能指标

产品	项目	允许偏差	性能指标	执行标准
排气道	标准长度（mm）	—	2800～3000	《住宅排气管道系统工程技术标准》（JGJ/T 455—2018）
	轴向长度 H（mm）	0～—9	—	
	壁厚（mm）	2～—1	—	
	外廓横截面长度与宽度（mm）	2～—3	—	
	横截面对角线差值（mm）	7	—	
	管体外壁面垂直度	$H/400$	—	
	管体外壁面平整度（mm）	7	—	
	垂直承载力（kN）	—	≥90	
	抗柔性冲击性能	—	6 次冲击不开裂	
	耐火极限（h）	—	≥1.0	
防火止回部件	厨房防火部件外接口直径（mm）	—	≥160	
	卫生间防火部件外接口直径（mm）	—	≥100	
	厨房用感温元件的公称动作温度（℃）	—	150	
	卫生间用感温元件的公称动作温度（℃）	—	70	
	耐火极限（h）	—	≥1.0	
风帽	阻力系数	—	≤0.8	

2）技术特点

该系统由共用排气管道、管道装配连接构件、防火止回功能部件、防倒灌风帽、油烟气

排放系统等联合组成，达到防串烟、防倒灌、防火的整体效果。

（1）共用排气管道采用标准化设计、工业化生产、装配式集成安装，安装拆卸方便。

（2）工业自动化排气管道生产设备解决了矩形薄壁长轴构件制作的国际技术瓶颈。采用立式成型，节约土地资源；每 2min 生产 1 根，提高生产效率；工人主要操控设备，降低了劳动强度；生产原材料可利用建筑固废和工业尾矿等再生资源；所生产出的住宅排气道管体强度密实度高，壁厚均匀、质量稳定。

（3）层与层的管道连接采用装配式连接方式，安装方便，便于检查。

（4）排气道进气口部位安装的防火止回功能部件，在厨房排气管道系统内温度达到 150℃、卫生间排气管道系统内温度达到 70℃ 时，防火止回阀门关闭并锁死，防止火灾蔓延。防火止回功能部件设有手动关闭锁紧装置，并能增设熔断报警、厨房油烟浓度警示装置和二次过滤装置。

（5）屋顶出屋面处 ZDA 防倒灌风帽，采用金属材料制作，构造简单，阻力系数小，安装方便，不仅能防止雨、雪飘入排气管道系统，还能防止自然风倒灌。

（6）该系统可选配集成了室内油烟分离空气净化系统，能够将厨卫油烟进行有效分离，减少油性物质对管道及大气环境的污染；同时系统具有室内空气净化功能，能够净化室内空气，保障居民健康。

3）应用要点

（1）在整体设计成型后，经型式检验认定为成套产品，由建筑设计单位选型、布局设计应用至住宅建筑。

（2）应采用与系统试验报告部件一致的排气道、防火与止回部件、风帽等关键部件，并应确保系统的完整性、有效性和配套性。

（3）排气道安装顺序应由下层开始，逐层向上安装。对已安装完成段及时采取遮盖措施，防止杂物坠入排气道中，管道内不得有杂物存留。安装完毕，应做好密封防水处理。安装在排气道进气口部位的防火与止回部件，应在排气道和风帽安装完毕，由上向下逐层安装，防火与止回部件与排气口连接部位应采取密封措施，不应漏气。

3．推广原因

本产品可有效防止建筑中串烟、串味、倒灌等现象发生，提高防火安全和室内空气质量。可利用建筑废弃物、工业尾矿等再生资源为原料，可实现排气道的规模化、工业化生产，具有良好的节材、利废效益。

4．标准、图集、工法或专利、获奖

《住宅排气管道系统工程技术标准》（JGJ/T 455—2018）、《建筑工业化、产业化住宅厨卫排气道系统》（13BJZ8）、《住宅装配式 ZDA 排气管道系统图示》《住宅排气道系统》（13CYH03）、《卫生间、浴卫隔断、厨卫排气道系统》（14BJ8-1）、《工业化住宅排气管道系统》（CPXY-J290）、《住宅厨房、卫生间 ZDA 排气道系统构造》（J14J137）、《住宅排气道（一）》（16J916-1）、《住宅排气道系统应用技术导则》《一种设置有蝶式过滤段的虹吸油烟机》《通风排气用防倒灌风帽》等专利、2013 年全国建设行业科技成果推广项目、2014 年全国建设行业科技成果推广项目、2017 年全国建设行业科技成果推广项目、2015 年华夏建设科学技术奖等奖项。

5. 工程案例

北京城市副中心职工周转房（北区）项目、广华新城居住区 615 和 621 地块职工安置住宅项目、石门定向安置房项目、五矿万科蒋辛屯建设项目一期 C 区工程、焦化厂棚户区改造安置房项目、北京理工大学 7 号地项目等（表 2-5-6）。

表 2-5-6　工程案例与应用情况

工程案例一	北京城市副中心职工周转房（北区）项目	案例实景
应用情况	项目地址：通州区； 开发单位：北京市保障性住房建设投资中心； 施工单位：北京城乡建设集团有限责任有限公司； 用量：3124 套	
工程案例二	广华新城居住区 615 和 621 地块 职工安置住宅项目	案例实景
应用情况	项目地址：朝阳区大郊亭； 开发单位：中国石化集团燕山石油化工有限公司； 施工单位：中国建筑第二工程局有限公司北京分公司、北京市第五建筑工程集团有限公司、北京燕化天钲建筑工程有限责任公司； 用量：7730 套	
工程案例三	石门定向安置房项目	案例实景
应用情况	项目地址：朝阳区南磨房； 单位：北京市朝阳田华建筑集团公司第四分公司； 用量：3000 套	

续表

工程案例四	焦化厂棚户区改造安置房项目	案例实景
应用情况	项目地址：朝阳区垡头地区； 开发单位：北京市保障性住房建设投资中心； 施工单位：中国新兴建筑工程总公司； 用量：2846 套	
工程案例五	五矿万科蒋辛屯建设项目一期 C 区工程	案例实景
应用情况	项目地址：香河蒋辛屯； 施工单位：鹏达建设集团有限公司北京建筑工程分公司； 用量：366 套	

6.　技术服务信息

技术服务信息见表 2-5-7。

表 2-5-7　技术服务信息

技术提供方	产品技术		价格
北京金盾华通科技有限公司	ZDA 住宅厨房、卫生间排油烟气系统技术		800～1500 元/套 （单价包含：排气道 2.8～3.0m、防火与止回部件、风帽 1/20、连接件等）
	联系人	周立新	电话　010-80515778
			手机　13910239168
			邮箱　jindunhuatong@163.com
	网址		www. bj-jdht. com
	单位地址		北京市通州区永乐经济开发区甲 8 号院

2.5.4　用于绿色建筑风环境优化设计的分析软件

1. 技术简介与适用范围

该产品构建于 AutoCAD 平台，集成了建模、网格划分、流场分析和自动编制报告等功能于一体，可为建筑规划布局和建筑空间划分提供风环境优化设计分析。

适用范围：建筑规划设计。

2. 技术应用

1）性能指标

（1）模型处理

模型处理提供室外总图建筑和单体建筑三维建模，也可直接对天正建筑和 CAD 绘制的建筑图进行转换后使用。

（2）参数设置

① 自动根据建筑通风的特性固化 CFD 求解参数，并自动确定计算范围；

② 提供粗略、中等和精细 3 个等级的网格参数和计算参数，自动划分计算网格，不同的分析阶段可选不同的精度策略；

③ 提供入口边界的风速和风向数据库，包括全国各省市的气象资料。

④ 提供地面粗糙度选择，根据不同地面情况选择合适的风速规律。

（3）流场分析

流场分析包括室外和室内风场的模拟分析，计算出流场中的速度分布、压力分布、风速放大系数、气流组织、换气次数、空气龄分布。

（4）结果浏览

自动创建水平剖面和垂直剖面，便于快速提供风速场、风压场的分析图，其中速度矢量图用以观察气流组织、云图用以分析压力、速度、风速放大系数和空气龄的分布，线框网格图用于观察网格。同时可以通过鼠标在风场内点取所需要压力和速度值。

2）技术特点

（1）建模

VENT 提供完整快捷的建模手段。

① 建模工具，采用二三维一体化技术，即平面绘图同时获取三维模型；

扫码看图

图 2-5-18　总图模型与单体模型

② 兼容主流建筑图档文件，能够直接读取或识别主流建筑设计软件绘制的图档；

③ 一模多算，即直接利用"节能模型"作为单体模型，重复利用已有模型，快速完成风环境模拟；

④ VENT 的计算模型分为总图模型和单体模型，总图模型用于室外风环境模拟，单体模型用于室内风环境模拟。总图模型与单体模型通过楼层框和总图框组装起来（图 2-5-18，图中右侧显示窗户的为单体模型，左边为总图模型）。

（2）网格划分

Vent 根据建筑风环境模拟的特点自动划分网格，灵活调整网格密度，远离和靠近建筑物，或者建筑物轮廓有明显的尖角、凹槽、凸起等部分采用网格加密方案。软件默认给定三种精度：粗略（高速）、一般（中速）和精细（低速），同时支持人工设定。

（3）求解技术

① 求解方法：采用 CFD（计算流体力学）方法对风场进行求解，即在所分析的计算域内建立流体流动的质量守恒、动量守恒和能量守恒建立数学控制方程。

② 方程离散方法：基于有限体积法，采用二阶迎风插值格式把方程中的导数项差分成

代数项。

③ 湍流模型：Vent 支持多种湍流模型，包括标准 κ-ε、RNGκ-ε 和 SST-k 模型，更能适应多变的风场环境。

（4）结果后处理

Vent 采用 Opengl 渲染技术：将模拟结果采用可视化的彩图表达，在场地内和建筑物表面上直观展示风速、分压、风速放大系数等指标的变化和趋势。

3）应用要点

（1）提供紧贴标准的室外通风报告和室内通风达标计算书。

（2）模型处理，提供室外总图建筑和遮挡物三维建模，也可直接使用建筑日照分析软件的模型。

（3）并行计算，根据计算机的配置及计算需要设置计算的核心数。

（4）CFD 参数设置：

① 自动根据建筑通风的特性固化部分 CFD 参数，并自动确定计算范围；

② 一键单击选择粗略、中等和精细 3 个等级的计算分析，不同的分析阶段可选不同的精度策略；

③ 保留手动设置权限，满足不同用户要求。

（5）网格划分，自动划分计算网格，依据建筑轮廓特征进行局部加密。

（6）CFD 建筑通风计算——室外通风、室内通风、内外风场连通计算。

（7）多区域网络法换气次数计算——室内。

（8）结果浏览：

① 风速，提供风速云图和矢量图，表现风速的分布和气流组织（图 2-5-19）。

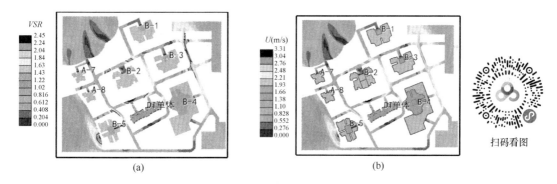

图 2-5-19　风速云图

（a）1.5m 高度处人行区域风速放大系数云图；（b）1.5m 高度人行区域风速云图

② 压力，提供平面压力云图和建筑表面风压图。平面压力云图表现压力在水平面、垂直剖面以及任意角度斜面的压力分布；建筑表面风压图表现建筑表面压力的分布。

③ 网格显示，显示网格平面图，表现计算域中不同部分网格的划分策略。

3. 推广原因

该产品操作简单，使用便捷。在进行绿色建筑评价时，可按照现行国家《绿色建筑评价标准》（GB/T 50378—2019）或地方相关标准要求，采用该产品对建筑室内外风环境进行模拟分析，并直接输出判定结果和给出计算分析报告。

4. 标准、图集、工法或专利、获奖

《绿色建筑评价标准》（GB/T 50378—2019）、北京市《绿色建筑评价标准》（DB11/T 825—2015）、《建筑通风效果测试与评价标准》（JGJ/T 309—2013）。

5. 工程案例

北京市朝阳区奥林匹克公园中心区 B27-2、怀柔区南华园二区 35 号楼等。

工程案例：北京市朝阳区奥林匹克公园中心区 B27-2（建筑面积 256872m²，建筑高度 82.98m）

《绿色建筑评价标准》（GB/T 50378—2019）中对居住建筑的室外风场、可开启的外窗风压差及门窗的可开启比例等做出指标性要求，图 2-5-20～图 2-5-22 分别为室外风场风速、风速放大系数云图及建筑迎风背风面风压云图。

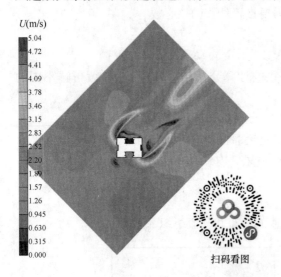

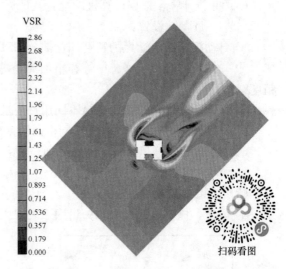

图 2-5-20　室外 1.5m 高度处风速云图　　　　图 2-5-21　室外 1.5m 高度处风速放大系数云图

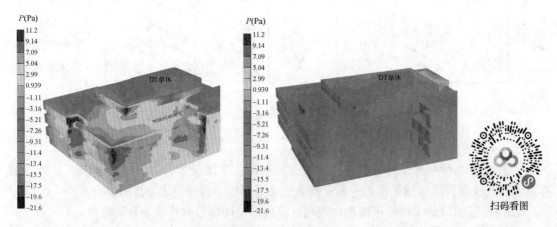

图 2-5-22　建筑迎风面（左）和背风面（右）风压云图

6. 技术服务信息

技术服务信息见表 2-5-8。

表 2-5-8　技术服务信息

技术提供方	产品技术		价格
北京绿建软件有限公司	建筑通风软件 Vent		100000 元/套
	联系人	陈成	电话　010-82481341
			手机　18611107413
			邮箱　svc@gbsware.cn
	网址		www.Gbsware.cn
	单位地址		北京市海淀区大钟寺东路 9 号京仪 B 座 113 室

2.5.5　导光管采光系统

1. 技术简介与适用范围

该系统通过室外的采光装置聚集自然光线,并将其导入系统内部,经由导光管装置强化并高效传输,由室内的漫反射装置将自然光均匀导入室内。

适用范围:建筑室内自然采光。

2. 技术应用

1)技术性能(表 2-5-9)

表 2-5-9　导光管性能指标

规格型号	集光器类型	管径(mm)	长度(mm)	透光折减系数 Tr	备注						
DS530P	平板型	530	610	0.66	承载性能:62.5kN						
DS350P	平板型	350	610	0.64	承载性能:75kN						
DS350	晶钻型	350	610	0.7	传热系数:$K=1.7W/(m^2 \cdot K)$ 抗结露因子:CRF=76						
DS750	晶钻型	750	610	0.73	—						
DS530	晶钻型	530	610	0.76	太阳得热系数 SHGC	抗冲击性能	传热系数 K 值 W/($m^2 \cdot K$)	显色指数 Ra	紫外线透射比	抗风压性能(kPa)	水密性能
					≤0.30	落锤高度≥1000mm 落地,无破损	≤1.6	≥99	0	-5.0/+5.0	压差 2500Pa,未发生渗漏
LED 漫射器性能指标	灯具出射光通量 3942lm;灯具效能 98.1lm/W; 一般显色指数 $Ra=84$,R9=11;色温 $Tcp=5486K$; 电参数:电源电压 220V;输入电流:0.37A;输入功率:40.2W;功率因数:0.50。										

2)技术特点

(1)晶钻导光管系统主要组成部分:采光罩、防雨装置、导光管(610mm)、固定环、装饰环、漫射器、密封圈、其他附件 [图 2-5-23(a)]。

(2)平板型导光管采光系统组成:平板采光罩、平板基座、导光管(610mm)、固定装饰圈、漫射器、密封圈、其他附件 [图 2-5-23(b)]。

(3)系统特点:

① 节能环保:可以显著降低建筑内部人工照明的能源消耗和一定比例的空调制冷消耗,大量减少二氧化物的排放。

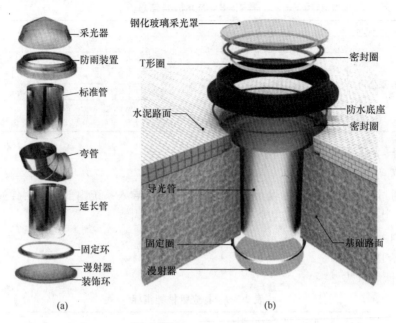

图 2-5-23　导光管采光系统

（a）晶钻；（b）平板型

② 健康安全：减少紫外线对人体的直接伤害；避免人们白天长时间生活在电光源下面而产生的某些疾病；导光管采光系统无须用电，减少用电设备安全隐患和用电引起的火灾隐患。

③ 提高工作效率：采用自然光照明，直接传输自然光线，全光谱、无频显、无眩光，可以使工作环境更加舒适，减少疲劳，从而提高工作效率。

3）应用要点

（1）安装方式，根据项目设计以及安装部位的不同，采用多种安装方式（图 2-5-24）。

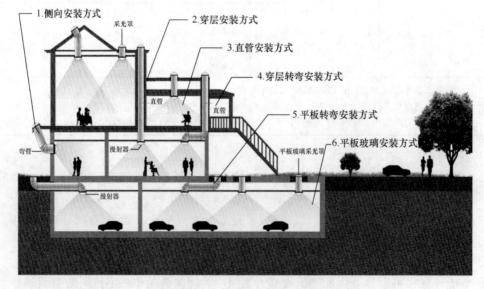

图 2-5-24　导光管多种安装方式

（2）平板系统安装施工方案（以 DS530P 型号为例）（表 2-5-10）。

表 2-5-10　平板系统安装施工方案

工序	施工内容
1	在建筑顶板上确定导光管安装位置
2	在确认导光管预留孔位置后，以该位置的圆心为中心，将内径为 0.6m、外径为 0.7m 指定长度的波纹管垂直于顶板放置，使波纹管底边与顶板底齐平，四周用钢筋插在波纹管缝隙中，固定好波纹管
3	沿波纹管四周浇筑 150mm 厚混凝土，浇筑至波纹管顶部与上边齐平
4	墩座预留尺寸 DS530预留孔洞平面图

5	将防水基座放在墩座上，调节好位置 	6	在防水基座的 4 个固定孔对应的墩座位置上钻孔，具体钻孔深度及孔径由导光管施工厂家安装人员处理施工 	7	安装膨胀螺栓 M10×100mm 至指定深度，检验是否可以按要求安装
8	拆掉螺栓，取下防水基座并清扫墩座，确保墩座上无颗粒灰土 	9	在墩座上涂刷双组分聚氨酯填缝胶 	10	将防水基座放置到墩座上，用螺栓固定

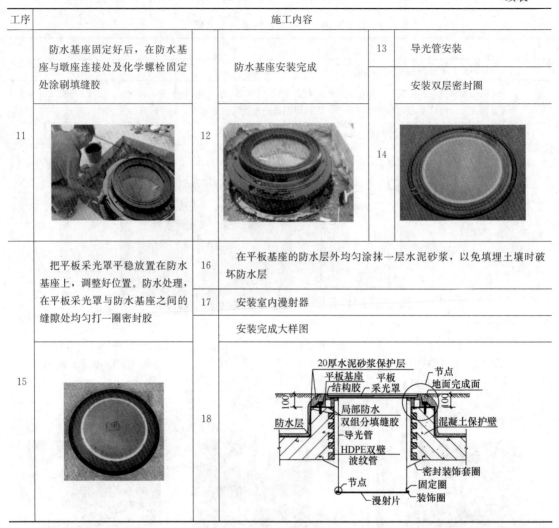

工序	施工内容				
	防水基座固定好后,在防水基座与墩座连接处及化学螺栓固定处涂刷填缝胶	12	防水基座安装完成	13	导光管安装
11				14	安装双层密封圈
15	把平板采光罩平稳放置在防水基座上,调整好位置。防水处理,在平板采光罩与防水基座之间的缝隙处均匀打一圈密封胶	16	在平板基座的防水层外均匀涂抹一层水泥砂浆,以免填埋土壤时破坏防水层		
		17	安装室内漫射器		
		18	安装完成大样图		

（3）其他相关施工方案还包括混凝土屋面新建/改造项目墩座预留、金属屋面导光管采光系统施工方案等。

（4）相关施工方法包括波纹管安装方法、保护壁施工方法、防水施工方法等以及相关注意事项。

3．推广原因

将室内天然光高效传输导入室内,降低建筑照明能耗。室内的漫反射装置令光线易于使用,可与光伏、通风共同结合使用。根据项目设计以及安装部位的不同,可采用多种安装方式,应用于工业厂房、地下商场、仓储物流、体育场馆、大型机场、办公场所、轨道交通和车库等地下空间。

4．标准、图集、工法或专利、获奖

《建筑采光设计标准》（GB 50033—2013）、《平屋面建筑构造》（12J201）、《导光管采光系统技术规程》（JGJ/T 374—2015）、《橡胶工厂节能设计规范》（GB 50376—2015）、浙江省《绿色建筑设计标准》（DB33/1092—2016）、《采光测量方法》（GB/T 5699—2017）、《一种太阳光采集及传输装置》等专利、2008 中国北京国际节能环保展览会优秀奖等。

5. 工程案例

北京海淀区中关村一号多功能厅和地下车库项目、朝阳区奥林匹克森林公园中心区、大兴国际机场线草桥站、北京青云航电报告厅、清华大学附属 CBD 小学、一亩园项目、清河地铁站、A18 地块商务综合体项目一期、中国华侨历史博物馆等（表 2-5-11）。

表 2-5-11　工程案例与应用情况

工程案例一	北京海淀区中关村一号多功能厅和地下车库项目	案例实景
应用情况	大空间导光管应用；52 套 DS530 型号导光管采光系统	
工程案例二	朝阳区奥林匹克森林公园中心区	案例实景
应用情况	地下空间导光管应用	
工程案例三	大兴国际机场线草桥站	案例实景
应用情况	大空间导光管应用	

工程案例四	北京青云航电报告厅	案例实景
应用情况	大空间导光管应用；88 套 DS530 型号导光管采光系统	
工程案例五	清河地铁站	案例实景
应用情况	地铁项目100 套 DS530 晶钻及平板导光管采光系统	

6. 技术服务信息

技术服务信息见表 2-5-12。

表 2-5-12　技术服务信息

技术提供方	产品技术		价格
北京东方风光新能源技术有限公司	导光管采光系统		5000 元左右
	联系人	刘志东曹云仙	电话　400-666-7012
			手机　18611110382
			邮箱　1149350517@qq.com Suntube003@east-view.com.cn
	网址		www.east-view.com.cn
	单位地址		北京市通州区北苑 155 号大唐高新技术创业园内

2.5.6　用于绿色建筑采光分析的软件

1. 技术简介与适用范围

该产品构建于 AutoCAD 平台，采用标准规定的公式法和模拟法，利用 Radiance 计算核心，支持适用于各类民用及工业建筑的采光设计计算，可对采光系数分布、采光均匀度、眩光等指标进行定量计算。

适用范围：建筑采光设计。

2. 技术应用

1) 性能指标

建筑采光分析软件 DALI 可用于绿色建筑采光分析，其研发严格遵守国家计算机软件研发相关规范的要求，基于国家《建筑采光设计标准》（GB 50033—2013）规定进行计算规则定制和参数录入。软件以 AutoCAD 为平台，以主流设计工程图纸为基础，适于全国各地的建筑采光分析的计算。通过以下功能实现建筑的采光性能评价：

（1）建模：直接打开主流建筑软件的图档快速建立建筑信息模型。

（2）室外总图：创建建筑轮廓模型，作为遮挡建筑信息。

（3）采光设置：对项目的光气候区、建筑类型、房间和门窗等相关参数进行设置。

（4）采光计算：充分考虑建筑遮挡，对房间进行采光分析，包括房间平均采光系数、达标率、视野率、眩光指数等分析，并以图表形式展示结果。

（5）一键输出专业的计算报告。

2）技术特点

（1）紧扣国内相关标准

支持最新版的《建筑采光设计标准》（GB 50033—2013），适用于国家和地方《绿色建筑评价标准》（DB33/1092—2016）中关于采光指标要求的计算。

（2）紧跟国际标准，实现动态采光计算功能

支持 LEED、WELL 等国际标准中采光指标的计算，如 sDA、ASE 值的计算，真实反映全年建筑内部采光情况。

（3）充分利用模型共享技术，简单高效

① 一模多算：直接利用节能模型作为单体模型，直接利用日照模型作为总图或遮挡模型，重复利用已有模型，快速完成采光指标的分析；

② 支持复杂建筑（复杂屋面、异型曲面、坡地建筑等）建模，提供坡屋顶上的天窗建模等实用工具。

（4）计算特点

① 参数设施简单化：快速设定分析网格以及各类材料参数等；

② 提供点、面（区域）、三维多种不同的采光分析功能，直观表现建筑内的采光效果；

③ 结合最新的《绿色建筑评价标准》（DB33/1092—2016）要求，对采光达标率、地下采光、内区采光、视野率、眩光指数等进行快速分析计算。

（5）输出结果

① 提供多种结果展示方式和计算结果输出方式，如三维采光功能可直观获得房间某一视角亮度或照度的等值线图、伪彩图。

② 输出专业的采光分析报告书，图文并茂展示室内光环境。

3）应用要点

（1）模型处理

DALI 可直接利用斯维尔建筑或主流建筑软件生成的施工图成果、建筑设计成果，稍加整理后形成采光分析模型；同时提供完整的建筑设计功能模块，用来完成采光模型的建立。支持国内普遍采用的 dwg 文件格式。

（2）采光分析（图 2-5-25、图 2-5-26）

建筑采光分析软件 DALI 提供静态采光以及动态采光的计算功能，可实现采光系数计算、采光面积达标率统计、视野率计算、眩光分析等，支持在全阴天和晴天条件下进行三维采光分析，同时提供动态采光指标的计算，充分考虑了建筑遮挡、使用时间以及全年中的各

种实际的天气情况的影响，全面系统地评价自然采光，真实地反映了全年建筑内部采光情况。

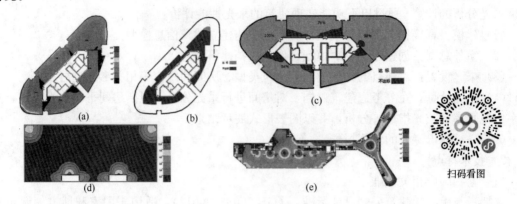

图 2-5-25　静态采光分析

（a）视野分析；（b）内区采光分析；（c）采光达标率分析；（d）地下空间采光分析；（e）采光系数彩图

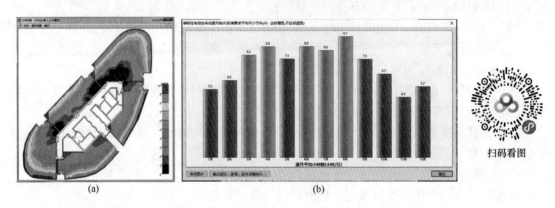

图 2-5-26　动态采光分析彩图及逐月统计

（a）分析彩图；（b）逐月统计图

（3）支持多核并行计算

对多个房间进行批量处理，实现并行计算，从而缩短计算时间，提高工作效率。

3. 推广原因

本软件紧扣国际、国内相关标准的进展（LEED、WELL、《建筑采光设计标准》《绿色建筑评价标准》等）和新的指标要求（采光达标率、视野率、眩光指数等），提供点、面、三维等多种不同的采光分析功能，可与节能、日照分析实现一模多算，快速完成分析。本软件在多个绿色建筑评价项目中应用较好，通过多项实际软件测试，并多次获奖，具备推广价值。

4. 标准、图集、工法或专利、获奖

《绿色建筑评价标准》（GB 50378—2019）、《建筑采光设计标准》（GB 50033—2013）、《采光分析 DALI2018》软件著作权、2010 年第十四届中国国际软件博览会金奖等。

5. 工程案例

中国电子科技集团公司第三研究所传感器大楼、北京阳光保险大厦、北京市东城区旧城保护定向安置房项目等均采用"建筑采光分析软件 DALI"完成采光分析计算。图 2-5-27、图 2-5-28 所示案例工程为中国电子科技集团公司第三研究所传感器大楼。建筑面积

21339.96m²，其中地上建筑面积为 14634.21m²。

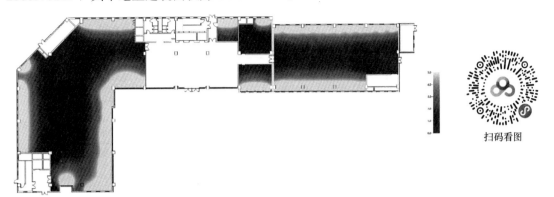

图 2-5-27　主要功能房间天然采光分析图

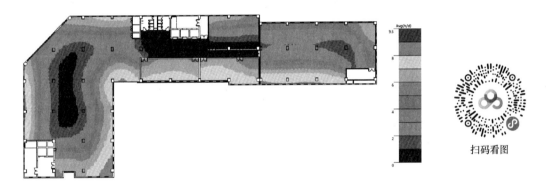

图 2-5-28　主要功能房间动态采光分析图

《绿色建筑评价标准》（DB33/1092—2016）中对公共建筑的主要功能房间采光系数达标率进行了要求。在采光计算完成的基础上，可以进一步进行达标率统计，见表 2-5-13。

表 2-5-13　达标率统计

楼层	房间编号	房间类型	采光等级	采光类型	采光系数要求（%）	房间面积（m²）	达标面积（m²）	达标率（%）
1	1001	实验室	Ⅲ	侧面	3.00	528.99	528.99	100
	1002	办公室	Ⅲ	侧面	3.00	73.17	38.68	53
	1003	实验室	Ⅲ	侧面	3.00	60.27	60.27	100
	1006	办公室	Ⅲ	侧面	3.00	32.4	32.4	100
	1017	实验室	Ⅲ	侧面	3.00	1041.62	1041.62	100

房间类型	采光类型	标准值		面积（m²）		达标率（%）
		平均采光系数（%）	室内天然光设计照度（lx）	总面积	达标面积	
实验室	侧面	3.00	450	1630.88	1630.88	100
办公室	侧面	3.00	450	105.57	71.08	67
总计达标面积比率（%）						98

89

6. 技术服务信息

技术服务信息见表 2-5-14。

表 2-5-14　技术服务信息

技术提供方	产品技术		价格	
北京绿建软件有限公司	用于绿色建筑采光分析的软件		30000 元/套	
	联系人	陈成	电话	010-82481341
			手机	18611107413
			邮箱	svc@gbsware.cn
	网址		www.GBSware.cn	
	单位地址		北京市海淀区大钟寺东路 9 号京仪 B 座 113 室	

2.5.7　空气复合净化技术

1. 技术简介与适用范围

本技术综合集成了静电驻极、HEPA、多元催化剂、改性催化吸附等技术，解决了单一技术存在的寿命短、易失效等技术难题，实现了各单项技术集成后的协同倍增作用。采用多重净化处理，以多层次、立体地空气深度净化系统，有效地消除室内空气中的 $PM_{2.5}$、VOCs、细菌等有害物质。

适用范围：各类建筑室内空气净化。

2. 技术应用

1）性能指标（表 2-5-15）

（1）对甲醛、VOCs 处理长期高效，寿命在 4 年以上。VOCs 的 CCM 大于 3500mg 时，净化能效＞1。

（2）对甲醛、VOCs 处理长期高效，CCM（VOCs）每增加 500mg，净化单元衰减不超过 5%。

（3）对颗粒物处理有效期长，容尘量高，颗粒物 CCM 达到 P4 以上时，净化能效＞5。

（4）采用臭氧分解滤网，臭氧控制在 $0.1mg/m^2$ 以下。

（5）采用 EC 变频恒风量技术，低能耗、低噪声，噪声≤66dB（A），功率≤200W。

表 2-5-15　设备基本性能指标

功率（W）	10～150	风量（m^3/h）	100～650
CADR（颗粒物）（m^3/h）	60～550	CADR（VOCs）（m^3/h）	60～150
能效等级（颗粒物）	高效级	能效等级（VOCs）	高效级
CCM（颗粒物）	P4	CCM（VOCs）	F4
噪声［dB（A）］	≤66	适用面积（m^2）	40～80

2）技术特点

本技术为集中高效过滤、高能自由基超强力净化、超高活性多元催化以及吸附降解于一体的复合系统净化处理方案。本技术独特的净化机制，使得对甲醛、VOCs 等有机废气净化长期有效，净化范围广，对各种有机废气的净化具有广谱性（图 2-5-29、表 2-5-16）。

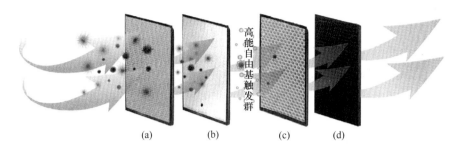

图 2-5-29　空气复合净化技术原理图

(a) 静电驻极；(b) 静电 HEPA；(c) 多元催化剂；(d) 改性活性炭

表 2-5-16　空气复合净化技术特点汇总

序号	性能	卡林空气复合净化技术
1	除甲醛和 VOCs 性能	采用高能自由基驱动纳米催化技术，采用铂、钯等贵金属催化剂，在保证高效去除的同时，还使得催化剂的寿命长达 3～4 年
2	除 $PM_{2.5}$、PM_{10}、颗粒物性能	采用 3M 原装滤芯，依靠其静电驻极技术，高效去除极细微颗粒物；同时采用带静电的 HEPA 滤芯，在保证高效的同时，降低了滤芯阻力，节约能耗
3	活性炭吸附性能	采用浸渍触媒催化剂的活性炭，能够显著提升甲醛、VOCs 的降解效率，由于其更多为降解（区别于吸附）机理，致使其使用寿命更长
4	滤网更换提醒	采用双保险机制提醒更换滤网，采用累计运行时间和传感器测量滤网之间的压差两种方式进行提醒用户更换滤网；当滤网阻塞后，滤网间的阻力增大，用户需要更换滤网
5	滤网规格尺寸	由于采用多层滤芯，厚度达到 150mm，质量高达 10kg，绝对尺寸大，净化效果出众
6	除臭氧滤网	采用蜂窝陶瓷载体的除臭氧滤网，在充分利用臭氧对有害气体的氧化降解基础上，使得出风臭氧含量极低，即使长时间使用也不会导致臭氧浓度超标

3）应用要点

需要对建筑进行室内空气循环净化的工程项目，均可使用本技术。

（1）住宅用室内净化装置。该装置分为明装（壁挂、立式）及暗装（吊顶），其中明装无须复杂操作，即插即用（壁挂式需打孔安装），暗装需有足够吊顶空间，对环境条件无特殊要求（图 2-5-30）。

（2）商用室内净化装置。在商用建筑主体结构完成后，需将室内空气系统解决方案绘制

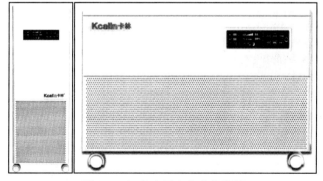

图 2-5-30　住宅用室内净化装置

图纸，进行管路、线路的设计布置，对环境条件无特殊要求（图 2-5-31）。

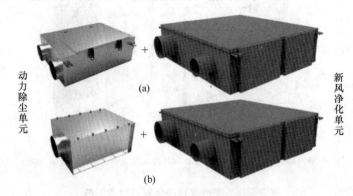

图 2-5-31　商用室内净化装置

（a）KL-SZY-600（双向流）；（b）KL-DZY-600（单向流）

3. 推广原因

该技术解决了单一技术存在的寿命短、易失效、过滤效率低或产生其他次生污染等技术难题，可同时处理甲醛、VOCs、$PM_{2.5}$、PM_{10} 等多种有害物，实现了各单项技术集成后的协同倍增作用，相对达到同样净化效果的处理装置来说，能耗较低，且运行维护方便。

4. 标准、图集、工法或专利、获奖

《通风与空调工程施工规范》（GB 50738—2011）、《通风与空调工程施工质量验收规范》（GB 50243—2016）、《民用建筑供暖通风与空气调节设计规范》（GB 50736—2012）、《空气净化器》（GB/T 18801—2015）、《室内空气质量标准》（GB/T 18883—2002）、《中小学教室空气质量规范》（T/CAQI27—2017）、《一种新风净化一体装置》《一种卧式热泵新风换气装置》《一种空气净化介质单元、空气净化装置及空气净化方法》（发明）、《一种高效净化室内空气的装置》等专利、获得"2018 年全国空净行业质量领先品牌""全国质量信得过产品"等奖项。

5. 工程案例

在北京百旺家苑项目、昌平中海尚湖世家、朝阳区梵石西店记忆 B8-101、中人防规划设计研究院商用空气净化器项目；山东齐鲁工业大学艺体中心、枣庄玉器厂、陕西榆林会所、中海尚湖世家新风系统项目、百特幼儿英语培训机构等项目中应用了本技术进行空气净化（表 2-5-17）。

表 2-5-17　工程案例与应用情况

工程案例一	北京百旺家苑项目	工程案例二	中海尚湖世家新风系统项目
应用情况	项目地址：北京海淀区百望山 净化做法：在原有的空调系统中增加新风系统，保证室内空气的净化效果	应用情况	项目地址：北京昌平区沙河镇 净化做法：在新风系统中增加空气复合净化技术净化单元，并设置立式空气净化设备，保证室内空气的净化效果
案例实景		案例实景	

续表

工程案例三	中人防规划设计研究院商用空气净化器项目	工程案例四	山东齐鲁工业大学艺体中心
应用情况	项目地址：北京石景山区古城 净化做法：根据办公空间合理规划空气净化器设备型号以及摆放位置，保证室内空气的净化效果	应用情况	项目地址：山东济南 净化做法：在新风系统中增加空气复合净化技术净化单元，并且在中央空调系统中设置净化段，同时在部分区域设置空气净化设备，保证室内空气的净化效果
案例实景		案例实景	

6. 技术服务信息

技术服务信息见表 2-5-18。

表 2-5-18　技术服务信息

技术提供方	产品技术		价格
北京卡林新能源技术有限公司	空气复合净化技术		50～200 元/m³
	联系人	雷森	电话　010-62217767
			手机　13366908723
			邮箱　leisen@kcalin.com
	网址		www.kcalin.com
	单位地址		北京市昌平区沙河镇青年创业大厦 C 座 15 层

2.6　绿色建筑能效提升和能源优化配置技术

2.6.1　无动力循环集中太阳能热水系统

1. 技术简介与适用范围

通过系统优化设计，将太阳能集热、贮热、换热的功能集为一体，取消了太阳能集热循环水泵、管道和贮热水箱，实现为建筑提供生活热水的制备和供应。

适用范围：非严寒地域（不低于 −40℃）的中、低温热水需求的民用、工业建筑。

2. 技术应用

1）性能指标（表 2-6-1）。

表 2-6-1　无动力太阳能集贮热装置性能指标

名称	真空管型无动力模块	平板型无动力模块
无动力装置尺寸（长×宽×高） （mm×mm×mm）	2630×2167×520	2620×2250×480

名称	真空管型无动力模块	平板型无动力模块
总集热面积（m²）	4.2	4
年平均集热效率（%）	50	50
无动力水头损失（m）	1.0～2.0	1.0～2.0
集热器形式	25 支 φ58mm×2100mm 全玻璃真空管	平板集热板 2000mm×1000mm×80mm
贮热内胆	SUS304 不锈钢，直径 φ380mm	SUS304 不锈钢，直径 φ380mm
内置换热器	316L 不锈钢	316L 不锈钢
保温层	50～70mm 聚氨酯发泡	50mm 聚氨酯发泡
总有效贮水量（L）	320	230
产品净重（kg）	100	150
满水质量（kg）	425	420
单位荷载（kg/m³）	120	120

2）技术特点

本技术基于实际工程应用和相关研究，结合建筑和设备专业的工程技术特点和要求，从系统层面解决传统太阳能热利用问题；研发了集热、贮热、换热一体的太阳能集热器和无动力太阳能热水系统；取消传统水箱和水箱间，节省建筑面积，大幅降低土建成本，做到与建筑高度结合的一体化设计；同时大大优化了系统形式，取消了集热循环泵和循环管道，大大提高了系统的稳定性，降低了运行维护成本。

（1）集热与贮热

最大化贮存全日集热量：集热元器件与贮水装置紧凑连接，不需要集中贮热水箱和水箱间。

（2）换热

换热原理：流体振动紊流强化传热，无须额外提供集热循环动力。

（3）压力水质

压力稳定，冷热水压力平衡；水质安全，杜绝二次污染。

（4）一体化设计

集热系统：系统化集成化实现冷热水、输配水系统的统一性、完整性；建筑物一体化：不需要集中水箱和水箱间，大幅度减少对建筑、结构的影响，最大化实现建筑一体化的统一性、完整性。

（5）技术效益

有效解决冷热水压力平衡问题、水质问题，大幅度提高系统集热效率，且不需要集热循环泵，避免传统集热器承压带来的复杂技术难题。

3）应用要点

相比于传统太阳能，设置要求降低，适用范围更广，普遍适用于非严寒地域（不低于－40℃）的中、低温热水需求的民用、工业建筑。

3. 推广原因

可充分利用太阳能快速集热，系统简单，运行费用较低；可用于学校、公寓、农宅等有生活热水需求的项目。

4. 标准、图集、工法或专利、获奖

《无动力集热循环太阳能热水系统应用技术规程》（T/CECS 489—2017）、《太阳能集中热水系统选用与安装》（15S12）；《集热、贮热式无动力太阳能热水器和热水系统》（ZL201420250359.X）、《住宅太阳能水暖一体综合供热系统》（ZL201210173171.5）、《无循环集中太阳能即热间接式热水系统》（ZL201220155314.5）、《住宅无循环集中太阳能即热间接式热水系统》（201220154696.X）等专利。

5. 工程案例

北京丰台区辛庄村（一期）农民回迁安置房项目、北京邮电大学沙河校区学生公寓、山西大同华北星城小区等（表 2-6-2）。

表 2-6-2　工程案例与应用情况

工程案例一	北京丰台区辛庄村（一期）农民回迁安置房	案例实景
应用情况	本项目位于北京丰台区长辛店镇辛庄村。热水系统为太阳能热水系统。太阳能保证率≥60%；集热器年平均集热效率：$\eta_{cd} \geq 45\%$；年平均日集热器产水量 60L/m²	
工程案例二	北京邮电大学沙河校区学生公寓	案例实景
应用情况	北京邮电大学沙河校区是由北京邮电大学投资建造的校园工程。热水系统为太阳能热水系统。太阳能保证率≥60%；集热器年平均集热效率：$\eta_{cd} \geq 45\%$；年平均日集热器产水量 60L/m²	

工程案例三	山西大同华北星城小区	案例实景
应用情况	位于山西大同城区御河东路，屋顶为平屋面，造型不规则。每单元 10 户，分为两套独立系统，5 户为一套系统，每套系统产水量为 1000L/天，每户设计用水量为 200L/天	

6. 技术服务信息

技术服务信息见表 2-6-3。

表 2-6-3　技术服务信息

技术提供方	产品技术		价格
中国建筑设计研究院有限公司	无动力循环集中太阳能系统技术集成研究与应用		约 5000 元/m²
	联系人	王耀堂	电话　010-88327576
			手机　13501238423
			邮箱　wangyt@cadg.cn
	单位地址		北京市西城区车公庄大街 19 号

2.6.2　高强度 XPS 预制沟槽地暖模块

1. 技术简介与适用范围

本产品通过改善 XPS 板生产工艺，提高抗压强度，预制沟槽，采用铝箔强化传热，将供热管道与 XPS 板整合为一体，构成供热模块。

适用范围：采用地面辐射供暖的各类建筑。

2. 技术应用

1）性能指标

高强度 XPS 预制沟槽地暖模块在工厂预制，现场拼装敷设加热管，带有固定间距和尺寸沟槽，压缩强度≥1000kPa，是防火等级为 B1 级的 XPS 挤塑聚苯乙烯保温板。

高强度 XPS 预制沟槽地暖模块技术指标符合表 2-6-4 规定。

表 2-6-4　高强度 XPS 预制沟槽地暖模块技术指标

项目	性能指标	项目	性能指标
密度（kg/m³）	≤50	水蒸气透湿系数 [ng/(Pa·m·s)]	≤2.0
压缩强度（kPa）	≥1000	面铺木地板，40mm×40mm 单点加压变形 1mm 可承受压力（N）	≥4000
导热系数（W/m·K）	≤0.035		
尺寸稳定性（%）	≤1	40℃下、168h、40kPa 下的压缩蠕变（%）	≤5
吸水率（%）	≤1	防火等级	B1 级

2）技术特点

高强度 XPS 预制沟槽地暖模块通过抗压强度高达 1000kPa 的 XPS 挤塑板，达到混凝土楼地面强度，替代传统湿法地暖施工工艺；同时实现增加房屋净高、节约工期、降低成本费用等诸多优点。

（1）长期耐压：可承受 $1000N/cm^2$ 的压力，长期不发生形变，与楼地面同寿命。

（2）防腐防霉防蛀：遇水不腐不霉，不怕虫蛀。

（3）持久保温：阻碍热量（冬天），冷气（夏天）从地面散失。

（4）抗潮抗湿：阻碍地面潮气侵入地板和房间，保持地面不受潮。

（5）隔声除噪：消除地面杂声，创造安静环境。

（6）安装简单，节省费用；简化施工，降低成本。

3）应用要点

（1）一般设计要求

① 地面辐射供暖系统的供、回水温度应由计算确定，供水温度宜采用 40～55℃，不应超过 60℃。供、回水温差宜小于等于 10℃。

② 地面的表面平均温度在客厅、卧室区域宜为 25～27℃，最高不超过 29℃。

③ 地面上的固定设备或洁具、衣柜、橱柜等下方，可不布置加热部件。

（2）水系统要求

① 干法地暖系统的工作压力，不宜大于 0.8MPa。加热管内水的流速不宜小于 0.25m/s。

② 干式地暖系统单支回路加热管长度不应超过 120m。

③ 干法地暖的加热管的布置采用双平行布置，并根据保证地面温度均匀的原则，宜将高温管段优先布置于外窗、外墙侧。

④ 加热管可选用 $De16mm$、管间距 150mm 或 $De20mm$、管间距 20mm；推荐使用 PE-RT 管；地面固定家具、设备及卫生洁具下无须布置加热管。

⑤ 每个分支环路的地板下埋设部分应由一根完整的管段铺设而成，地板以下部分不应有连接件。

⑥ 每个环路进、出水口，应分别与分水器和集水器相连。分水器、集水器最大断面流速不宜大于 0.8m/s。每个分水器、集水器分支环路不宜多余 8 路。每个分支环路供回水管上均应设置可关断阀门。

⑦ 系统室内温度控制采用电动式恒温控制阀，通过各房间内的温控器控制相应回路上的调节阀，控制室内温度保持恒定。

⑧ 分集水器设置的首选位置为干区盥洗区柜体内，也可设置于有储藏功能的房间或部位，且需加设外装饰罩。

（3）高强度 XPS 地暖构造示意图

① 干式地暖模块的型号尺寸示意图如图 2-6-1 所示。

② 面铺木地板地暖构造示意图如图 2-6-2 所示。

③ 面铺地砖地暖构造示意图如图 2-6-3 所示。

④ 高强度预制沟槽模块现场安装图如图 2-6-4 所示。

（4）材料要求

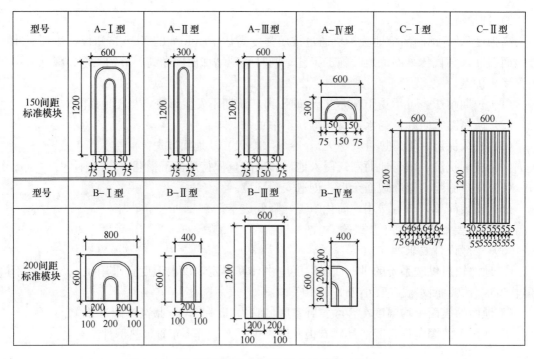

图 2-6-1　干式地暖模块的型号尺寸示意图（单位：mm）

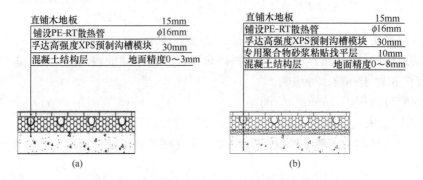

图 2-6-2　面铺木地板地暖构造示意图

(a) 地面精度 0～3mm；(b) 地面精度 0～8mm

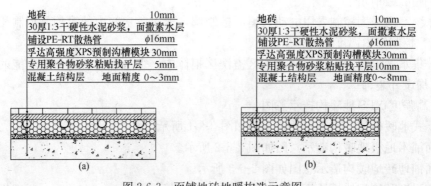

图 2-6-3　面铺地砖地暖构造示意图

(a) 地面精度 0～3mm；(b) 地面精度 0～8mm

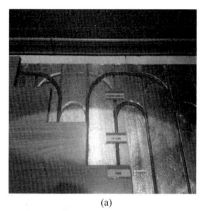

（a）　　　　　　　　　　　　　　（b）

图 2-6-4　现场安装图

（a）安装一；（b）安装二

① 地面辐射供暖系统中所用材料，应根据工作温度、工作压力、建筑荷载、建筑设计寿命、现场防水、防火以及施工性能的要求，经综合比较后确定。

② 地面辐射供暖系统中所用材料应符合国家现行有关产品标准的规定。

3. 推广原因

采用干法施工，减少结构荷载，缩短施工周期，降低施工成本，提高室内环境舒适度，为装配式建筑供暖提供一种技术解决方案。

4. 标准、图集、工法或专利、获奖

《辐射供暖供冷技术规程》（JGJ 142—2012）、《地面辐射供暖技术规范》（DB11/806—2011）、《一种地暖用保温挤塑板》（201820402598.0）、《一种干式地暖用挤塑板及其施工工艺》（201711286267.1）等专利。

5. 工程案例

北京城市副中心职工周转房项目、大兴区魏善庄保利首开项目等（表 2-6-5）。

表 2-6-5　工程案例与应用情况

工程案例一	北京城市副中心职工周转房项目	案例实景
应用情况	项目地址：北京市通州区潞城镇； 开发单位：北京新奥集团； 建筑面积：8000m²； 地采暖做法：采用高强度 XPS 预制沟槽模块，进行干法地暖施工作业	

续表

工程案例二	大兴区魏善庄保利首开项目	案例实景
应用情况	项目地址：大兴区魏善庄镇龙江路与龙善大街交叉口； 开发单位：北京碧和信泰置业有限公司； 建筑面积：302824m²； 地采暖做法：采用高强度XPS预制沟槽模块，进行干法地暖施工作业	

6. 技术服务信息

技术服务信息见表2-6-6。

表2-6-6　技术服务信息

技术提供方	产品技术		价格
广州孚达保温隔热材料有限公司	高强度XPS预制沟槽地暖模块		80～120/m²
	联系人	黄宗旺	
		电话	020-87479150
		手机	15018716105
		邮箱	huangzw03@yuhong.com.cn
	网址		www.fudatec.com
	单位地址		广东省广州市花都区迎宾大道163号高晟广场2栋13A

2.6.3　带分层水蓄热模块的空气源热泵供热系统

1. 技术简介与适用范围

该系统通过利用分层水蓄热模块，在能效较高的工况条件下进行蓄热，提高空气源热泵供热系统的能效。

适用范围：可用于新建、改建或既有建筑改造的供暖工程。

2. 技术应用

该系统设备主要结构包括两个分层水蓄热模块（即第一分层水蓄热模块、第二分层水蓄热模块）、热泵机组、电磁阀管路系统、水泵、供热末端、控制系统。供热末端可以为散热器、风机盘管、热交换器等多种形式，热泵机组采用空气源热泵。系统运行时，热泵机组对两个分层水蓄热模块进行供热，同时对分层水蓄热模块里的水进行温度梯度分层处理，控制系统通过设置在分层水蓄热模块上的温度传感器控制相应的电磁阀的状态，实现分层水蓄热模块交替供热，而热泵机组对分层水蓄热模块进行交替制热，实现系统的高效运行，降低运行费用。

1）性能指标

总体要求：安全、可靠运行，能完全配合热泵机组进行运行，达到分层水蓄热模块内水流温度平稳分层。分层水蓄热模块内水流雷诺数小于 2000，满足热泵机组梯级加热需求，确保机组系统处于高效稳定运行，运行过程中两个分层水蓄热模块平稳切换，智能控制。

（1）系统内的分层水蓄热模块实现水流分层

通过分层水蓄热模块内部的结构设计，实现水流分层，使传热介质按温度梯度进行分层，使得热泵主机中工质换热状态长时间处于高效状态。

（2）供热末端实现大温差供热

采用大温差进行供热，供回水温差为 15～20℃，当分层水蓄热模块中的传热介质温度达到 45～60℃时，对供热末端进行供热；当分层水蓄热模块中的传热介质温度降为 30～40℃时，热泵主机对分层水蓄热模块进行制热。采用大温差供热显著降低了末端侧水泵的功耗，降低了系统的运行费用。

（3）大幅提升供暖系统运行效率

采用该技术的供暖热泵系统进行供暖，计算的系统电效比相比同类产品提升 50%，实验及实际项目的运行系统电效比提高 30%。

设备基本性能指标见表 2-6-7。

表 2-6-7　设备基本性能指标

技术指标	详细参数	技术指标	详细参数
供水温度（℃）	45～60	回水温度（℃）	30～40
额定功率（kW）	4.3	适应面积（m²）	100～120
系统运行电效比	3.0～5.0	分层水蓄热模块容量（m³）	200～400
供回水温差（℃）	15～25	电源电压（V）	380
设备寿命（年）	＞15	保护电流（mA）	＜500

2）技术特点

通过采用该技术的热泵系统对供热末端进行供热，相比于常规的热泵直接与供热末端相连的方式，不仅使得热泵机组能够长时间运行在能效比较高的工况，而且能够显著降低末端水泵的负荷，还使得整个供热系统的能效比进一步提高。主要特点如下：

（1）供暖热泵系统通过采用分别与热泵机组、供热末端相连的分层水蓄热模块交替进行供热、制热，使得热泵机组能够长时间运行在能效比高的工况，提高了整个系统的能效比，进而提高了供热效率。

（2）供暖热泵系统采用最大过热度控制，最大限度地利用外界热量，蒸发压力稳定，实现了系统电效比的平滑过渡，显著提高了主机的运行效率。

（3）分层水蓄热模块采用水力分层的设计，按温度梯度进行分层，使得分层水蓄热模块中传热介质温度逐步提高，进而使主机进水温度平缓变化。

（4）分层水蓄热模块兼具有水力耦合功能，具有极大的兼容性，适用于不同的末端产品，如散热器、风机盘管、地板辐射供热、生活热水等。分层水蓄热模块的水力耦合功能还使产热侧水泵能够根据最佳换热温差而定，用热侧水泵能够根据末端使用和负荷情况而定，降低水泵运行功耗。与此同时，其还能够提高水泵耗电输热比，使水泵高效运行。

（5）通过分层水蓄热模块储存部分热量，便于除霜，还能够引入气候补偿机制，适应天气变化，使末端达到变温控制。对于主机还能够减少其启停次数，延长使用寿命。

3）应用要点

本系统对建筑结构条件无特殊要求，施工安装占用面积约 0.5 m²；为获得更好的节能效果，建议放置于室内。

本系统通过与热泵系统配合，采用分别与热泵机组、供热末端相连的高效增热模块交替进行供热、制热，使得热泵机组能够长时间运行在能效比高的工况，提高了整个系统的能效比，进而提高了供热效率（图 2-6-5）。

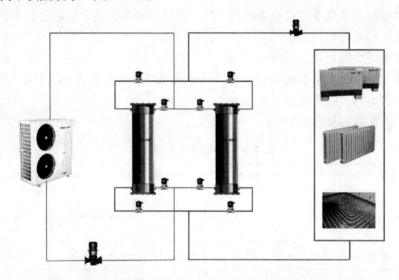

图 2-6-5　带分层水蓄热模块的空气源热泵供热系统安装示意图

3. 推广原因

该技术可用于集中热网和天然气管道不能覆盖地区的建筑供暖，用于煤改电采暖工程。通过优化供暖系统，采用分层水蓄热模块，在能效较高的工况条件下进行蓄热，可提高空气源热泵供暖系统运行能效，且对供热末端的供回水温差进行控制，减小了负荷侧水泵的流量，降低运行费用。同时减少设备的频繁启停，主机处于优化的运行工况，延长设备的使用寿命；相对其他直连的热泵系统，在热泵机组除霜期间也可正常供热，供热质量有保证。

4. 标准、图集、工法或专利、获奖

《民用建筑供暖通风与空气调节设计规范》（GB 50736—2012）、《公共建筑节能设计标准》（GB 50189—2015）、《多联式空调（热泵）机组》（GB/T 18837—2015）、《低环境温度空气源热泵（冷水）机组 第 2 部分：户用及类似用途的热泵（冷水）机组》（GB/T 25127.2—2010）、《一种提高供热效率的热泵系统》（201510917680.8）发明专利，2016 年 5 月获得北京市科学技术委员会"北京市科委中小企业专项促进创新资金"支持。

5. 工程案例

在房山农商银行家属楼、通州名仕生态园、延庆铠钺办公楼、房山区窦店天然气换气站、大兴区农商银行安定支行等项目应用了该技术进行供暖（表 2-6-8）。

表 2-6-8 工程案例与应用情况

工程案例一	房山农商银行家属楼项目	案例实景
应用情况	项目地址：北京房山区； 供暖做法：煤改空气源热泵＋恒热模块，一个供暖季运行效果、供暖效果良好，在恒热模块的协同工作下，提高整体能效 35％	
工程案例二	通州名仕生态园项目	案例实景
应用情况	项目地址：北京通州区； 供暖做法：空气源热泵供暖＋恒热模块，供暖季运行良好，供暖稳定，恒热模块协同工作下，节能 40％，减少 1/4 运行费用	
工程案例三	大兴区农商银行安定支行	案例实景
应用情况	项目地址：北京大兴区； 供暖做法：空气源热泵供暖＋恒热模块，在恒热模块的协同工作下，提高整体能效 35％，减少近 1/4 运行费用	

6. 技术服务信息

技术服务信息见表 2-6-9。

表 2-6-9 技术服务信息

技术提供方	产品技术		价格	
北京卡林新能源技术有限公司	带分层水蓄热模块的空气源热泵供热系统		150～300 元/m³	
	联系人	陈柳	电话	010-62217767
			手机	13811474205
			邮箱	chenliu@kcalin.com
	网址		www.kcalin.com	
	单位地址		北京市昌平区沙河镇青年创业大厦 C 座 15 层	

第3章　北京市装配式建筑适宜技术

3.1　结构系统

3.1.1　装配整体式剪力墙结构

1. 技术简介与适用范围

装配整体式剪力墙结构混凝土部分或全部采用承重预制墙板，通过节点部位的可靠连接，与现场浇筑的混凝土形成整体，其整体性能与现浇混凝土剪力墙结构相近，预制外墙板多为结构-保温-装饰一体化墙板，楼板多采用叠合楼板，楼梯多采用预制板式楼梯，预制墙板竖向钢筋采用套筒灌浆连接，墙板水平钢筋通过附加钢筋连接锚固在现浇段区域。

适用范围：抗震设防烈度为8度及8度以下地区的多高层剪力墙结构建筑。

2. 技术应用

1）技术性能

（1）装配整体式剪力墙结构应进行标准化、模数化、模块化设计，运用"少规格、多组合"的设计原则，实现预制构件和部品的标准化，并满足"工厂易加工、现场装配简单"的要求。

（2）装配整体式剪力墙结构可采用与现浇剪力墙结构相同的方法进行结构分析，但需增加预制墙板接缝的承载力验算，同时应进行制作和施工阶段的承载力和裂缝验算。荷载和荷载组合及相应的结构计算均应按国家现行相关标准执行。

2）技术特点

（1）整体受力性能好。

（2）保温装饰随主体结构同步施工，同时可穿插低楼层的室内装修施工，节省工程总工期。

（3）预制构件实现标准化和工业化的生产，构件精度高，质量好。

（4）大大减少现场湿作业，改善施工环境。

3）应用要点

（1）应按照规范进行预制墙板接缝的承载力验算、制作和施工阶段的承载力和裂缝验算等。

（2）抗震设计时，对同一层内既有现浇墙肢也有预制墙肢的装配整体式剪力墙结构，现浇墙肢水平地震作用弯矩、剪力宜乘以不小于1.1的增大系数。

（3）高层装配整体式剪力墙结构中的电梯井筒宜采用现浇混凝土结构；楼梯间外墙采用预制墙板时，水平现浇带的高度不宜小于300mm。

（4）装配整体式剪力墙结构宜采用叠合楼板，屋面宜采用现浇楼盖，当采用叠合楼盖时，现浇层厚度不应小于100mm。

3. 推广原因

该结构目前在北京地区应用广泛，实践案例丰富。设计、施工、验收依据全面且相对成熟；生产单位多，产能足；施工经验丰富，已形成全产业链的发展形态。

4. 标准、图集、工法

《装配式混凝土结构技术规程》（JGJ 1—2014）、《装配式混凝土建筑技术标准》（GB/T 51231—2016）、《装配式剪力墙结构设计规程》（DB 11/1003—2013）、《混凝土结构工程施工质量验收规范》（GB 50204—2015）、《钢筋套筒灌浆连接应用技术规程》（JGJ 355—2015）、《装配式混凝土结构工程施工与质量验收规程》（DB11/T 1030—2013）、《钢筋套筒灌浆连接技术规程》（DB11/T 1470—2017）。

5. 工程案例

北京市亦庄经济技术开发区河西区公租房项目、北京万科长阳天地项目、北京市大兴区旧宫镇项目（表3-1-1）。

表 3-1-1 工程案例及应用情况

工程案例一	北京万科长阳天地项目	工程案例二	北京市大兴区旧宫镇项目
应用情况	（1）建筑类型：居住类建筑； （2）建筑规模：68149m²； （3）预制构件应用部位包括11层楼首层及以上各层的墙体，21层楼五层及以上各层的墙；正负零以上各层楼板和屋面板、阳台板；二层以上各层楼梯；预制女儿墙等	应用情况	（1）建筑类型：居住类建筑； （2）建筑规模：21285m²； （3）预制构件应用范围包括地上4层及以上各层的墙体；正负零以上各层楼板（电梯厅走道以外）、空调板、阳台板；二层以上各层楼梯；预制女儿墙等
案例实景		案例实景	

6. 技术服务信息

技术服务信息见表3-1-2。

表 3-1-2　技术服务信息

技术提供方	产品技术		价格
北京市住宅建筑设计研究院有限公司	装配整体式剪力墙结构		按项目实际情况而定
	联系人	凌晓彤	电话　010-85295858
			邮箱　zzsjy@zzjz.com
	网址		www.zzjz.com
	单位地址		北京市东城区东总部胡同 5 号

3.1.2　装配整体式框架结构

1. 技术简介与适用范围

装配整体式框架结构的主体结构采用预制柱、预制叠合梁、梁柱节点核心区现场浇筑。预制柱竖向钢筋采用套筒灌浆连接，叠合梁底部纵向钢筋在节点核心区锚固。楼板采用叠合楼板，外墙采用预制混凝土挂板。

适用范围：抗震设防烈度为 8 度及 8 度以下地区，装配整体式混凝土框架结构，以及框架-剪力墙、框架-核心筒结构中的框架。

2. 技术应用

1）技术性能

装配整体式混凝土预制梁、预制柱在工厂内预制完成，通过现浇节点连接为整体。梁柱节点现浇，预制梁端预留钢筋，梁底外伸的纵向钢筋锚入现浇节点核心区位置；预制楼板放置在预制梁上，节点核心区钢筋、梁和楼板钢筋现场绑扎；预制柱顶端预制纵向钢筋穿过梁柱节点区域，预制构件吊装完成后浇筑混凝土，形成整体结构。

2）技术特点

装配整体式框架结构构件设计按照"少规格、多组合"的原则，符合建筑模数化的要求，适用于大开间、大进深的建筑平面布置。预制构件均采用标准构件，模具数量降低，构件重复使用率提高，现浇节点做法统一，现场施工难度低、效率高。

3）应用要点

装配整体式框架结构中，预制柱的纵向钢筋连接，当房屋高度不大于 12m 或层数不超过 3 层时，可采用套筒灌浆、浆锚搭接、焊接等连接方式；当房屋高度大于 12m 或层数超过 3 层时，宜采用套筒灌浆连接。

3. 推广原因

装配整体式框架结构适用于大开间、大进深的建筑平面，是对国家大力提倡的"改进和发展建筑工业"的重要补充和推进。

4. 标准、图集、工法

《装配式混凝土结构技术规程》（JGJ 1—2014）、《装配式混凝土建筑技术标准》（GB/T 51231—2016）、《装配式框架及框架-剪力墙结构设计规程》（DB11/1310—2015）、《钢筋套筒灌浆连接应用技术规程》（JGJ 355—2015）、《钢筋套筒灌浆连接技术规程》（DB11/T 1470—2017）、《混凝土结构工程施工质量验收规范》（GB 50204—2015）、《装配式混凝土结构工程施工与质量验收规程》（DB11/T 1030—2013）。

5. 工程案例

北京市房山区万科长阳天地项目（表 3-1-3）。

表 3-1-3　工程案例及应用情况

工程案例	北京房山区万科 长阳天地项目	案例实景
应用情况	项目采用装配式框架结构，主体结构除核心筒外，均采用预制构件整体装配，外墙采用预制外挂板，实现外围护全装配。梁、楼板、阳台板采用叠合构件	

6. 技术服务信息

技术服务信息见表 3-1-4。

表 3-1-4　技术服务信息

技术提供方	产品技术		价格	
北京市建筑设计研究院 有限公司	装配整体式框架结构		按项目实际情况而定	
	联系人	幸国权	电话	010-63963700
			邮箱	biad_ibc@126.com
	网址		www.biad.com.cn	
	单位地址		北京市西城区南礼士路 62 号	

3.1.3 预制空心板剪力墙结构

1. 技术简介与适用范围

该结构的预制墙板通过水平现浇带和竖向现浇节点连接为整体，抵抗竖向和水平作用。预制墙板尚留有空心孔洞，在墙板空心孔内插入水平或竖向钢筋（边缘构件的竖向钢筋为下层墙板伸出的钢筋）穿过水平现浇带或现浇节点，采用钢筋间接搭接的方式，实现与预制墙板内钢筋的连接。楼板采用叠合楼板；结构外保温和装饰层，可采用保温装饰一体化挂板或后贴保温加抹灰的做法。

适用范围：抗震设防烈度为8度及8度以下地区，低层、多层、高层（45m以下）民用住宅和办公建筑等类型的剪力墙结构。

2. 技术应用

1）技术性能

（1）预制空心板剪力墙及剪力墙边缘构件板之间的节点连接均采用钢筋间接搭接技术，可达到节点连接的抗震安全性、施工方便性、质量可靠性。

（2）预制空心板剪力墙及剪力墙边缘构件板均设计为通用化、模数化、标准化的竖向构件产品，能实现标准化设计、工业化生产、高效化施工。

（3）预制空心板剪力墙及剪力墙边缘构件板均采用机械化成组立模生产线进行工业化生产。

2）技术特点

（1）构件尺寸较小，运输、吊装方便。

（2）钢筋采用搭接和绑扎连接，简单快捷。

（3）可实现的外立面效果基本和现浇结构效果相同。

（4）立模生产，生产效率高。

3）应用要点

（1）预制构件安装准确。

（2）竖向连接节点钢筋预留位置准确。

（3）水平连接节点钢筋平移到位。

（4）连梁纵筋安装到位。

（5）后浇混凝土浇筑密实。

3. 推广原因

该结构适合于45m以下住宅建筑；结构部品采用成组立模生产方式，具有质量好、效率高、投入适中的特点，适合于北京市装配式建筑的发展与应用。

4. 标准、图集、工法

《装配式混凝土建筑技术标准》（GB/T 51231—2016）、《混凝土结构工程施工质量验收规范》（GB 50204—2015）、《装配式混凝土结构技术规程》（JGJ 1—2014）、《装配式剪力墙结构设计规程》（DB11/ 1003—2013）、《预制混凝土构件质量控制标准》（DB11/T 1312—2015）、《装配式混凝土结构工程施工与质量验收规程》（DB11/T 1030—2013）。

5. 工程案例

北京朝阳区定向棚户区改造项目、北京房山区良乡镇住宅项目、北京招商地产昌平商品房和公租房项目（表3-1-5）。

表 3-1-5　工程案例及应用情况

工程案例一	北京房山区良乡镇住宅项目	工程案例二	北京招商地产昌平商品房和公租房项目
应用情况	该项目住宅楼高 15 层，主要应用了 EVE 预制空心墙板、叠合板、空调板、楼梯等预制构件	应用情况	该项目高 15 层，采用了 EVE 装配式空心墙板、叠合板、空调板、楼梯等预制构件
案例实景		案例实景	

6. 技术服务信息

技术服务信息见表 3-1-6。

表 3-1-6　技术服务信息

技术提供方	产品技术		价格
北京珠穆朗玛绿色建筑科技有限公司	预制空心板剪力墙结构		3750 元/m³
	联系人	张裕照	电话　010-81785880
			手机　13811449119
			邮箱　28423225@qq.com
	网址		www.evehouse.com.cn
	单位地址		北京市昌平区崔村镇昌金路一号

3.1.4　预制混凝土夹芯保温外墙板

1. 技术简介与适用范围

预制混凝土夹芯保温外墙板由内层混凝土结构层（内叶墙）、保温层和外层混凝土保护装饰层（外叶墙）组合而成。内外叶墙通过连接件拉结，外叶墙板厚度一般不小于 60mm，保温板厚度不大于 120mm，内叶墙板厚度一般不小于 200mm。连接件常用材质有不锈钢金属和玻璃纤维两种，竖向钢筋连接用套筒从连接方式上分有全灌浆套筒和半罐浆套筒，从加工工艺上分有球墨铸铁以及机械加工套筒；墙体外装饰可分为涂料、反打瓷砖、反打瓷板等形式。

适用范围：多高层剪力墙结构。

2. 技术应用

1）技术性能

预制混凝土夹芯保温外墙板是一种高效节能外墙产品，由内叶墙、外叶墙和内置保温层组合而成，在工厂一次浇筑成型，具有防火、防水、保温、隔热、节能、耐久等优点，两层混凝土之间的连接件及其构造是产品的关键技术。

2）技术特点

减少现场湿作业、支模面积、人工作业量，降低工程造价。预制混凝土夹芯保温外墙板的耐火可达 A 级标准，具有良好的隔声、保温性能。装配式结构施工相较于传统施工具有施工速度快、施工质量高、改善施工环境、提高抗震性等优点。

3）应用要点

（1）预制混凝土夹芯保温外墙板的设计应该与建筑结构同寿命，墙板中的保温连接件应该具有足够的承载力和变形性能。

（2）墙板之间的连接节点应做好防水、防火和保温处理。

（3）安装时墙体就位应准确，下层墙体钢筋伸入套筒内深度、灌浆质量应满足相关规范要求。

3. 推广原因

该外墙板目前在北京地区应用广泛，实践案例丰富。设计、施工、验收依据全面且成熟；生产单位多，产能足，施工经验丰富，已形成全产业链的发展态势。

4. 标准、图集、工法

《装配式混凝土建筑技术标准》（GB/T 51231—2016）、《预制混凝土剪力墙外墙板》（15G365-1）、《装配式混凝土剪力墙结构住宅施工工艺图解》（16G906）、《钢筋套筒灌浆连接应用技术规程》（JGJ 355—2015）、《预制混凝土构件质量检验标准》（DB11/T 968—2013）、《装配式混凝土结构工程施工与质量验收规程》（DB11/T 1030—2013）、《钢筋套筒灌浆连接技术规程》（DB11/T 1470—2017）、《预制混凝土构件质量控制标准》（DB11/T 1312—2015）。

5. 工程案例

北京顺义新城第 4 街区地块保障性住房项目、北京门头沟永定镇住宅项目、北京丰台区成寿寺定向安置房项目（表 3-1-7）。

表 3-1-7　工程案例及应用情况

工程案例一	北京顺义新城第 4 街区地块保障性住房项目	案例实景
应用情况	采用结构保温一体化外墙板，供应工程量为 3700m³	

续表

工程案例二	北京门头沟永定镇住宅项目	案例实景
应用情况	采用结构保温装饰一体化外墙板，供应工程量为 3700m³	
工程案例三	北京丰台区成寿寺定向安置房项目	案例实景
应用情况	采用结构保温装饰一体化外墙板，供应工程量为 200m³	

6. 技术服务信息

技术服务信息见表 3-1-8～ 表 3-1-11。

表 3-1-8　技术服务信息

技术提供方	产品技术		价格	
北京榆构有限公司	预制混凝土夹芯保温外墙板		4800 元/m³ 起	
	联系人	吕丽萍	电话	010-83602155-8101
			手机	15901002256
			邮箱	1556493433@qq.com
	网址		www.bypce.com	
	单位地址		北京市丰台区人民村 68 号	

表 3-1-9　技术服务信息

技术提供方	产品技术		价格	
北京中铁房山桥梁有限公司	预制混凝土夹芯保温外墙板		参考北京市住房和城乡建设委员会发布的北京工程造价信息	
	联系人	刘建雄	手机	13366806667
			邮箱	657122140@qq.com
	网址		www.fangqiao.com.cn	
	单位地址		北京市房山区阎村镇房山科技工业园燕房园 8 号	

表 3-1-10 技术服务信息

技术提供方	产品技术		价格	
天津工业化建筑有限公司	预制混凝土夹芯保温外墙板		4500 元/m³	
	联系人	周良義	手机	13642082036
			邮箱	494903517@qq.com
	单位地址		天津市武清区梅厂镇福源经济开发区通源路 9 号	

表 3-1-11 技术服务信息

技术提供方	产品技术		价格	
北京市燕通建筑构件有限公司	预制混凝土夹芯保温外墙板		7500 元/m³	
	联系人	赵志刚	手机	18519373858
			邮箱	1967634885@qq.com
	网址		www.bjytpc.cn	
	单位地址		北京市昌平区南口镇南雁路北京市政工业基地	

3.1.5 预制 PCF 板

1. 技术简介与适用范围

预制 PCF 板由外叶墙板和保温材料通过专用连接件连接而成，连接件一端锚入外叶墙板，另一端露出在保温材料表面，在工厂采用反打成型工艺预制；施工时，预制 PCF 板作为结构混凝土外侧模板使用，预制 PCF 板上连接件外露端锚入后浇结构混凝土，将预制 PCF 板上的保温材料、外叶墙板与结构混凝土连接为一体。

适用范围：装配式混凝土剪力墙结构。

2. 技术应用

1) 技术性能

(1) 预制 PCF 板外叶墙厚应不小于 60mm，保温材料厚度根据计算确定，一般不大于 120mm。

(2) 常用保温材料：挤塑板、石墨挤塑板、硬泡聚氨酯板等。

(3) 常用构件截面形状为 L 形，也可为其他形状。

2) 技术特点

(1) 预制 PCF 板由外叶墙板和保温层组成，在工厂采用反打成型工艺预制完成。保温板要按铺装图提前先拼铺一次并编号。保温板铺设完毕插入连接件，连接件位置与数量严格按设计要求布置。插入连接件后使用专用微型振动棒振动连接件，以使连接件周围的混凝土密实，保证连接件的锚固性能。振动时间视混凝土坍落度大小确定，一般为 10～20s。

(2) 多种装饰效果是采用正打或反打成型工艺制作，通过材料、色调、质感的创意设计，将图案与颜色有机组合，创造出多种铺设效果。

(3) 制作过程中要注意确保连接件的位置和角度的准确。

(4) 严格控制混凝土浇筑厚度，浇筑过程中应使用测量工具随时测量混凝土厚且必须抹平，浇筑过程避免碰撞预埋件。

3) 应用要点

(1) 在拆模、吊装、储存、运输及安装过程中，注意对连接件和保温板的保护，防止保温板破损、连接件松动。

（2）存放时应单层水平放置，地面应坚实平整，四块垫木应分别垫放在离构件四角不超过 500mm 的位置。L 形 PCF 板还应采取支撑措施，防止构件倾倒。

（3）采用专用吊具进行 PCF 板的吊装。

3. 推广原因

预制 PCF 板已在北京地区广泛应用，实践案例非常丰富，免除外墙外侧模板的支设，缩短工期，回避了预制构件在建筑角部碰撞缝隙的处理难题。使用效果良好，技术比较完善，所需要的材料、机具技术也比较成熟。

4. 标准、图集、工法

《装配式剪力墙住宅建筑设计规程》（DB11/T 970—2013）、《预制混凝土构件质量检验标准》（DB11/T 968—2013）、《预制复合墙板-PCF 板》（Q/TXJYJ0007—2017）。

5. 工程案例

北京通州区马驹桥公租房项目、北京郭公庄一期公租房项目、北京平乐园公租房项目（表 3-1-12）。

表 3-1-12　工程案例及应用情况

工程案例一	北京通州区马驹桥公租房项目
应用情况	该项目是国内首个全部住宅均采用"装配整体式剪力墙结构和装配式装修"的规模化保障房小区，是北京市首个全部清水混凝土外立面小区，也是北京市已建成的最大规模装配式住宅小区；包括 10 栋 16 层住宅楼，共 3004 户，总建筑面积 21.1 万 m²，地上建筑面积 16.2 万 m²。 使用的装配式构件包括预制混凝土夹芯保温外墙板、内墙板、阳台板、空调板、装饰板、叠合板、楼梯、PCF 构件合计 29187 件，构件方量 24388.8m³。 该项目是国内首次在预制构件内植入 RFID 芯片进行信息化管理的试点项目
案例实景	
工程案例二	北京郭公庄一期公租房项目
应用情况	该项目共 20 栋住宅楼，地上主体结构采用装配整体式剪力墙结构，地上建筑面积约 14.7 万 m²。 预制构件共计 14 大类，841 块预制 PCF 板
案例实景	

6. 技术服务信息

技术服务信息见表 3-1-3。

表 3-1-13 技术服务信息

技术提供方	产品技术		价格	
北京市燕通建筑构件有限公司	预制 PCF 板		7500 元/m³	
	联系人	赵志刚	手机	18519373858
			邮箱	1967634885@qq.com
	网址		www.bjytpc.cn	
	单位地址		北京市昌平区南口镇南雁路北京市政工业基地	

3.1.6 预制内墙板

1. 技术简介与适用范围

预制内墙板在工厂自动化流水线上制作，一般厚度不小于 200mm，通常为结构受力构件，满足工程的特定要求，墙厚、配筋及材料强度均按设计要求制作，上下楼层间的预制内墙钢筋通过钢筋灌浆套筒进行连接，水平钢筋锚固在现浇节点上。

适用范围：装配式混凝土剪力墙结构。

2. 技术应用

1) 技术性能

（1）作为结构受力构件，通过外伸钢筋与相邻预制墙体或现浇节点可靠连接，满足结构受力要求。

（2）做填充墙使用时，预制墙体内部设有减重板，同时弱化与其他部位连接，降低对结构整体刚度影响。

2) 技术特点

（1）墙板厚度一般为 200mm，工厂预制，质量易保证。

（2）尺寸精确度高，可实现管线、孔洞等预留预埋。

（3）快速安装，标准化后浇段。

3) 应用要点

（1）模板组装严密，密封条安装固定，防止漏浆和变形。

（2）为保证套筒精确定位，必须在内叶墙边模板上设置套筒定位和套筒灌浆长度控制的专用工装；应在套筒灌浆（软）管内插入直径合适的专用钢筋，以防止套筒外移；注浆管管口宜超出混凝土表面约 50mm，混凝土浇筑过程中应采取防注浆管堵塞措施。

（3）安装时墙体就位应准确，下层墙体钢筋伸入套筒内深度、灌浆质量应满足相关规范要求。

3. 推广原因

预制内墙板作为装配式混凝土结构的关键结构构件，在许多项目上得到很好的推广应用，技术成果成熟，适宜推广。

4. 标准、图集、工法

《装配式混凝土建筑技术标准》（GB/T 51231—2016）、《预制混凝土构件质量控制标准》（DB11/T 1312—2015）、《预制混凝土剪力墙内墙板》（15G365-2）、《预制混凝土构件质量检验标准》（DB11/T 968—2013）、《装配式混凝土结构工程施工与质量验收规程》（DB11/T 1030—2013）、《装配式混凝土剪力墙结构住宅施工工艺图解》（16G906）、《钢筋套筒灌浆连接应用技术规程》（JGJ 355—2015）、《钢筋套筒灌浆连接技术规程》（DB11/T 1470—2017）。

5. 工程案例

北京通州区马驹桥公租房项目、北京郭公庄一期公租房项目、北京海淀区温泉 C03 公租房项目（表 3-1-14）。

表 3-1-14　工程案例及应用情况

工程案例一	北京通州区马驹桥公租房项目	工程案例二	北京海淀区温泉 C03 公租房项目
应用情况	该项目是国内首个全部住宅均采用"装配式剪力墙结构和装配式装修"的规模化保障房小区，是北京市首个全部清水混凝土外立面小区，也是北京市已建成的最大规模装配式住宅小区，包括 10 栋 16 层住宅楼，共 3004 户，总建筑面积 21.1 万 m²，地上建筑面积 16.2 万 m²；使用的装配式构件包括预制混凝土夹芯保温外墙板、内墙板、阳台板、空调板、装饰板、叠合板、楼梯、PCF 板等，构件方量 24388.8m³。 项目完成日期 2014 年 11 月。该项目是国内首次在预制构件内植入 RFID 芯片进行信息化管理的试点项目	应用情况	该项目由 4 栋 16 层住宅楼组成，总建筑面积 8.7 万 m²，地上建筑面积 4.4 万 m²，共 1046 户。除采用"装配整体式剪力墙结构、装配式装修、外立面清水混凝土装饰效果"外，还在国内首次使用了"真空绝热板预制夹芯复合外墙板"。 装配式构件包括预制混凝土夹芯保温外墙板、内墙板、叠合板、楼梯、PCF 板，预制构件 5087 件，构件方量 6456.5m³
案例实景		案例实景	

6. 技术服务信息

技术服务信息见表 3-1-15。

表 3-1-15　技术服务信息

技术提供方	产品技术		价格	
北京市燕通建筑构件有限公司	预制内墙板		4500 元/m³	
	联系人	赵志刚	手机	18519373858
			邮箱	1967634885@qq.com
	网址		www.bjytpc.cn	
	单位地址		北京市昌平区南口镇南雁路北京市政工业基地	

3.1.7 钢筋桁架混凝土叠合板

1. 技术简介与适用范围

钢筋桁架混凝土叠合板由下层的预制部分和上层的现场浇筑部分组合为共同受力体的叠合构件。预制层和叠合层之间通过粗糙面和钢筋桁架实现有效连接；预制层厚度一般不小于60mm，叠合层一般不小于70mm，叠合后的楼板根据四边支撑情况，其受力状态分为单向受力板和双向受力板。

适用范围：混凝土结构的楼、屋面板。

2. 技术应用

1）技术性能

（1）钢筋桁架混凝土叠合板适用于工业与民用建筑以及构筑物的楼、屋面板。预制底板不仅承受现浇层重量荷载和一定的施工荷载，在施工中还可作为现浇叠合层的模板，减少现场混凝土浇筑量和工程模板使用量。

（2）钢筋桁架混凝土叠合板可以起到承受板上竖向荷载和传递结构整体水平力的作用，完成楼板在结构中的受力功能。另外由于叠合楼板本身有一定的刚度，施工现场的楼板支撑也大大减少。

（3）预制混凝土底板的混凝土强度等级不宜低于C30；预制底板厚度不宜小于60mm，后浇混凝土叠合层厚度不应小于60mm；预制底板与叠合层之间的结合面应设置粗糙面，凹凸深度不应小于4mm，设置桁架钢筋。

2）技术特点

（1）预制混凝土底板在施工中作为现浇叠合层的模板，减少现场混凝土浇筑量和工程模板使用量。

（2）现场钢筋绑扎工作量减少，可进一步缩短工期。钢筋桁架受力模式可以提供更大的楼板刚度，可以大大减少施工用临时支撑。

3）应用要点

（1）高层装配整体式混凝土结构中，楼盖应符合的规定有：结构转换层和作为上部结构嵌固部位的楼层宜采用现浇楼盖；屋面层和平面受力复杂的楼层宜采用现浇楼盖，当采用叠合楼盖时，楼板的后浇混凝土叠合层厚度不应小于100mm，且后浇层内应采用双向通长配筋，钢筋直径不宜小于8mm，间距不宜大于200mm。

（2）在预制构件模数化、标准化设计的基础上，宜优先采用较大尺寸进行预制叠合楼设计，以减少构件数量，提高施工安装效率。

（3）预制混凝土叠合楼板的设计及构造要求、制作、施工应符合国家现行相关标准，并应进行施工过程中的阶段性验算。

3. 推广原因

钢筋桁架混凝土叠合板目前在北京地区应用广泛，特别是剪力墙体系中实践案例丰富。现场模板采取简易支撑，简便快捷；设计、施工、验收依据全面且成熟；生产单位多，产能足，施工经验丰富，已形成全产业链的发展态势。

4. 标准、图集、工法

《装配式混凝土建筑技术标准》（GB/T 51231—2016）、《桁架钢筋混凝土叠合板（60mm厚底板）》（15G366-1）、《混凝土结构工程施工质量验收规范》（GB 50204—2015）、《装配式混凝土结构技术规程》（JGJ 1—2014）、《装配式剪力墙结构设计规程》（DB11/1003—2013）、《预制混凝土构件质量控制标准》（DB11/T 1312—2015）、《预制混凝土构件质量检验标准》（DB11/T 968—2013）、《装配式混凝土结构工程施工与质量验收规程》（DB11/T 1030—2013）。

5. 工程案例

北京万科长阳天地项目、北京新机场生活保障基地首期人才公租房项目、北京万科台湖公园里项目（表 3-1-16）。

表 3-1-16　工程案例及应用情况

工程案例一	北京万科长阳天地项目	工程案例二	北京新机场生活保障基地首期人才公租房项目
应用情况	该项目为居住类建筑，共 12 栋建筑单体，建筑面积 68149m²；项目采用装配整体式剪力墙结构，应用的装配式构件包含预制混凝土夹芯保温外墙板、内墙板、叠合板、楼梯、PCF 板等	应用情况	该项目为居住类建筑，共 27 栋建筑单体，建筑面积 180028.14m²；项目采用装配整体式剪力墙结构，应用的装配式构件包含预制混凝土夹芯保温外墙板、内墙板、叠合板、楼梯、PCF 板等
案例实景		案例实景	

6. 技术服务信息

技术服务信息见表 3-1-17、表 3-1-18。

表 3-1-17　技术服务信息

技术提供方	产品技术		价格
北京市住宅建筑设计研究院有限公司	钢筋桁架混凝土叠合板		按项目实际情况而定
	联系人	凌晓彤	电话　010-85295858
			邮箱　zzsjy@zzjz.com
	网址		www.zzjz.com
	单位地址		北京市东城区东总部胡同 5 号

表 3-1-18　技术服务信息

技术提供方	产品技术		价格
北京住总万科建筑工业化科技股份有限公司	钢筋桁架混凝土叠合板		视项目所在地区、规模及标准化程度而定
	联系人	彭卫	电话　010-59724420
			手机　13582095212
	网址		www.bucc-tc.cn
	单位地址		北京市顺义区李桥镇李天路 17 号院

3.1.8　预制预应力混凝土空心板

1. 技术简介与适用范围

预制预应力混凝土空心板是采用干硬式混凝土冲捣和挤压成型，并连续批量叠层生产的预应力混凝土空心板，其标准宽度为 1200mm，标准厚度为 100mm、120mm、150mm、180mm、200mm、250mm、300mm、380mm，长度可任意切割，最长可达 18m。

适用范围：无侵蚀性介质的一类环境中的一般建筑物。

2. 技术应用

1）技术性能

混凝土框架结构与钢结构中，采用预制预应力混凝土空心板作为楼面、屋面板或外围护墙板。作为屋面使用时，与后浇混凝土共同组成叠合构件，增强楼板刚度，加强建筑结构整体性。楼板组合灵活，开洞方便，可满足各种建筑平面需要，在大跨度建筑中凸显优势。

2）技术特点

（1）实现建筑的大空间，减少承重墙体或梁柱。

（2）预制预应力混凝土空心板的耐火时限，最大可到 4h。

（3）通过特殊处理，具有良好的隔声性能。

（4）设计合理，构造得当，具有优越的抗震性能。

3）应用要点

（1）加工制作单位具备健全的检测手段及完善的质量管理体系。

（2）设计时考虑自重、脱模吸附力、吊装及运输等环节的不利因素。

（3）按建筑立面特征可划分为横条板体系和竖条板体系。

（4）放张预应力钢绞线时的混凝土立方体抗压强度必须达到设计混凝土强度等级值的75％，并左右两端同时对称放张。

3. 推广原因

该空心板目前在北京地区应用广泛，实践案例丰富；设计、施工、验收依据全面且成熟；生产单位多，产能足，施工经验丰富，已形成全产业链的发展态势。

4. 标准、图集、工法

《SP 预应力空心板》（05SG408）、《混凝土结构工程施工质量验收规范》（GB 50204—2015）、《预应力混凝土空心板》（GB/T 14040—2007）、《装配式混凝土结构工程施工与质量验收规程》（DB11/T 1030—2013）。

5. 工程案例

河北固安天元伟业桥梁模板有限公司厂区建设工程、河北固安县银座建筑工程有限公司建筑工程（表 3-1-19）。

表 3-1-19　工程案例及应用情况

工程案例一	河北固安天元伟业桥梁模板有限公司厂区建设工程
应用情况	采用预制预应力混凝土空心板作结构楼板，建筑面积约 60000m²
案例实景	

工程案例二	河北固安县银座建筑工程有限公司建设工程			
应用情况	采用预制预应力混凝土空心板做结构楼板，建筑面积为 1000m²			
案例实景				

6. 技术服务信息

技术服务信息见表 3-1-20。

表 3-1-20 技术服务信息

技术提供方	产品技术		价格	
北京榆构有限公司	预制预应力混凝土空心板		138 元/m² 起	
	联系人	吕丽萍	电话	010-83602155-8101
			手机	15901002256
			邮箱	1556493433@qq.com
	网址	www.bypce.com		
	单位地址	北京市丰台区人民村 68 号		

3.1.9 可拆式钢筋桁架楼承板

1. 技术简介与适用范围

可拆式钢筋桁架楼承板是将楼板中主受力方向的部分上下层钢筋在工厂加工成钢筋桁架，并将钢筋桁架通过扣件、自攻钉（或螺栓）与底模加工成一体，然后在现场浇筑混凝土达到设计强度后，拆除底模并重复利用。拆模后的外观效果与传统现浇混凝土楼板一致，可直接刮腻子装修，桁架楼承板可承受一定的施工荷载。设计师可根据楼板跨度、楼板厚度及配筋，选用合适的板型。

适用范围：多高层钢结构、混凝土结构的楼板。

2. 技术应用

1）技术性能

可拆式钢筋桁架楼承板是将楼板中的受力钢筋在工厂加工成钢筋桁架，并将钢筋桁架通过塑料扣件、自攻钉与模板连接成一体的组合模板。在浇筑混凝土达到设计强度后，将底模拆除，直接抹灰刮腻子或涂料，能形成与现浇钢筋混凝土楼板一致的板底效果（图 3-1-1）。

上、下弦钢筋：采用三级热轧盘螺纹钢筋 HRB400 级，钢筋直径为 6～12mm；腹杆钢筋：采用冷轧光圆钢筋，钢筋直径为 4.5～6mm；底模：采用 15mm 厚竹胶模板或其他模板；钢筋桁架高度为 70～270mm；楼板厚度为 100～300mm；底模宽度为 600mm。

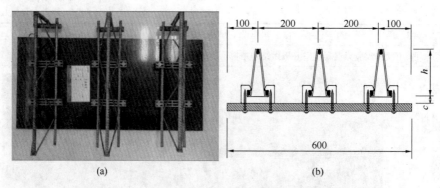

图 3-1-1 可拆式钢筋桁架楼承板示意图（单位：mm）

(a) 实物图；(b) 尺寸图

2）技术特点

（1）底模板在混凝土凝结后可完全拆卸，底面与传统混凝土完全一致，可直接进行抹灰工程。

（2）可拆式钢筋桁架楼承板体系属于《装配式建筑评价标准》（GB/T 51129—2017）中的"金属楼承板和屋面板、木楼盖和屋盖及其他在施工现场免支模的楼盖和屋盖的水平投影面积"的范畴，即可拆式钢筋桁架楼承板属于现场免支模的预制部品部件。

（3）底模采用竹胶板，可重复使用多次，经济环保，保护环境，可有效降低施工成本。

（4）综合造价优势明显，减少客户投资。

（5）施工占用塔吊时间少，施工效率高。

（6）产能大，成套设备可移动式生产，可节约运输成本，同时满足项目进度要求。

3）应用要点

本产品可应用于多高层钢结构居住类建筑、多高层钢筋混凝土居住类建筑、LOFT 夹层改造项目等一些无吊顶要求的住宅建筑和公用建筑，产品设备可移动，不受地域限值。

3. 推广原因

该技术目前在北京地区应用广泛，实践案例丰富，可提高施工效率，符合施工要求，设计、施工、验收依据全面且成熟，满足装配式建筑要求。

4. 标准、图集、工法

《装配式钢结构建筑技术标准》（GB/T 51232—2016）、《组合楼板设计与施工规范》（CECS 273—2010）、《装配可拆式钢筋桁架楼承板用扣件》（Q/DWJC 01—2015）、《装配可拆式钢筋桁架楼承板》（Q/DWJC 02—2015）。

5. 工程案例

北京首钢园区冬奥项目、北京丰台区成寿寺定向安置房项目、北京丰台区南苑乡槐房村和新宫村住宅项目（表 3-1-21）。

表 3-1-21 工程案例及应用情况

工程案例	北京丰台区南苑乡槐房村和新宫村住宅项目
应用情况	该项目位于北京市丰台区，为公租房项目。采用钢框架支撑结构，地上 16 层，建筑高度 44.9m，总建筑面积 63000m² 。地上采用可拆式钢筋桁架楼承板，楼承板使用面积约为 55000m²

续表

案例实景	 

6. 技术服务信息

技术服务信息见表 3-1-22、表 3-1-23。

表 3-1-22　技术服务信息

技术提供方	产品技术		价格
多维联合集团有限公司	可拆式钢筋桁架楼承板		根据楼承板型号确定
	联系人	张伟	电话　010-56305040
			手机　13810525956
			邮箱　1039429001@qq.com
	网址		www.duoweijc.net.cn
	单位地址		北京市丰台区南四环西路 188 号总部基地 16 区 14 号楼

表 3-1-23　技术服务信息

技术提供方	产品技术		价格
北京仟世达技术开发有限公司	可拆式钢筋桁架楼承板		160 元/m²
	联系人	彭明湛	电话　010-80818135
			手机　13811232561
			邮箱　58587023@qq.com
	网址		www.qianshida.com
	单位地址		北京市通州区张家湾开发区光华路 16 号

3.1.10　预制阳台板

1. 技术简介与适用范围

全预制阳台板内上钢筋按设计预留长度伸出阳台板,锚入相邻叠合楼板的现浇层,通过叠合楼板现浇层与主体结构稳固连接;叠合式阳台板预制部分可含带上下挑檐,上钢筋在现浇层内铺设,锚固在相邻楼板内,叠合层同相邻楼板一同浇筑。

适用范围:混凝土结构阳台。

2. 技术应用

1) 技术性能

预制阳台板按构件形式和建筑做法分为:叠合板式、全预制板式、封闭式、开敞式、梁式。阳台板应设置滴水线、栏杆预埋件，外露金属件需做防腐处理。连接件、预埋件的形式、材质以及防腐措施应满足设计要求。预制钢筋混凝土阳台板生产工艺流程：模具清理→刷隔离剂（缓凝剂）→模具组装→钢筋骨架安装→预埋件安装→浇筑混凝土→面层毛糙处理→养护→脱模→冲洗毛糙面（或钢丝刷毛糙面）→修整→码放。

2）技术特点

预制阳台板是建筑节能及住宅产业化要求的产物，具有标准化设计、工厂化生产、质量高、绿色环保等特点。

3）应用要点

预制阳台板采用工厂化制作，钢筋绑扎、模板组装、混凝土浇筑及养护均在工厂进行。阳台板是悬挑构件，建议采用叠合构件，负弯矩钢筋应在相邻叠合板的后浇混凝土中可靠锚固，预制板底钢筋的锚固应符合规定。

3.推广原因

预制阳台板目前在北京地区应用广泛，特别是剪力墙体系中实践案例丰富；设计、施工、验收依据全面且成熟；生产单位多，产能足，施工经验丰富，已形成全产业链的发展态势。

4.标准、图集、工法

《预制钢筋混凝土阳台板、空调板及女儿墙》（15G368-1）、《装配式混凝土结构技术规程》（JGJ 1—2014）、《预制混凝土构件质量控制标准》（DB11/T 1312—2015）、《预制混凝土构件质量检验标准》（DB11/T 968—2013）、《装配式混凝土结构工程施工与质量验收规程》（DB11/T 1030—2013）。

5.工程案例

北京万科七橡墅项目、北京卢沟桥南棚改安置房及公共配套设施项目、北京海淀区田村路43号棚改定向安置房项目（表3-1-24）。

表 3-1-24　工程案例及应用情况

工程案例一	北京卢沟桥南棚改安置房及公共配套设施项目
应用情况	(1) 建筑面积：172428m² (2) 应用产品：预制钢筋混凝土叠合式阳台板
案例实景	
工程案例二	北京海淀区田村路43号棚改定向安置房项目
应用情况	(1) 建筑面积：81200m² (2) 应用产品：预制钢筋混凝土叠合式阳台板

案例实景	 

6. 技术服务信息

技术服务信息见表 3-1-25。

表 3-1-25　技术服务信息

技术提供方	产品技术		价格
北京住总万科建筑工业化科技股份有限公司	预制阳台板		视项目所在地区、规模及标准化程度而定
	联系人	彭卫	电话　010-59724420
			手机　13582095212
	网址		www. bucc-tc. cn
	单位地址		北京市顺义区李桥镇李天路 17 号院

3.1.11　预制空调板

1. 技术简介与适用范围

预制空调板为全板预制，空调板内钢筋按设计预留长度伸出空调板，锚入相邻叠合楼板的现浇层。

适用范围：混凝土结构的空调板。

2. 技术应用

1）技术性能

空调板是悬挑构件，预留负弯矩钢筋伸入主体结构现浇层，并与主体结构梁板钢筋可靠绑扎，浇筑成整体。负弯矩钢筋伸入主体结构水平段长度应不小于 $1.1L_a$。纵向受力钢筋和分布钢筋应采用 HRB400 级，吊装用吊环采用 HPB300 级钢筋。钢筋保护层厚度不小于 20mm。

2）技术特点

预制空调板采用工厂化制作，钢筋绑扎、模板组装、混凝土浇筑及养护均在工厂进行，是建筑节能及住宅产业化的产物，具有标准化设计、工厂化生产、质量高、绿色环保等特点。

3）应用要点

预制空调板正常使用阶段板挠度限值取构件计算跨度的 1/200，计算跨度取空调板挑出长度的 2 倍；最大裂缝宽度允许值为 0.2mm。预制钢筋混凝土空调板生产工艺流程：模具清理→刷隔离剂（缓凝剂）→模具组装→钢筋骨架安装→预埋件安装→浇筑混凝土→面层毛糙处理→养护→脱模→冲洗毛糙面（或钢丝刷毛糙面）→修整→码放。

3. 推广原因

预制空调板目前在北京地区应用广泛，尤其在装配式混凝土剪力墙结构中应用案例丰富。现场模板采取简易支撑，简便快捷；设计、施工及验收依据齐全；生产单位多，产能足，施工经验丰富，已形成全产业链的发展态势。

4. 标准、图集、工法

《预制钢筋混凝土阳台板、空调板及女儿墙》（15G368-1）、《装配式混凝土结构技术规程》（JGJ 1—2014）、《预制混凝土构件质量检验标准》（DB11/T 968—2013）、《装配式混凝土结构工程施工与质量验收规程》（DB11/T 1030—2013）。

5. 工程案例

北京北汽越野车棚改定向安置房项目、北京房山周口万科七橡墅项目、北京平谷区山东庄镇西沥津村居住用地项目（表 3-1-26）。

表 3-1-26　工程案例及应用情况

工程案例一	北京房山周口万科七橡墅项目
应用情况	（1）该项目由洋房、叠拼两部分，共37栋住宅楼； （2）建筑面积：133675m²； （3）应用产品：预制钢筋混凝土空调板
案例实景	
工程案例二	北京平谷区山东庄镇西沥津村居住用地项目
应用情况	（1）建筑面积：129006m²； （2）应用产品：预制钢筋混凝土空调板
案例实景	

6. 技术服务信息

技术服务信息见表 3-1-27。

表 3-1-27 技术服务信息

技术提供方	产品技术		价格	
北京住总万科建筑工业化科技股份有限公司	预制空调板		视项目所在地区、规模及标准化程度而定	
	联系人	彭卫	电话	010-59724420
			手机	13582095212
	网址		www.bucc-tc.cn	
	单位地址		北京市顺义区李桥镇李天路 17 号院	

3.1.12 预制板式楼梯

1. 技术简介与适用范围

预制板式楼梯通常为混凝土楼梯的踏步段，梯段板支座处采用销键连接，上端为固定铰支座，下端为滑动铰支座；按照布置形态可分为剪刀楼梯和双跑楼梯。

适用范围：各种建筑类型中的混凝土楼梯。

2. 技术应用

1）技术性能

预制板式楼梯主要包括剪刀梯和双跑楼梯。剪刀楼梯配合预制隔墙板使用。预制板式楼梯宜设计为清水混凝土，带防滑槽。预制板式楼梯应满足设计要求的支撑边界条件。

2）技术特点

预制板式楼梯采用工厂化制作，钢筋绑扎、模板组装、混凝土浇筑及养护均在工厂进行，是建筑节能及住宅产业化的产物，具有标准化设计、工厂化生产、质量高、绿色环保等特点。

3）应用要点

楼梯板支座处为销键连接，上端支承处宜设置固定铰支座，下端设置滑动铰支座，且最小搁置长度应符合规定。楼梯板底和板面应设计通长钢筋。钢筋采用 HPB300 级、HRB400 级。吊环采用 HPB300 级钢筋，严禁采用冷加工钢筋。预制楼梯正常使用阶段最大裂缝宽度允许值为 0.3mm。预制楼梯挠度限值取构件计算跨度的 1/200。预制楼梯生产工艺流程：模板清理→刷隔离剂→组装模板→安放钢筋骨架及埋件→混凝土浇筑成型→养护→拆模→构件脱模→修整→码放。

3. 推广原因

预制板式楼梯目前在北京地区应用广泛，应用案例丰富，无增量成本，且构件表面为清水混凝土面，安装快速方便，免二次装修。设计、施工、验收依据全面且成熟；生产单位多，产能足，施工经验丰富，已形成全产业链的发展态势。

4. 标准、图集、工法

《预制钢筋混凝土板式楼梯》（15G367-1）、《装配式混凝土结构技术规程》（JGJ 1—2014）、《预制混凝土构件质量控制标准》（DB11/T 1312—2015）、《预制混凝土构件质量检验标准》（DB11/T 968—2013）、《装配式混凝土结构工程施工与质量验收规程》（DB11/T 1030—2013）。

5. 工程案例

北京黑庄户定向安置房项目、北京朝阳区管庄乡塔营村住宅项目、北京北汽越野车棚改定向安置房项目（表 3-1-28）。

表 3-1-28 工程案例及应用情况

工程案例一	北京朝阳区管庄乡塔营村住宅项目
应用情况	（1）建筑面积：275064.67m²； （2）应用产品：预制钢筋混凝土楼梯技术
案例实景	
工程案例二	北京北汽越野车棚改定向安置房项目
应用情况	（1）建筑面积：233592.06m²； （2）应用产品：预制钢筋混凝土楼梯技术
案例实景	

6. 技术服务信息

技术服务信息见表 3-1-29。

表 3-1-29 技术服务信息

技术提供方	产品技术		价格
北京住总万科建筑工业化科技股份有限公司	预制板式楼梯		视项目所在地区、规模及标准化程度而定
	联系人	彭卫	电话　010-59724420
			手机　13582095212
	网址		www.bucc-tc.cn
	单位地址		北京市顺义区李桥镇李天路 17 号院

3.1.13　密肋复合板结构

1. 技术简介与适用范围

密肋复合板结构是由预制的密肋复合墙板、楼板（叠合板或现浇板）、通过现浇节点组合而成的一种新型混凝土预制装配式结构；密肋复合板由截面及配筋较小的钢筋混凝土肋梁和肋柱构成框格，内嵌以炉渣、粉煤灰等工业废料为主要原料的轻质保温型砌块预制而成。密肋复合板和密肋复合楼盖可共同形成结构体系，也可作为单独构件和其他常规结构构件形成结构体系。

适用范围：房屋高度不超过 60m 的建筑。

2. 技术应用

1）技术性能

密肋复合板是应用于装配式结构体系中的一种构件。它以截面及配筋较小的钢筋混凝土框格为骨架，内嵌以炉渣、粉煤灰等工业废料为主要原料的加气硅酸盐砌块（或其他具有一定强度的轻质骨料）预制而成。它将力学性能相差悬殊的轻质砌块和钢筋混凝土两种材料，通过合理构造措施组合成一种强度较高、抗震性能优良的结构受力构件。

密肋复合板结构属于墙受力体系，即以密肋复合墙体承担竖向及水平荷载，和剪力墙结构的受力特征较为类似（图 3-1-2）。

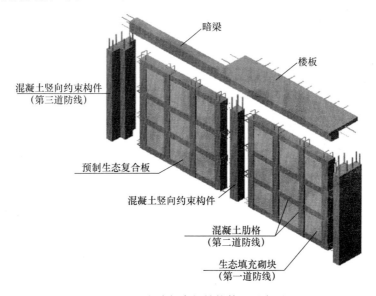

图 3-1-2　密肋复合板结构体系示意图

2）技术特点

密肋复合板具有结构自重轻、抗震性能好、保温隔热、节能效果佳等特点。密肋复合板结构与砖混、框架、剪力墙结构相比自重减轻，结构受力性能介于框架与剪力墙结构之间；与砖混结构相比，承载力提高，变形能力提高，具有较好的抗震性能；密肋复合板结构与传统现浇结构施工技术相比，建造周期缩短。

3）应用要点

计算要点见《密肋复合板结构技术规程》（JGJ/T 275—2013）。多高层密肋复合板结构房屋的适用高度与高宽比限值应满足《密肋复合板结构技术规程》（JGJ/T 275—2013）中要求，见表 3-1-30 和表 3-1-31。

表 3-1-30　多层密肋复合板结构房屋的适用层高与高宽比限值

类别		非抗震设计	抗震设防烈度		
			6 度	7 度	8 度
层高	<7 层	4.2	4.2	3.9	3.6
	≥7 层	3.9	3.9	3.6	—
高宽比	<7 层	2.5	2.5	2.5	2.0
	≥7 层	2.5	2.5	2.5	—

表 3-1-31　高层密肋复合板结构房屋的最大适用高度（m）

烈度	非抗震设计	6 度	7 度	8 度（0.2g）
高度	80	80	70	60

3. 推广原因

施工快捷，具有良好的经济效益。由于应用了具有保温功能的填充材料，该结构具有生态节能、节地利废的社会效益。

4. 标准、图集、工法

《密肋复合板结构技术规程》（JGJ/T 275—2013）。

5. 工程案例

河北张家口怀安县文苑五期（表 3-1-32）。

表 3-1-32　工程案例及应用情况

工程案例	河北张家口怀安县文苑五期	案例实景
应用情况	（1）总建筑面积：41373.99m²； （2）应用产品：密肋复合板剪力墙结构体系； （3）该项目占地面积 15140.35m²，总建筑面积 41373.99m²。其中，地上总建筑面积 29996.69m²（住宅总建筑面积 29088.4m²），地下总建筑面积 11377.30m²，容积率 1.98，绿地率 35.00%	

6. 技术服务信息

技术服务信息见表 3-1-33。

表 3-1-33　技术服务信息

技术提供方	产品技术		价格	
迈瑞司（北京）抗震住宅技术有限公司	密肋复合板结构		视项目所在地区、规模与标准化程度而定	
	联系人	李红霞	电话	010-86393360
			手机	18001241141
			邮箱	444040563@qq.com
	网址		www.mrss.org.cn	
	单位地址		北京市朝阳区京密路孙河 52 号院迈瑞司总部基地	

3.1.14　钢筋套筒灌浆连接技术

1. 技术简介与适用范围

该技术是通过钢筋和灌浆套筒之间硬化后的灌浆料机械咬合作用，将钢筋所承受的力传递至套筒的连接方法。其主要有两种接头形式：全灌浆接头和半灌浆接头。全灌浆接头是指接头两端均采用灌浆方式连接的灌浆接头；半灌浆接头是接头一端采用灌浆方式连接，而另一端采用非灌浆方式连接的灌浆接头，通常为螺纹连接。

适用范围：抗震设防烈度为 8 度及 8 度以下地区的混凝土结构或一般构筑物中带肋钢筋的连接。

2．技术应用

1）技术性能

经力学试验和检验，分体式灌浆接头的单向拉伸、高应力反复拉压、大变形反复拉压三项指标应全部满足行业标准《钢筋机械连接技术规程》（JGJ 107—2016）对接头的要求，方可实现预制构件间的钢筋连接。

2）技术特点

采用钢筋套筒灌浆接头进行预制混凝土结构的构件钢筋连接，其抗震性能可靠、施工简便、可以缩短工期，可实现直径为 12～40mm 的带肋钢筋间的连接，实现构件之间的无缝对接。

3）应用要点

钢筋套筒灌浆施工前应满足以下条件：

（1）灌浆接头的灌浆套筒、灌浆料，应由接头供货单位按照接头型式检验报告中对材料的要求，成套匹配提供。

（2）套筒灌浆施工前应制定专项施工方案，冬期灌浆施工前应对灌浆施工专项施工方案进行专家论证，符合要求后方可进行灌浆施工。

（3）套筒灌浆施工前应进行灌浆施工技术交底。

（4）灌浆连接施工前应制定专项施工方案。

（5）钢筋丝头加工和钢筋套筒灌浆连接人员应经灌浆施工专业培训。

钢筋套筒灌浆施工时，钢筋套筒灌浆连接操作应在灌浆接头供货单位要求的温度下进行。当环境温度低于 5℃时，可采用低温型专用灌浆料或采取局部加热及保温措施施工；当环境温度高于 30℃时，应采取有效措施降低灌浆料拌合物温度。

3．推广原因

钢筋套筒灌浆连接，其抗震性能可靠、施工简便，可以缩短工期，适用于大小不同直径的带肋钢筋的连接，更重要是可以顺利实现预制构件间钢筋的有效连接，解决了装配式混凝土结构中预制构件连接的难题。

4．标准、图集、工法

《钢筋机械连接技术规程》（JGJ 107—2016）、《钢筋套筒灌浆连接应用技术规程》（JGJ 355—2015）、《钢筋套筒灌浆连接技术规程》（DB11/T 1470—2017）。

5．工程案例

北京城市副中心职工周转房项目、北京新机场生活保障基地首期人才公租房项目、北京门头沟永定镇住宅项目（表 3-1-34）。

表 3-1-34　工程案例及应用情况

工程案例	北京城市副中心职工周转房项目
应用情况	（1）建筑面积：974501m²； （2）主要采用直径 12mm、14mm、16mm 的分体式半灌浆接头、全灌浆接头以及配套的高性能灌浆料； （3）钢筋连接套筒可以可靠、高效完成竖向预制剪力墙结构纵向钢筋之间的连接

续表

案例实景	 

6. 技术服务信息

技术服务信息见表 3-1-35。

表 3-1-35　技术服务信息

技术提供方	产品技术		价格	
北京市建筑工程研究院有限责任公司	钢筋套筒灌浆连接技术		15～40 元/个（与钢筋直径相关）	
	联系人	孙岩波	电话	010-88223813
			手机	15201348798
			邮箱	490700809@qq.com
	网址		bbcri. bcegc. net	
	单位地址		北京市海淀区复兴路 34 号	

3.1.15　钢框架、钢框架-支撑结构

1. 技术简介与适用范围

该结构中钢框架柱可以为钢柱，也可以为钢管混凝土柱；支撑又分为中心支撑和偏心支撑，作为结构体系的第一道防线，抵抗水平风荷载及地震作用；钢框架除了受竖向轴力，同时作为结构体系的第二道防线，抵御水平力。

适用范围：多高层住宅建筑、公共建筑。

2. 技术应用

1）技术性能

空间灵活可变，同时增加建筑面积。

2）技术特点

该结构中的钢框架及支撑两种结构构件，受力明确，传力简单，为传统的结构系统，无须进行专项论证。

3）应用要点

结构构件建议采用 H 型钢，做好支撑与钢框架的连接节点设计；该体系在钢框架纵、横两个方向适当部位，沿柱高增设柱间支撑，以加强结构的抗侧移刚度。支撑采用型钢、角钢、槽钢、圆钢或钢管制作，可按拉杆或压杆设计。在建筑高度超过一定高度后，支撑建议采用偏心支撑。支撑应设置在分隔墙或楼电梯间部位，在支撑所在部位隔墙需要采用砌块砌筑或用轻钢龙骨类板材进行包覆。

3. 推广原因

该结构技术成熟，为现有国内高层钢结构主要结构系统。目前在北京地区及全国各地应用广泛，应用案例非常丰富，使用效果良好。

4. 标准、图集、工法

《钢结构设计标准》（GB 50017—2017）、《钢结构用高强度锚栓连接副》（GB/T 33943—2017）、《建筑抗震设计规范（2016 年版）》（GB 50011—2010）、《多、高层民用建筑钢结构节点构造详图》（16G519）、《钢结构高强度螺栓连接技术规程》（JGJ 82—2011）、《高层民用建筑钢结构技术规程》（JGJ 99—2015）。

5. 工程案例

北京朝阳区黑庄户 4 号钢结构住宅楼、北京首钢铸造村 4 号、7 号钢结构住宅楼、北京晨光家园 B 区（东岸）1 号楼（表 3-1-36）。

表 3-1-36　工程案例及应用情况

工程案例一	北京朝阳区黑庄户 4 号钢结构住宅楼	工程案例二	北京晨光家园 B 区（东岸）1 号楼
应用情况	（1）4 号钢结构住宅楼位于用地中间位置，地上 28 层，地下 1 层，檐口高度为 79.9m，总建筑面积 27904.88m²； （2）建筑形式：主体结构为钢管混凝土柱框架-支撑结构，结构总高度 78.8m	应用情况	（1）工程名称：晨光家园 B 区（东岸）1 号楼； （2）建筑规模：11725m²； （3）建设地点：北京市朝阳区东四环红领巾桥东
案例实景		案例实景	

6. 技术服务信息

技术服务信息见表 3-1-37。

表 3-1-37　技术服务信息

技术提供方	产品技术		价格	
北京市住宅建筑设计研究院有限公司	钢框架、钢框架-支撑结构		按项目实际情况而定	
	联系人	金晖	电话	010-85295858
			邮箱	zzsjy@zzjz.com
	网址		www.zzjz.com	
	单位地址		北京市东城区东总部胡同 5 号	

3.1.16 钢框架消能装置

1. 技术简介与适用范围

该结构为钢管混凝土柱-H 型钢梁框架，抵抗水平力的消能装置采用如下 3 种形式，即墙板式阻尼器、组合钢板剪力墙和防屈曲钢板剪力墙。根据结构抗震设计需要，在两个受力方向灵活布置任一种消能装置。其中，墙板式阻尼器为纯钢构件，能提供有效的结构附加阻尼。组合钢板剪力墙是在两块钢板空腔内现浇混凝土，组合形成抗侧力体系。由内嵌钢板和两侧预制混凝土板组合防屈曲钢板剪力墙。两种组合墙板均能提供较好的结构侧向刚度和耗能能力。

适用范围：钢框架-墙板式阻尼器结构适用于抗震设防烈度为 8 度及 8 度以下地区 27m 以下钢结构住宅建筑；钢框架-组合钢板剪力墙结构及钢框架-防屈曲钢板剪力墙结构适用于高烈度区高层钢结构住宅建筑。

2. 技术应用

1）技术性能

钢框架消能装置技术体系选型见表 3-1-38。

表 3-1-38　钢框架消能装置技术体系选型

框架柱		框架柱采用钢管混凝土柱，可以为方钢管或圆钢管，钢管内灌注自密实混凝土，在保证受力和经济要求前提下，钢管截面尺寸尽量标准化
框架梁		框架梁优选国标热轧 H 型钢，且尽可能做到截面标准化
消能装置	墙板式阻尼器	在结构纵向、横向两个受力方向，根据建筑平面中墙体位置，设置墙板式减震阻尼器
	组合钢板剪力墙	在楼电梯间等部位布置组合钢板剪力墙，钢板剪力墙内灌注自密实混凝土
	防屈曲钢板剪力墙	在窗间墙、分户墙等位置，根据结构计算要求布置防屈曲钢板剪力墙

2）技术特点

（1）墙板式阻尼器外观厚度相对较薄，能增大住宅的有效使用面积；通过芯板提供有效的阻尼，达到减震耗能作用；产品均在工厂加工制造，质量易于把控；与主体框架同步施工，能够加快施工进度。

（2）组合钢板剪力墙具有承载力高、延性好、耗能强等优点，能够实现"高轴压、高延性、薄墙体"的优化目标。同时，组合钢板剪力墙具有混凝土剪力墙布置灵活的优点，可提高住宅空间的利用率。

（3）防屈曲钢板剪力墙刚度大、延性好、承载力高，特别适合于地震高烈度地区；由于构件尺寸较小，布置灵活，减小了对建筑使用功能的影响；防屈曲钢板剪力墙构造简单、安装方便，可完全实现工厂加工、现场拼装，工业化程度高。

3）应用要点

（1）墙板式阻尼器与上部钢梁伸出的接合件固定，需对核心钢板进行补强，防止钢板发生屈曲变形，利用核心钢板吸收地震能量，达到消能减震目的。

（2）组合钢板剪力墙。钢板剪力墙内设置栓钉，栓钉尺寸、性能及强度需符合《电弧螺柱焊用圆柱头焊钉》（GB/T 10433—2002）的要求；钢板剪力墙上洞口补强要求见相关标准及规范要求；钢板剪力墙上应设置浇筑孔和排气孔；钢板剪力墙拼接部位至少在楼层结构标高 1m 以上位置。

（3）防屈曲钢板剪力墙。在工厂将防屈曲钢板与上下各两块鱼尾板（用于固定钢梁）等强焊接，运至现场，再将防屈曲钢板与两块预制混凝土板通过螺栓组装成防屈曲钢板剪力墙；然后将防屈曲钢板剪力墙上部通过鱼尾板与钢梁焊接；最后将钢梁与防屈曲钢板剪力墙整体吊装及安装。防屈曲钢板剪力墙下部与钢梁暂不焊接，待主体结构封顶后，按照从上到下的顺序，对下部施焊，完成防屈曲钢板剪力墙安装。

3. 推广原因

钢框架消能装置具有抗震性能优良、装配化程度高、施工便捷、宜居舒适等特点。在北京地区实践案例逐渐增多，使用效果较好，尤其防屈曲钢板剪力墙可作为重点推广的结构体系。

4. 标准、图集、工法

《钢板剪力墙技术规程》（JGJ/T 380—2015）、《电弧螺柱焊用圆柱头焊灯》（GB/T 10433—2002）。

5. 工程案例

北京丰台区成寿寺定向安置房住宅项目、北京首钢二通厂定向安置房住宅项目（表 3-1-39）。

表 3-1-39　工程案例及应用情况

工程案例一	北京丰台区成寿寺定向安置房项目
应用情况	1号、4号采用钢框架消能装置，2号、3号采用钢框架-组合钢板剪力墙结构体系。住宅采用标准 6.6m×6.6m 柱网；钢柱内灌 C50 自密实混凝土，钢梁采用 H350mm×150mm 焊制 H 型钢梁；墙板式阻尼器布置在窗间墙及分户墙部位、组合钢板剪力墙布置在电梯间位置，减少了对建筑使用功能的影响
案例实景	

工程案例二	北京市首钢二通厂定向安置房项目
应用情况	3-1号、3-3号、3-4号楼钢柱采用标准化钢管混凝土柱，钢梁采用标准化H型钢，在窗间墙及分户墙等位置布置防屈曲钢板剪力墙，有效地保证建筑的使用功能
案例实景	

6. 技术服务信息

技术服务信息见表3-1-40。

表 3-1-40　技术服务信息

技术提供方	产品技术		价格	
北京建谊建筑工程有限公司	钢框架消能装置		按项目实际情况而定	
	联系人	杨煦	手机	18810333109
			邮箱	yangxu@bjjy.com
	网址		www.bjjy.com	
	单位地址		北京市丰台区马家堡东路156号院建谊集团	

3.1.17 钢柱-板-剪力墙组合结构

1. 技术简介与适用范围

钢柱-板-剪力墙组合结构中钢管混凝土联肢柱作为竖向承重构件，钢支撑与预制混凝土剪力墙形成双重抗侧力体系。钢梁-混凝土空心组合楼板，是将预制叠合楼板安装在钢梁下翼缘，填充轻质箱体，绑扎肋梁及楼板钢筋，浇筑钢筋混凝土形成钢梁-混凝土空心组合楼板。主体钢结构与外墙板一体化是将外围护墙体及保温材料与钢梁、钢支撑等主体钢构件在工厂预制成复合墙体，在现场实现主体结构及外墙一次完成安装。

适用范围：抗震设防烈度为8度及8度以下地区，80m以下大跨度钢结构及钢混组合结构住宅及公共建筑。

2. 技术应用

1）技术性能

（1）结构性能：

① 预制叠合密肋楼板钢-混凝土组合扁梁楼盖中钢梁和楼板通过栓钉和 PBL 剪力连接件共同工作；

② 楼板下承式组合扁梁楼盖振动舒适度满足规范要求；

③ 装配整体式混凝土剪力墙连接性能达到等同现浇的要求；

④ 新型梁-柱连接实现节点刚度可调，避免焊接操作。

（2）建筑性能：室内梁柱不外露，可实现无柱大空间，建筑空间布置更加灵活，室内可提供更大使用空间；有效使用面积比传统住宅多；保温、隔声效果明显，楼板振动小；夹芯保温外墙板保温与建筑设计年限同使用寿命；钢结构防护防火及防腐在建筑的使用期内免于维护。

（3）施工性能：构件围护保温装饰一体化、钢结构防火防腐装饰一体化，极大地提高现场施工效率。

2）技术特点

该结构适用于 100m 大跨度钢结构及钢混组合结构住宅及公共建筑。钢管混凝土联肢柱、预制混凝土剪力墙为竖向承重构件，钢支撑与钢管混凝土联肢柱（柱间梁协同）组成结构抗侧力体系。

钢梁-混凝土空心组合楼板，是将预制叠合楼板安装在钢梁下翼缘，底部填充箱体，绑扎肋梁及楼板钢筋，然后现浇钢筋混凝土形成钢梁-混凝土空心组合楼板。

钢结构与外墙板、内墙板和楼板一体化建造是将外墙保温、围护墙体和钢梁、钢支撑等钢构件在工厂集成预制加工，在现场实现外墙安装一次性完成。

该结构实现了梁柱不外露、室内无柱大空间、户型可自由分割、灵活布置，显著提升了住宅使用性能。其中采用的结构构件-保温-装饰一体化围护墙板应用技术，既解决了外挂墙板与钢构件变形协调的问题，又解决了钢构件冷桥问题；采用钢结构外包装饰混凝土防火的技术，将钢结构防火防腐装饰集成一体化，解决了住宅建筑中钢构件外露及防火防腐的难题；连接刚度可调且可快速装配的梁柱连接节点，实现刚度节点可调的同时避免了现场全熔透焊接作业，加快施工速度，提高连接质量；钢柱-板-剪力墙组合结构构件预制安装技术，形成了钢柱-板-剪力墙组合结构设计、制作、安装、验收成套工程技术和标准，具有推广应用价值。

3）应用要点

（1）结构系统要点：要求结构系统用钢柱-板-剪力墙组合结构，楼板采用钢梁-混凝土空心组合楼板，混凝土结构采用装配式混凝土剪力墙结构，钢结构采用钢管混凝土联肢柱＋钢支撑。

（2）施工安装要点：根据需求配备塔吊，横梁扁担吊具、三角支撑；施工作业前要合理安排构件吊运及安装顺序；安装作业人员需经过专业培训并考核通过方可上岗。构件堆放场地地面硬化，设置墙体构件存放架，并有足够的构件储备场地。

（3）环境要点：预制构件安装不受环境影响，部分现浇混凝土施工涉及冬期施工，当环境温度过低时，需要加热养护。

3. 推广原因

方便与建筑外围护墙及内隔墙结合，有效地保证墙体施工质量，现场安装施工采用整体吊装，缩短施工工期。施工过程采用新工艺、新技术，建筑建造绿色、节能、环保。

4. 标准、图集、工法

《多、高层民用建筑钢结构节点构造详图》（16G519）、《装配式钢结构建筑技术标准》（GB/T 51232—2016）、《钢结构工程施工质量验收规范》（GB 50205—2001）、《钢结构高强度螺栓连接技术规程》（JGJ 82—2011）。

5. 工程案例

河北唐山湨阳新城二区商住楼项目（表 3-1-41）。

表 3-1-41　工程案例及应用情况

工程案例	河北唐山湨阳新城二区商住楼项目
应用情况	（1）4 号楼是新型装配式钢结构住宅示范工程，钢柱布置在外墙周边及分户墙处，户内无柱，具有开放式超大空间、高度集成化、钢结构防火防腐一体化等技术优势。 （2）总建筑面积为 10950.45m²，地上 22 层，地下 2 层。结构采用钢柱-板-剪力墙组合结构，地下部分为钢筋混凝土现浇结构，1～2 层为钢结构层，3～22 层为装配式钢结构，共计 2 个单元。单层预制构件数量：墙板（部分带梁）47 块，楼板 58 块，楼梯 2 块，阳台（带空调板）3 块，空调板 6 块。 （3）本工程柱采用钢管混凝土联肢柱，梁采用上下翼缘不等宽的 I 形梁，楼板采用装配式预制叠合密肋楼板，核心筒采用预制钢筋混凝土剪力墙结构。阳台、空调板、楼梯、叠合梁均采用预制构件。钢结构含钢量为 71kg/m²，总体钢结构用钢量约为 800t，钢筋用量 42.6kg/m²。 （4）其中预制叠合密肋楼板钢-混凝土组合扁梁楼盖，降低了楼盖高度，提升了楼盖刚度和使用舒适度，解决了住宅中钢梁外露的难题
案例实景	
应用情况	其中基于刚性、半刚性及铰接节点连接构造，研发出连接刚度可调且可快速装配的梁柱连接节点，避免了现场全熔透焊接作业，加快现场连接的速度，提高了连接质量。节点安全可靠，抗震性能良好，实现"强节点，弱构件"
案例实景	

续表

应用情况	装配整体式剪力墙搭接连接结构技术具有以下优势： （1）钢筋连接质量检查直观、可靠；（2）不使用套筒，生产成本降低；（3）安装快速精准、调整方便，施工效率高；（4）可同层浇筑，施工进度有保证；（5）构件采用工厂平模制作质量可控、后浇混凝土模板定型程度高
案例实景	
应用情况	钢柱-板-剪力墙组合结构解决了常规住宅结构小开间、小空间的问题，实现了梁柱不外露、室内无柱大空间、户型可自由分割、灵活布置，显著提升了住宅使用性能
案例实景	
应用情况	采用构件围护保温装饰一体化、钢结构防火防腐装饰一体化技术的钢管混凝土联肢柱，既提高了钢柱抗侧能力，又解决了住宅中钢柱外露难题。结构构件-保温-装饰一体化围护墙板既解决了外挂墙板与钢结构变形协调的问题，又解决了钢构件冷桥问题
案例实景	

6. 技术服务信息

技术服务信息见表 3-1-42。

表 3-1-42　技术服务信息

技术提供方	产品技术		价格	
中国二十二冶集团有限公司（中冶建筑研究总院有限公司）	钢柱-板-剪力墙组合结构		根据项目情况确定	
	联系人	张晓峰	电话	010-7570899-8666
			手机	13932519743
			邮箱	545279322@qq.com
	网址		www.22mcc.com.cn	
	单位地址		河北省唐山市幸福道 16 号	

3.1.18　多层钢框架结构

1. 技术简介与适用范围

该结构主体结构采用箱形截面钢柱-H 型钢梁框架，楼板体系采用钢筋桁架楼承板；外墙采用 ALC 条板基墙＋保温装饰一体板，内墙采用 ALC 条板，钢结构受力构件采用薄涂型防火涂料、防火石膏板外包；工业化内装体系包括集成地面、集成吊顶、薄法排水系统、集成卫浴系统和集成厨房系统等。

适用范围：多层及小高层住宅建筑。

2. 技术应用

1）技术性能

多层钢框架结构具有绿色环保、宜居舒适、灵活拓展、抗震耐久、施工便捷、经济适用的性能优势；建筑构件实现工厂化预制、现场装配，根据最新国家装配式建筑评价标准装配率最高可达 100％，技术体系选型见表 3-1-43。

表 3-1-43　多层钢框架结构选型

结构系统	主体结构	钢框架体系/钢框架-支撑体系
围护系统	楼板	压型钢板/钢筋桁架楼承板
	外墙板	ALC 条板＋保温装饰一体板
	内隔墙	轻钢龙骨复合墙体/ALC 条板
内装及设备		集成地面、集成墙面、集成吊顶、生态门窗、快装给水、薄法排水、集成卫浴、集成厨房
楼梯		钢楼梯/预制混凝土楼梯

2）技术特点

（1）自重轻，减少基础造价。钢结构及预制围护结构自重轻，同等荷载条件钢结构住宅自重是传统住宅的 1/2 左右，可节约基础造价。

（2）工期快，节约财务费用。钢结构与传统钢筋混凝土地上标准层结构施工工期相比，主体结构工期可缩短 30％～50％。

（3）抗震性能好、产品质量好、环境友好、建筑空间灵活可变。

（4）得房率更高。钢结构强度高，构件截面小，且能够承受更大的荷载，钢结构建筑的得房率比传统钢筋混凝土建筑的得房率多 6％～10％。

（5）建筑空间灵活可变。户内空间可任意切分，有着更好的建筑空间适应能力。

（6）综合成本更低。综合考虑基础造价、得房率、财务费用以及提前预售等奖励政策，装配式钢结构建筑的成本比传统建筑的成本更低。

3）应用要点

该结构适用于多层及小高层住宅建筑等装配式建筑，不受地域、场地类型等限制。

3. 推广原因

该结构技术成熟，装配性能好，适宜推广。

4. 标准、图集、工法

《钢结构工程施工质量验收规范》（GB 50205—2001）、《装配式钢结构建筑技术标准》（GB/T 51232—2016）、《钢结构设计标准》（GB 50017—2017）、《建筑抗震设计规范（2016年版）》（GB 50011—2010）、《高层民用建筑钢结构技术规程》（JGJ 99—2015）、《蒸压加气混凝土砌块、板材构造》（13J104）。

5. 工程案例

天津西青区王稳庄镇白领公寓项目（表3-1-44）。

表3-1-44 工程案例及应用情况

工程案例	天津西青区王稳庄镇白领公寓项目
应用情况	主体结构采用箱形钢柱、H型钢梁，外墙采用ALC条板基墙＋保温装饰一体板，内墙采用ALC条板，楼板采用可拆卸钢筋桁架组合楼板。采用四步节能设计，达到国家绿建三星标准
案例实景	

6. 技术服务信息

技术服务信息见表3-1-45。

表3-1-45 技术服务信息

技术提供方	产品技术		价格	
中建钢构有限公司	多层钢框架结构		按项目实际情况而定	
	联系人	张鹏飞	手机	18222564013
			邮箱	zhangpf3@cscec.com
	网址		sstr.cscec.com	
	单位地址		深圳市南山区粤海街道中心路3331号中建钢构大厦	

3.1.19 低层轻钢框架结构

1. 技术简介与适用范围

该结构采用装配式快装基础，主体结构为钢框架结构体系，以无机集料阻燃木塑复合墙板或纤维增强水泥挤出成型中空墙板为围护结构，无机集料阻燃木塑复合条板＋纤维水泥压力板或钢筋桁架楼承板为楼面结构，内墙采用装饰发泡挂板，ASA共挤外墙挂板或无机外墙挂板，屋面采用无机集料阻燃木塑复合条板、彩石金属瓦。

适用范围：不超过3层的新农村建筑、别墅、公寓宿舍、办公楼、公共建筑、工业厂房、市政建设建筑等。

2. 技术应用

1）技术性能

低层轻钢框架结构采用轻钢框架结构承重，以无机集料阻燃木塑复合条板为围护结构，钢筋桁架楼承板或无机集料阻燃木塑复合条板为楼面结构，彩石金属瓦或树脂瓦为屋面结构，装配化施工大大缩短施工工期；同时房屋保温性能好，抗震性能高、房间使用面积大，综合性价比高，特别适合新农村建设。

2）技术特点

（1）节能环保。该结构采用的无机集料阻燃木塑复合条板，150mm厚墙体相当于400～500mm厚的加气块的保温性能；同时该体系中的无机集料阻燃木塑复合条板为可循环再利用材料，不会产生任何垃圾，保护环境。

（2）施工速度快。由于该结构采用了钢结构承重，木塑墙板作为围护结构，钢筋桁架楼承板或木塑条板作为楼面结构，最大限度地避免了湿作业，大部分材料均在工厂完成，现场工作量很少，大大提高了施工速度。该体系的施工速度是传统建造方式的3倍以上。

（3）抗震性能好。该结构采用钢框架结构，具有很好的延性，抗震性能好。同时该体系使用的墙体材料自重是传统墙体自重的1/8～1/10，大大减少结构的自重，减少地震力，提高结构的安全性。

（4）性价比高。由于结构荷载小，大幅降低基础的费用，同时墙体厚度普遍为150mm，可以大大提高房子的有效使用面积。现场施工作业量少，人工成本低，综合来算性价比高。

3. 推广原因

该结构施工速度快，现场湿作业量少，房屋保温性能和抗震性能好，特别适合新农村建设。

4. 标准、图集、工法

《无机集料阻燃木塑复合条板建筑构造》（15CJ28）、《轻型钢结构住宅技术规程》（JGJ 209—2010）、《冷弯薄壁型钢多层住宅技术标准》（JGJ/T 421—2018）、《建筑用无机集料阻燃木塑复合墙板应用技术规程》（CECS 286—2015）。

5. 工程案例

北京房山区赵庄村安置房项目、北京房山区城关农宅单项改造项目和城关街道中心区旧城改造周转房项目、北京房山区十渡马安村安置房项目（表3-1-46）。

表 3-1-46　案例工程与应用情况

工程案例	北京房山区十渡马安村安置房项目
应用情况	主体结构采用钢框架结构，外墙采用无机集料阻燃木塑复合条板＋挤塑聚苯板保温＋外墙涂料，内墙采用无机集料阻燃木塑复合条板，楼板采用钢筋桁架板，屋面采用树脂瓦
案例实景	

6. 技术服务信息

技术服务信息见表 3-1-47。

表 3-1-47　技术服务信息

技术提供方	产品技术		价格
北京恒通创新赛木科技股份有限公司	低层轻钢框架结构		1100～1800 元/m³
	联系人	汤荣伟	手机　13391882708
			邮箱　157212991@qq.com
	网址		www.htcxms.com
	单位地址		北京市房山区万兴路 86-5 号

3.1.20　钢框架全螺栓连接技术

1. 技术简介与适用范围

该技术是指在钢框架结构中，箱形截面柱（钢管柱）采用芯筒式全螺栓连接技术，水平构件采用双拼接板高强度螺栓连接技术，减震装置各部件之间及减震装置与主体结构之间均采用高强度螺栓连接（如果有减震装置）。全螺栓连接技术在实现钢框架高效装配和刚性连接的同时，保证了全螺栓连接钢框架力学性能不低于全熔透焊缝连接的钢框架性能。

适用范围：多高层钢结构箱形截面柱（钢管柱）及与 H 形梁的连接，特别适合环保要求高或难开展现场焊接的地区。

2. 技术应用

1）技术性能

（1）全螺栓高效装配：芯筒式全螺栓柱连接节点上下箱形柱之间通过法兰高强度螺栓和八边形芯筒连接，安装过程无焊接，与传统焊接节点相比，可提高施工效率 75％。

（2）力学性能可靠：芯筒式全螺栓柱连接节点具有良好的受力性能，具有与传统焊接节点相同的刚接性能，安全可靠。

（3）阻尼器高效装配：中间柱形阻尼器在实现组成部件及与主体结构间全螺栓高效装配的基础上，小震时提供刚度，中震和大震时提供稳定的附加耗能。

2）技术特点

（1）综合成本低：芯筒式全螺栓柱连接节点与传统焊接节点相比，可明显提高施工效率，与传统焊接节点相比，新型高效装配结构体系基本未增加工程的显性成本，但因施工效率的提高大大降低设备租赁、水电和人员等发生的隐形成本，具有良好的经济效益。

（2）良好的建筑适用性：芯筒式全螺栓柱连接节点构造简洁美观，不影响室内净空，建筑装饰装修完成后，节点完全包裹在装饰层内，外观效果极佳。中间柱形阻尼器可根据围护体系需要灵活布置，不影响墙板上门窗洞口的开设。

（3）绿色环保、经济高效：新型高效装配结构体系施工过程无火、无水、无尘、无 CO_2 排放，显著降低建筑全生命周期中的资源和能源使用量，同时结构可拆卸、改造回收利用率高，真正实现了节能、降耗、减排的绿色建筑目标，具有显著的经济效益和社会效益。

3）应用要点

加工过程中应特别注意加工精度、法兰平整度和焊缝质量的控制，现场安装应严格遵循现有的操作规程，最大限度地减少人为原因引起的施工质量问题。

3. 推广原因

全螺栓节点提高施工效率75%，具有明显的经济效益和社会效益。

4. 标准、图集、工法

《钢结构设计标准》（GB 50017—2017）、《钢结构工程施工质量验收规范》（GB 50205—2001）、《钢结构用高强度大六角头螺栓、大六角螺母、垫圈技术条件》（GB/T 1231—2006）、《多、高层民用建筑钢结构节点构造详图》（16G519）、《装配式建筑评价标准》（GB/T 51129—2017）、《装配式钢结构建筑技术标准》（GB/T 51232—2016）、《高层民用建筑钢结构技术规程》（JGJ 99—2015）、《钢结构高强度螺栓连接技术规程》（JGJ 82—2011）、《一种摩擦阻尼器》（专利号：ZL201721200128.8）。

5. 工程案例

北京首都师范大学附属中学通州校区教学楼项目、北京通州区中学宿舍楼项目、多维集团天津绿建办公楼项目（表3-1-48）。

表3-1-48　工程案例及应用情况

工程案例一	北京首都师范大学附属中学通州校区教学楼项目
应用情况	（1）工程概况：工程位于北京市通州区，建筑面积12000m²，主体结构采用钢框架体系。 （2）产品应用：芯筒式全螺栓柱连接节点。 （3）应用效果：产品尺寸可根据工程实际需要灵活设计，构件均为工厂加工，施工现场高效装配，应用效果较好。在北京市2018年发布《关于全面加强生态环境保护坚决打好北京市污染防治攻坚战的意见》后，通州地区建设执行高标准要求，雾霾天气施工时限制现场焊接作业。本项目应用的新型高效装配结构体系，使得工程建设得以顺利进行
案例实景	

工程案例二	北京通州区中学宿舍楼项目
应用情况	（1）工程概况：工程位于北京市通州区，总建筑面积 47944m²，其主体结构采用钢框架＋阻尼器结构体系。 （2）产品应用：芯筒式全螺栓柱连接节点和中间柱形阻尼器。 （3）应用效果：新型高效装配结构体系的应用显著提高了装配效率，同时避免了现场焊接作业，保证了通州区雾霾天气时施工的顺利进行。应用的中间柱形阻尼器与主体结构螺栓连接，装配过程简单方便，显著提高装配效率，应用效果较好
案例实景	
工程案例三	多维集团天津绿建办公楼项目
应用情况	（1）工程概况：工程位于天津市静海区，建筑面积 4351m²，主体结构采用装配式钢框架体系。 （2）产品应用：芯筒式全螺栓柱连接节点和中间柱形阻尼器。 （3）应用效果：构件均为工厂加工，与焊接节点相比，大大提高了施工效率，同时结构可拆卸、改造回收利用率高，施工过程绿色装配，实现了节能减排的目标，应用效果较好
案例实景	

6. 技术服务信息

技术服务信息见表 3-1-49。

表 3-1-49　技术服务信息

技术提供方	产品技术		价格	
	钢框架全螺栓连接技术		根据具体项目使用规格而定	
北京建筑大学	联系人	张艳霞	电话	010-61209374
			手机	18911647909
			邮箱	zhangyanxia@bucea.edu.cn
	网址		www.bucea.edu.cn	
	单位地址		北京市西城区展览馆路 1 号	

3.2　外围护系统

3.2.1　预制混凝土外挂墙板

1. 技术简介与适用范围

预制混凝土外挂墙板为安装在主体结构上，起围护和装饰作用的非结构受力构件。混凝土外挂墙板包括预应力混凝土外挂墙板与非预应力混凝土外挂墙板；外挂墙板与主体结构连接方式可采取点支撑或线支撑连接。外挂墙板保温做法包括无保温、内保温、外保温及夹芯保温等多种形式。

适用范围：多高层框架结构外围护墙。

2. 技术应用

1）技术特点

外挂墙板按构件构造可分为预应力混凝土外挂墙板与非预应力混凝土外挂墙板；按与主体结构连接节点构造可分为点支承连接与线支承连接；按保温形式可分为无保温、内保温、外保温与夹芯保温等；按建筑外墙功能定位可分为围护墙板与装饰墙板；按建筑立面特征可分为整间板、横条板、竖条板等。

2）应用要点

各类外挂墙板可根据工程需要与外装饰、保温、门窗等结合形成一体化预制外墙板。墙板饰面分为涂料饰面、面砖饰面、石材饰面、彩色混凝土饰面、清水混凝土饰面、露骨料混凝土饰面以及带装饰图案的饰面等，能够赋予建筑不同观感与独特艺术表现力。

3. 推广原因

预制混凝土外挂墙板制作采用钢制模具周转利用，生产出高精度、高质量的标准化构件。应用预制混凝土外挂墙板，可以加快建筑施工速度，提高建筑品质与工程质量，有利于节约资源、保护环境。

4. 标准、图集、工法

《混凝土结构工程施工质量验收规范》（GB 50204—2015）、《建筑装饰装修工程质量验收标准》（GB 50210—2018）、《预制混凝土外挂墙板应用技术标准》（JGJ/T 458—2018）、《严寒和寒冷地区居住建筑节能设计标准》（JGJ 26—2018）、《装配式混凝土结构技术规程》（JGJ 1—2014）。

5. 工程案例

北京城市副中心项目、北京软通动力大厦项目、北京中建技术中心项目（表 3-2-1）。

表 3-2-1　工程案例及应用情况

工程案例一	北京城市副中心项目
应用情况	采用预制清水混凝土外挂墙板作为外围护结构，工程量约 59000m^2
案例实景	

工程案例二	北京软通动力大厦项目
应用情况	采用预制清水混凝土外挂墙板作为外围护结构，工程量约 3500m^2
案例实景	
工程案例三	北京中建技术中心项目
应用情况	采用预制清水混凝土外挂墙板作为外围护结构，工程量约 14000m^2
案例实景	

6. 技术服务信息

技术服务信息见表 3-2-2。

表 3-2-2　技术服务信息

技术提供方	产品技术		价格
北京榆构有限公司	预制混凝土外挂墙板技术		3900 元/m^3
	联系人	吕丽萍	电话　010-83602155-8101
			手机　15901002256
			邮箱　1556493433@qq.com
	网址		www.bypce.com
	单位地址		北京市丰台区人民村 68 号

3.2.2　蒸压加气混凝土墙板

1. 技术简介与适用范围

蒸压加气混凝土墙板（简称 ALC 墙板）是一种轻质、高强、高耐久性、高热工性、高隔声性、A 级防火的绿色建材围护部品。该墙板围护体系包括单一材料 ALC 墙板自保温体系、墙板＋一体化保温装饰板复合保温体系、双层墙板夹芯保温体系等，排板方式以条板竖装为主，安装方式采用内嵌式、外挂式、嵌挂结合式等，围绕排板深化、柔性节点、洞口加强、板缝构造、材料匹配、挤浆工艺、高空作业等环节，系统地解决了不同建筑热工需求、不同主体结构的抗变形设计要求。

适用范围：钢结构、混凝土结构外围护墙。

2. 技术应用

1）技术性能（表 3-2-3）

表 3-2-3　蒸压加气混凝土产品性能

干密度等级			B05	B06
优等品（kg/m³）			≤500	≤600
合格品（kg/m³）			≤525	≤625
强度级别	优等品（AAC）		A3.5	A5.0
	合格品		A2.5	A3.5
干燥收缩值	标准法（mm/m）		≤0.50	
	快速法（mm/m）		≤0.80	
抗冻性	质量损失（%）		≤5.0	
	冻后强度（MPa）	优等品	≥2.8	≥4.0
		合格品	≥2.0	≥2.8
导热系数（干态）［W/m·K］			≤0.14	≤0.16

2）技术特点

（1）轻质高强：干密度只有 525～625kg/m³，仅为混凝土的 1/4，设计取值为 625kg/m³。

（2）防火性：蒸压加气混凝土制品的原材料为无机硅酸盐物质，热迁移慢，150mm 厚 ALC 墙板的耐火极限可达 4h 以上。

（3）隔热性：ALC 墙板由无数互不连通的均匀的微小气孔组成，使其具有卓越的保温隔热性能。

（4）隔声性：ALC 墙板的多孔结构使其具备了良好的吸声、隔声性能，100mm 厚墙板（双面腻子）的隔声指标达到 40.8dB（透过损失）。

（5）抗震性：能适应较大的层间角变位，允许层间变位角 1/150。

（6）环保性：原材料和成品均为无机材料，无放射。

（7）承载性：ALC 墙板内部均配有双层、双向钢筋网片。

（8）抗裂性：ALC 墙板由经过防锈处理的钢筋增强，经过高温、高压、蒸气养护而成，在无机材料中收缩比最小，板缝以专用聚合物胶粘剂嵌缝，有效防止开裂。

（9）便捷性：ALC 墙板由现场实际测量后定尺加工，为工厂预制产品，精度高，可刨、可锯、可钻。采用干法作业，安装简便，取消了传统墙体构造柱、腰梁以及抹灰，可直接做刮腻子等饰面，大大缩短工期，提高效率及施工质量。

（10）经济性：采用 ALC 墙板作为墙体材料，可有效提高建筑物的使用面积，降低使用能耗，在相同隔声、防火要求下，ALC 墙板厚度较小，且不用构造柱、腰梁等辅助构件，可以减少墙体荷载，降低建筑造价。

3）应用要点

（1）安装顺序：横装墙板从下至上依次进行安装，竖装墙板从墙体一端至另一端进行安装，墙体中有洞口的，自墙体洞口向两侧依次进行安装。

（2）蒸压加气混凝土墙板的外墙最小宽度不宜小于 300mm。

（3）蒸压加气混凝土墙板的板间缝宽为 5mm，墙板侧边与钢筋混凝土墙、柱、梁等主体结构连接处应留 10～20mm 缝隙，缝宽满足结构设计要求。

（4）将墙板拼接表面清扫干净，去掉粉尘，用专用胶粘剂涂在墙板侧面，拼接挤实，饱和度不低于 80%。

（5）墙板连接构件与型钢及角钢间均应焊接，且应满足相应的承载力要求。

（6）蒸压加气混凝土墙板上开槽时，宜沿板的纵向切槽，开槽深度不大于 1/4 墙厚，严禁横向开槽。开槽时需用专用开槽工具，禁止使用冲击钻及人工剔凿。

3. 推广原因

蒸压加气混凝土墙板轻质高强，保温、防火、隔声性能好，施工安装便捷。

该技术产品的原材料和成品均为无机材料，在生产及使用过程中均无毒、无放射性，属于真正意义上的绿色、环保、节能、全寿命周期型的绿色建材产品。

4. 标准、图集、工法

《蒸压加气混凝土砌块、板材构造》（13J104）、《蒸压加气混凝土板》（GB 15762—2008）、《加气混凝土砌块、条板》（12BJ2-3）、《装配式建筑蒸压加气混凝土墙板围护系统》（19CJ85-1）、《一种加气混凝土墙板的套管型柔性连接件》（专利号：ZL2015 2 0628122.5）、《加气混凝土装配式墙板的安装结构》（专利号：ZL 2017 2 0589131.7）。

5. 工程案例

北京城市副中心 B3/B4 工程、北京黑庄户定向安置房 4 号项目、北京成寿寺安置房项目（表 3-2-4）。

表 3-2-4　工程案例及应用情况

工程案例一	北京黑庄户定向安置房 4 号项目	工程案例二	北京成寿寺安置房项目
应用情况	（1）该项目位于朝阳区黑庄户乡，建筑高度 80m，地上 28 层，是北京目前最高的钢结构住宅楼，为钢框架-钢支撑结构系统； （2）南向外墙和分户墙都采用 200mm 厚加气板，其他向外墙和电梯井壁采用 150mm 厚加气板	应用情况	（1）该项目位于成寿寺，建筑呈凹字形，层数分别为 9F、12F、16F，主体结构为钢结构，采用钢框架消能装置； （2）部分外墙采用 300mm 厚蒸压加气墙板做保温，部分外墙采用 200mm 厚蒸压加气墙板加装饰一体化板做饰面
案例实景		案例实景	

6. 技术服务信息

技术服务信息见表 3-2-5。

表 3-2-5　技术服务信息

技术提供方	产品技术		价格
北京金隅加气混凝土有限责任公司	蒸压加气混凝土外墙板技术		750 元/m³
	联系人　苏美丽	电话	010-69856781
		手机	18612385564
		邮箱	2335238630@qq.com
	网址		www.bjjyjq.com
	单位地址		北京市房山区窦店镇亚新路 17 号金隅科技园
北京城建五建设集团有限公司	蒸压加气混凝土外墙板技术		800 元/m³
	联系人　郭萍	电话	010-64895721
		手机	13910893774
	单位地址		北京市朝阳区安苑东里三区十号

3.2.3　中空挤出成型水泥条板

1. 技术简介与适用范围

中空挤出成型水泥条板（简称 ECP 板）为现场组合墙体，由外侧 ECP 板、中间保温材料（含层间防火封堵）、内侧轻钢龙骨内墙（室内装饰）3 部分组成；采用干法作业，施工简单，安装效率高；立面效果富有特色。该条板在防火性能、耐久性能以及后期维护等方面具有优势。

适用范围：建筑高度不超过 100m，钢结构及混凝土结构的框架结构建筑外围护墙。

2. 技术应用

1）技术性能（表 3-2-6）

表 3-2-6　中空挤出成型水泥条板技术性能指标

项目	性能指标	项目	性能指标
隔声量（dB）	54	水密性能	3 级
传热系数 [W/（m²·K）]	0.38	抗风压性能	3 级
气密性能	4 级	平面内变形性能	3 级

2）应用要点

（1）适用于钢框架结构、混凝土框架结构，既可横挂也可以竖挂使用（图 3-2-1）。

（2）中空挤出成型水泥条板的施工步骤：结构施工完成→放线→安装后置埋件→安装转接件→安装横龙骨与竖龙骨→安装承重角钢→安装抗风角钢→板材开孔、安装 Z 形连接件→吊装板材→安装板材→安装内侧轻钢龙骨→安装保温材料（含层间防火封堵）→安装内墙饰面层（如石膏板等）→安装窗户→安装窗口铝板→打胶→施工完毕（图 3-2-2）。

（3）安装所需预埋件、后置埋件以及支承结构参照《人造板材幕墙工程技术规范》（JGJ 336—2016）或《金属与石材幕墙工程技术规范》（JGJ 133—2001）。

3. 推广原因

该技术目前在北京地区应用广泛，实践案例非常丰富，使用效果好，耐久性好，技术成熟。

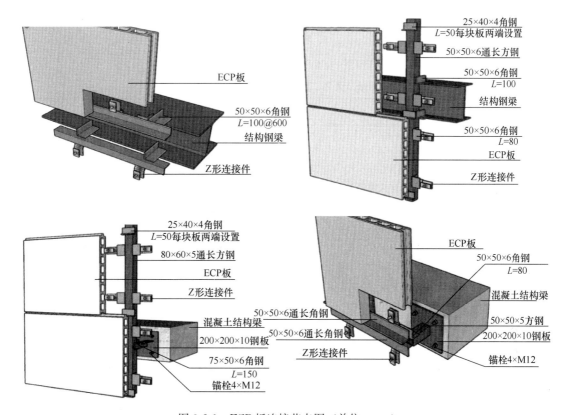

图 3-2-1　ECP 板连接节点图（单位：mm）

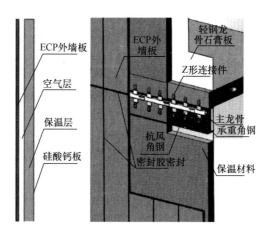

图 3-2-2　ECP 板连接构造层次图

4. 标准、图集、工法

《建筑幕墙》（GB/T 21086—2007）、《建筑用轻钢龙骨》（GB/T 11981—2008）、《金属与石材幕墙工程技术规范》（JGJ 133—2001）、《人造板材幕墙工程技术规范》（JGJ 336—2016）、《轻钢龙骨石膏板隔墙、吊顶》（07CJ03-1）、《外墙用中空挤出成型水泥条板建筑构造》（2017CPXY-J402）、《一种空心外墙挂板的新型安装连接件》（专利号：201820147832.X）等 5 项专利。

5. 工程案例

北京城市副中心行政办公区、北京西郊汽配城改造、北京延庆园博园万花筒（表 3-2-7）。

表 3-2-7　工程案例及应用情况

工程案例一	北京城市副中心行政办公区	案例实景
应用情况	(1) 项目地址：北京市通州区； (2) 使用面积：7600m²； (3) 安装做法：板材由平板、条纹板搭配组成，属于装配式外墙，7600m²，40 天施工完毕，装饰效果很好	
工程案例二	北京西郊汽配城改造	案例实景
应用情况	(1) 项目地址：北京市海淀区； (2) 使用面积：5200m²； (3) 安装做法：板材采用安装件竖向安装，平板、条纹板搭配装饰效果好	
工程案例三	北京延庆园博园万花筒项目	案例实景
应用情况	(1) 项目地址：北京市； (2) 使用面积：3300m²； (3) 安装做法：板材采用安装件竖向安装，平板、条纹板搭配装饰效果很好	

6. 技术服务信息

技术服务信息见表 3-2-8。

表 3-2-8　技术服务信息

技术提供方	产品技术		价格	
天津正通墙体材料有限公司	中空挤出成型水泥条板技术		750～950 元/m²	
	联系人	贺征	电话	022-29532268
			手机	15822875720
			邮箱	hezhengabc@126.com
	网址		www.zhengtong-ecp.com	
	单位地址		天津市武清区梅厂镇福源开发区福祥道 8 号	

3.2.4　聚合陶装饰制品

1. 技术简介与适用范围

聚合陶装饰制品是将改性聚氨酯与多种无机原料通过高分子聚合反应合成的新型复合材料,具有轻质、难燃、吸水率低、耐候耐久、无腐蚀性等特征;安装采用栓固和粘钉结合,全程无水作业,产品表面可根据需求直接涂装,安装简单快捷。

适用范围:钢结构及装配式混凝土结构外围护墙装饰构件。

2. 技术应用

1)技术性能(表 3-2-9)

表 3-2-9　产品性能要求

产品密度	500～700kg/m³
力学指标	抗压强度≥1500kPa,抗弯强度≥4000kPa
温度变形	0.18%
吸水率	1.6%
阻燃性能	新标 B1 级
耐久性能	通过 500h 氙灯照射
	通过 30 次冻融循环实验
结合性能	与涂料良好结合,与结构胶相容
加工型能	能进行钉锯刨钻粘磨加工

2)技术特点

聚合陶材料是以有机原料与无机原料通过聚合反应生成的新材料,兼具有机材料与无机材料的性能优点。以聚合陶材料生产的装饰构件,具有自重轻,对主体结构负担小,高压模具成型,造型精致准确,与金属构件、结构胶、装饰涂层结合性好,采用金属配件栓固安装,无水作业,加工性能好的技术特点。

3)应用要点

聚合陶构件作为装配式建筑外墙装饰部品、部件,能够实现各类建筑外墙门窗套、腰线、檐口线条,以及大型通柱造型、挂板、栏杆系统、仿石墙面装饰、仿中式木作等构件的装配化安装,作为装饰构件不可承担建筑荷载。

聚合陶安装中用胶须选用与其相容测试合格的品种。在采用粘结固定、直接栓固、桥接固定及附设龙骨固定时,必须采用耐候结构密封胶,不得采用普通密封胶代替。

3. 推广原因

该技术相对传统外墙装饰做法，具有工厂化加工、自重轻、三维造型能力强、物理性能稳定等特点，符合装配式建筑技术特点。目前在北京地区应用广泛，实践案例丰富，使用效果良好，装配式安装技术体系完善，技术成熟，易于掌握，涉及产品产能充足。

4. 标准、图集、工法

《居住建筑装修装饰工程质量验收规范》（DB11/T 1076—2014）、《聚合陶外墙装饰构件》（16BJZ173）、《内外墙聚合陶建筑装饰构件》（Q/CYTDA0002—2013）、《一种聚合陶材料及其制备方法》（专利号：ZL 2015 1 0383706.5）。

5. 工程案例

北京房山区长沟别墅项目、北京青龙湖国际红酒城酒庄园项目、北京昌平区碧水庄园别墅项目、北京朝阳区润泽庄园别墅项目、河北省三河市皇家 KTV 酒店改造项目（表 3-2-10）。

表 3-2-10　工程案例及应用情况

工程案例一	北京房山区长沟别墅项目
应用情况	（1）该项目位于北京市房山区，建筑面积 30000m²，使用各类聚合陶产品 5000m²； （2）聚合陶产品包括 600mm×600mm 装饰柱，600mm×200mm 檐口线条、150mm×50mm 门窗套构件、750mm 组合腰线等； （3）该工程为新建项目，使用装饰构件完成各种外墙装饰造型，替代原有石材方案，大大减轻外墙负荷和施工难度，提高施工速度，节省建设成本，取得良好效果
案例实景	
工程案例二	河北省三河市皇家 KTV 酒店改造项目
应用情况	（1）该项目位于河北省三河市，建筑面积 10000m²，使用各类聚合陶产品 2200m²； （2）聚合陶产品包括 400mm×2000mm 条形挂板、多种尺寸门窗套、腰线、栏杆、装饰柱等，立面全部为聚合陶产品覆盖，造型品种丰富多样，在极短周期完成施工，装饰效果良好
案例实景	

6. 技术服务信息

技术服务信息见表 3-2-11。

表 3-2-11　技术服务信息

技术提供方	产品技术		价格
北京聚合陶科技有限公司	聚合陶装饰制品技术		270 元/m³
	联系人	张磊	电话 010-64392425
			手机 18601274892
			邮箱 2055172129@qq.com
	网址		www.bjtdhs.com
	单位地址		北京市西城区德胜门外大街 11 号 B 座 619 室

3.2.5　预制混凝土外墙防水技术

1. 技术简介与适用范围

该技术主要通过结构防水、构造防水和材料防水相结合，满足预制混凝土外墙接缝的防水要求。结构防水包括预制混凝土外墙连接处的现浇节点混凝土自防水、现浇节点连接界面的处理等；构造防水包括设置内高外低的水平企口缝、板缝空腔、导水管以及气密条等；材料防水包括接缝宽度设计、防水密封胶做法等。

适用范围：预制混凝土墙水平缝和垂直缝防水。

2. 技术应用

1）技术性能

（1）预制混凝土外墙防水为装配式建筑的一项通用技术，具有较为完备的技术做法、施工工艺以及较多的相关材料厂家。

（2）预制混凝土外墙防水技术包括结构自防水、构造防水和材料防水。结构自防水包括预制外墙板连接处现浇节点混凝土自防水、现浇节点连接界面的处理等；构造防水包括采用板缝空腔防水构造、水平板缝采用内高外低的企口防水构造等，阻断雨水的通路，达到防水目的；材料防水包括采用防水密封胶等防水材料封闭外墙板缝，达到防水和增加抗渗能力的目的。

（3）预制混凝土外墙利用其构件材料特性、连接构造和施工工艺，实现结构自防水、构造防水和材料防水，形成多道防水构造，有效保证了外墙整体防水体系的可靠性，对于装配式建筑的耐久性和安全性具有重要意义；同时降低了施工过程中防水界面处理的复杂性，简化了施工工序。

2）技术特点

预制混凝土外墙板缝，室外一侧填塞发泡聚乙烯棒并用建筑耐候胶密封，室内一侧以现浇混凝土、气密条等封闭，在板缝中间形成空腔，阻断渗入雨水的毛细管通路，并在多块预制外墙板相邻形成的十字缝位置，埋设导水管，将雨水排出墙外，避免雨水向室内渗漏。

3）应用要点

预制混凝土外墙防水，应保证墙板边企口、板缝空腔等构造尺寸满足要求，控制预制外墙板缝处发泡聚乙烯棒的填塞饱满度，严格控制建筑密封胶打胶质量，并保证胶体位移能力、耐久性、与混凝土的相容性等指标满足要求，避免后期开裂。

153

3. 推广原因

该技术目前在北京地区已有较长时间的工程实践，应用范围广，工程案例非常丰富，使用效果良好，防水体系完善，相关建筑材料技术成熟。

4. 标准、图集、工法

《装配式混凝土结构技术规程》（JGJ 1—2014）、《预制混凝土外挂墙板应用技术标准》（JGJ/T 458—2018）、《装配式混凝土结构住宅建筑设计示例（剪力墙结构)》（15J939-1)、《预制混凝土外挂墙板（一)》（16J110-2 16G333）。

5. 工程案例

北京万科长阳新天地住宅项目、北京万科金域东郡住宅项目、北京顺义国家住宅产业化基地办公楼（表 3-2-12）。

表 3-2-12　工程案例及应用情况

工程案例一	北京万科长阳新天地住宅项目
应用情况	(1) 项目位于北京房山区，建筑面积 68149m²； (2) 采用预制混凝土外墙防水技术，项目自 2016 年建成使用至今效果良好，防水效果显著
案例实景	
工程案例二	北京顺义国家住宅产业化基地办公楼
应用情况	(1) 项目位于北京顺义区； (2) 采用混凝土框架体系与预制外墙挂板，预制混凝土外墙防水自 2015 年建成使用至今效果良好，防水效果显著
案例实景	

6. 技术服务信息

技术服务信息见表 3-2-13。

表 3-2-13 技术服务信息

技术提供方	产品技术		价格	
北京市住宅建筑设计研究院有限公司	预制混凝土外墙防水技术		按项目实际情况而定	
	联系人	凌晓彤	电话	010-85295967
			邮箱	lingxiaotong@zzjz.com
	网址		www.zzjz.com	
	单位地址		北京市东城区东总布胡同 5 号	

3.2.6 装配式混凝土防水密封胶

1. 技术简介与适用范围

该技术通过在装配式建筑墙板接缝中施打防水密封胶，以达到接缝处的水密性与气密性；所用防水密封胶呈均质膏状，硬化后形成稳定弹性体，具有良好的粘接性、追随性及耐候性，可保证接缝长久的防水密封，同时硬化后无小分子物质析出，不会污染接缝及周围材料，且硬化后的胶条表面可以做多种涂料饰层。

适用范围：混凝土（包括预制混凝土、现浇混凝土）接缝、蒸压加气混凝土条板墙接缝、金属接缝、石材接缝以及其他建筑材料接缝处的密封防水。

2. 技术应用

1）技术性能

（1）与混凝土出色的粘接性、耐候性、耐久性。硬化后具有优良的橡胶弹性，并与墙体有出色的粘接性、耐候性。同时对各种原因引起的接缝变形，具有良好的追随性和耐久性。

（2）涂装性、美观性。硬化后形成稳定的橡胶弹性体，不会游离出污染墙体的成分，可长期保持墙体整洁。与各种涂料具有良好的附着性，且涂装后对涂料及基材无污染。

（3）适用性更广，拥有春秋、夏季、冬季、严冬专用产品。

2）技术特点

（1）与混凝土的出色的粘接性。混凝土为多孔性的碱性材料，属于较难粘接的建筑材料，另外，对于装配式建筑的预制混凝土构件，在 PC 工厂脱模时会残留部分的脱模剂在构件表面，增加粘接的难度。该技术在搭配底涂的技术前提上，能够对装配式混凝土构件产生很好的粘接效果。

（2）出色的变形追随性。装配式建筑接缝在各种外因（如轻微振动、四季变化、昼夜温差、风力风压等）引起的外墙接缝变形，具有良好的追随性和耐久性，该技术能够随着接缝的变形而变形，从而保证接缝处的密封防水性能。

（3）无污染性。该技术不含有硅油等污染墙体的成分，在使用中不会游离出污染墙体的成分，可长期保持墙体整洁，可避免传统密封胶污染外墙引起的"流黑水"现象。

（4）可涂装性。与各种涂料具有良好的附着性，可满足外墙的装饰需求。

（5）环保性。响应国家的环保政策、绿色建筑建材，不含甲醛、三苯（苯、甲苯、二甲苯）等有害物质。

3）应用要点

该技术可用于预制混凝土墙板、ALC 蒸压加气混凝土墙板缝隙粘接密封，金属幕墙（铝合金、铝塑板等）、钢结构缝隙粘接密封，各种窗框连接部位缝隙粘接密封（如铝合金门窗框与混凝土、水泥板等粘接密封），各种水泥板材缝隙粘接密封。

施工安装时注意事项如下：

（1）雨雪气候条件下，施工部位潮湿时禁止施工。

（2）湿润状态的施工部位（如高水分含量的混凝土、水泥砂浆板、铝板等）禁止施工。务必在充分干燥后方可进行密封胶的施工。

（3）清洁施工面时，请选用无污染的清洁剂。请勿使用酒精类清洁剂。

（4）使用专用搅拌机进行混合搅拌 15min，混合至均匀，避免气泡混入。请勿使用人工搅拌（有混入空气的风险）。

3．推广原因

该技术在国内推广近 20 年时间，目前在北京等地区应用广泛，实际案例丰富，多年实践证明该技术防水效果成熟可靠；独有的季节性产品区分可灵活对应北京夏热冬冷、光照较强、温差较大的气候环境。

4．标准、图集、工法

《硅酮与改性硅酮建筑密封胶》（GB/T 14683—2017）、《混凝土接缝用建筑密封胶》（JC/T 881—2017）。

5．工程案例

北京万科金域东郡住宅项目、北京顺义区天竺万科中心项目、北京马驹桥公租房项目（表 3-2-14）。

表 3-2-14　工程案例及应用情况

工程案例一	北京万科金域东郡住宅项目	案例实景
应用情况	装配式预制构件接缝打胶，外墙饰面采用真石漆和质感涂料	
工程案例二	北京顺义区天竺万科中心项目	案例实景
应用情况	装配式预制构件接缝打胶，外墙饰面采用清水混凝土保护涂料系统	

续表

工程案例三	北京马驹桥公租房项目	案例实景
应用情况	装配式预制构件接缝打胶，外墙饰面采用清水混凝土保护涂料系统	

6. 技术服务信息

技术服务信息见表 3-2-15、表 3-2-16。

表 3-2-15　技术服务信息

技术提供方	产品技术		价格
上海盟泰装饰工程有限公司	装配式混凝土防水密封胶		66 元/m
	联系人	付三梅	电话　021-65177661
			手机　13671951735
			邮箱　fusanmeimt@163.com
	单位地址	上海市虹口区中山北一路 1250 号沪办大厦 3 号楼 1110 室	

表 3-2-16　技术服务信息

技术提供方	产品技术		价格
盛世达（广州）化工有限公司	装配式混凝土防水密封胶		66 元/m
	联系人	李亮	电话　020-28397885
			手机　13903078301
			邮箱　liang.li@cn.sunstar.com
	单位地址	广州保税区广保大道 203 号首层，第 5 层	

3.2.7　整体式智能天窗

1. 技术简介与适用范围

该产品属于模块化整体式智能天窗，包括采光通风天窗、外遮阳、防护卷帘、智能控制单元等，采用整体智能通风采光系统、导光系统、主动室内舒适环境控制系统等技术，提供多样、经济、智能监控的自然采光通风解决方案。

适用范围：民用建筑、工业建筑的天窗。

2. 技术应用

1）技术性能

该产品可实现采光、通风、遮阳、节能、防水、排烟、调光、智能 8 大功能一体解决，通过模块化的整体解决方案，实现不同类型的天窗安装模式和特点（表 3-2-17、表 3-2-18）。

表 3-2-17 木质天窗技术

名称	技术说明
集成材	优质木材经过从层压、指接、开榫、打孔、成型、防腐防白蚁处理等多道工序，表面经过涂层处理，形成一道无色的保护层
中悬轴	由电动镀锌钢制成，表面经过高强度的铬酸盐金属涂层处理。可防止金属的意外损伤。高精度制造的中悬轴公差仅为 0.5mm，100％安全测试
中空玻璃	中空夹胶玻璃配置为 3F＋0.76＋3F＋12＋5H，中空玻璃内置金属支撑框采用整体折弯成型，内部填充高品质分子筛
排水板	防紫外线铝合金涂层为聚酯滚涂，精密制造工艺，可长期抵抗风、雨、紫外线、工业废气、酸雨的侵蚀，易于保养及清洗
罩板	罩板表面经 PVDF 涂层处理，采用卷合工艺高精度制造，加宽设计，底部全封闭处理，保证更高水密性能
密封胶条	采用特殊耐候性抗紫外线性能的人造密封胶条，内置尼龙拉线，防止伸缩变形。7 种不同形状的密封胶条用于不同的结构部位，确保各处密封条间的准确搭接，保证稳定性，确保长时间使用
手柄	高强度铝合金制成的操作手柄，由人体工程学专家为 VELUX 产品量身定制，弧形边缘设计，外形美观，操作舒适
撞锁	由 POM 塑料制作而成的撞锁
防水卷材	SBS 防水卷材，具有寿命长，拉伸强度好，低温柔性性能出色的特点

表 3-2-18 模块化天窗技术

名称	技术说明
集成材	框体型材采用复合材料制成，由 80％玻璃纤维和 20％聚氨酯经高强挤压复合成型，使型材体系不仅纤细优雅，同时具备良好的结构强度及热工性能
智能系统	采用一体化智能控制系统，将智能通风与智能遮阳系统集成，与天窗系统整合为一体，运行可靠，产品智能平台采用 IO 智能平台，形成交互式控制模，操用灵活安全，操作感受好
中空玻璃	内侧夹胶 Low-E：3＋0.76PVB＋3Low-E，中间 20mm 中空（内充氩气），外侧 8mm 钢化玻璃
五金	上悬合页不得低于电动镀锌钢镀铬处理，设计受力及防水需求五金配件须满足 240h 盐雾试验测试条件
罩板	采用 1.5mm 铝合金材质，罩板表面涂层经过，氟碳辊工艺处理，并经过 1080h 盐雾试验验证及 1000h 紫外线照射试验验证，以确保长期日光暴晒条件铝制罩板的使用寿命及良好表观
密封胶条	密封胶条材质为 EPDM 胶条，内置尼龙拉线具备良好的抗紫外线、抗撕裂、耐老化性能

2) 技术特点

(1) 木质中悬天窗（图 3-2-3）。

① 独特的木材拼接技术。其复合结构可以保证木材的形状稳定性和强度，保证了窗框持久不变形。

② 高精度的排水系统。排水板采用先进的卷合工艺，无焊点，保证长久而稳定的水密性，大大降低硬力损伤的可能（图 3-2-4）。

③ 双层中空玻璃。中空夹胶玻璃，玻璃配置为 3F＋0.76＋3F＋12＋5H，具有良好的

隔声、隔热、抗风压及气密性（图 3-2-5）。

图 3-2-3　木质中悬天窗产品

图 3-2-4　木质中悬天窗拼接节点

图 3-2-5　木质中悬天窗拼接节点

④ 密封系统。在抗紫外线、撕裂强度、耐寒性、耐热性、抗拉力和防水性等方面高质量要求的人造橡胶密封条，保证窗户长期高标准的气密性和水密性。

⑤ 罩板设计。整体采光面积大，外观简洁，单窗或组合使用时室内外效果美观。

（2）模块化天窗系统，是专门针对公共建筑顶部大面积采光的全新采光通风系统（图 3-2-6）。

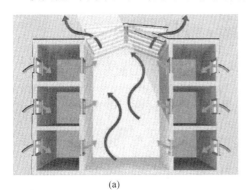
(a)

(b)

图 3-2-6　天窗
（a）通风示意图；（b）屋顶实景

① 型材。框体型材采用复合材料制成，型材纤细优雅，结构强度及热工性能好，满足大面积采光的通透效果，室内风格简约舒适（图 3-2-7）。

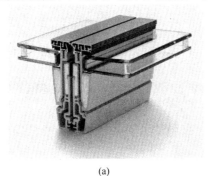
(a)

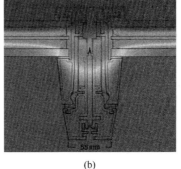
(b)

扫码看图

图 3-2-7　天窗框节点
（a）节点图一；（b）节点图二

② 智能控制单元。智能通风与智能遮阳系统集成，与天窗系统整合为一体，操用灵活安全。

③ 防水隔热性能。采用复合材料，强度为同形式木材的 4 倍，隔热性能优于铝合金材料 700 倍。整窗保温性能 K 值低至 $1.0\sim1.4$。

④ 尺寸及应用方案。最长开启天窗可长达 2.4m，固定式天窗可达 3m。多种应用形式：$5\sim25°$长廊式组合；$5°$跨脊式阳光通道；$5\sim25°$大中庭矩阵模式；$25\sim45°$高脊式大跨度组合；$40\sim90°$漫射采光方案（图 3-2-8）。

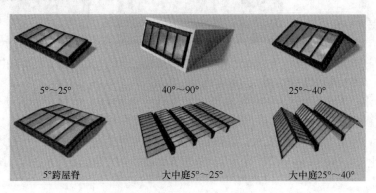

图 3-2-8 天窗产品形式示意图

⑤ 采用模块化安装方式，基础预留技术明确，安装流程标准规范（图 3-2-9）。

(a)　　　　　　　　　　　　　(b)

图 3-2-9 天窗施工
（a）施工现场；（b）实景图片

3）应用要点

安装洞口周围 500mm 范围内进行基层处理剂的涂刷，以确保防水层的牢固连接效果。基层处理剂将视屋面不同防水材料做相应调整。

根据屋面结构设计，应在洞口周围进行混凝土反梁的施工，以保证窗框的安装高度、窗框的牢固连接和增强防水效果。

反梁的宽度：在洞口两侧建议为 150mm，在洞口上下侧建议为 $200\sim250$mm，以保证完全支撑排水板的作用。

3. 推广原因

该技术采用模块化设计、工厂模块化生产和现场模块化安装的方式，实现了产品的多样性和质量的可靠性，辅以智能控制单元，更易于操作。目前在全国地区应用广泛，实践案例丰富；设计、施工、验收依据全面且成熟，施工简便，便于维修。

4. 标准、图集、工法

《被动式低能耗建筑——严寒和寒冷地区居住建筑》（16J908-8）、《坡屋面建筑构造（一）》（09J202-1）。

5. 工程案例

北京融创壹号庄园、北京九章别墅、北京华润昆仑域住宅项目（表 3-2-19）。

表 3-2-19　工程案例及应用情况

工程案例一	北京融创壹号庄园
应用情况	该项目位于北京，项目中采用了木质中悬天窗
案例实景	
工程案例二	北京九章别墅
应用情况	该项目位于北京，在别墅中庭位置应用了模块化天窗产品
案例实景	

6. 技术服务信息

技术服务信息见表 3-2-20。

表 3-2-20　技术服务信息

技术提供方	产品技术		价格	
威卢克斯（中国）有限公司	整体式智能天窗		A 系列木质中悬窗	VMS 系列模块化天窗
			3500 元/m³	8000 元/m³
	联系人	苑国庆	手机	18911225095
			邮箱	Guoqing.yuan@velux.com
	网址		www.velux.com.cn	
	单位地址		河北省廊坊市开发区百合道 21 号	

3.3　设备与管线系统

3.3.1　机电设备与管线集成预制装配技术

1. 技术简介与适用范围

该技术是在设计单位技术设计或施工图纸的基础上，根据工程需要和现场安装条件，利用 BIM 技术进行施工图深化设计和集成一体化设计，建立预制加工模型，按工厂制作工艺绘制、导出预制加工图纸，将设备、管线组件在工厂内预制加工，满足运输、吊装以及现场冷连接装配的技术要求；施工现场杜绝或尽量减少湿热操作、减少现场安装工程量，提高工程质量和品质，提升机电安装工程工效。

适用范围：工业与民用建筑的机电工程，包括室内外机电工程的深化设计、预制加工、装配式安装。

2. 技术应用

1）技术性能

预制加工模型在机电 BIM 模型基础上，根据现场实地测量结果和设备附件等实际信息完善机电 BIM 模型。预制加工设计文件由建设方组织机电深化设计、加工制造和施工安装等单位进行会审，确定加工范围、深度、加工方案和物流方式等。预制加工图包括整体装配图、加工单元图和支吊架图等的相关技术参数和安装要求。

预制加工模型精细度不小于 LOD4.0 等级，输出能够直接加工生产的加工图纸及可视化模型。模型文件可以通过国际通用数据标准格式 IFC 进行有效传输，可在多种平台上实现与其他软件的实时无缝连接、信息共享。

预制加工模型可以精准地生成设备、器材、材料的功能分类和加工量数量等信息，可从任意方向显示机电设备与管线外观形状的机电模型视图，展示机电设备管线的三维透视关系，满足工厂预制加工的精细度要求。

机电 BIM 模型根据材料规格自动实现定长分割，在满足相关设计、制作、安装、运输等技术条件的要求下，可实现的最优化加工尺寸。

2）技术特点

该技术将给水排水、供暖通风与空气调节、建筑电气、建筑智能化、热能动力等专业领域的建筑机电产品与管线进行模块化、集成化一体设计；结合采购设备材料技术规格参数、现场土建复核尺寸、装修设计、运维空间的要求等，并考虑施工现场的运输、吊装等条件，完成预制加工机电模型；利用自动化加工机械或焊接设备生产出相应的产品，做到从设计生产到安装调试的机电集成一体化作业。该技术提高生产效率和质量水平，降低建筑机电工程建造成本，减少现场施工工程量，技术工艺流程如图 3-3-1 所示。

3）应用要点

集成预制装配技术关键点在于集成设计的精细化、准确化；控制要点则是现场不允许有湿热操作，有效控制安装施工的质量，避免现场装配连接不到位造成的二次修改。预制加工设计根据工厂加工能力、施工现场安装水平和运输吊装条件等环境因素，制定生产计划及机电安装工期。

图 3-3-1　机电设备与管线预制加工装配式安装工艺流程

3. 推广原因

该技术吸收引进国外先进制造工艺，在国内已广泛应用，减少工期约 1/3，节约人机材费 10%，机电安装的综合成本不增加。集成化设计设备与管线，实现工厂化预制加工、现场冷连接安装的工法，有效提高施工质量和品质，可大力推广。

4. 标准、图集、工法

《建筑信息模型设计交付标准》（GB/T 51301—2018）、《民用建筑电气设计规范》（JGJ 16—2008）、《通风与空调工程施工质量验收规范》（GB 50243—2016）、《给水排水管道工程施工及验收规范》（GB 50268—2008）。

5. 工程案例

北京城市副中心办公楼项目、北京大兴国际机场（表 3-3-1）。

表 3-3-1　工程案例及应用情况

工程案例	北京大兴国际机场航站楼换热站，建筑面积约 3000m²
应用情况	采用装配式机电集成技术深化设计，集成设备、预制加工、装配安装 （1）工程规模：在 AL 区换热站 HR-B1-AL1 机房及 AL 区生活热水机房部分运用了该技术。两机房面积合计 1300 多平方米，板式换热器 10 台，各类水泵 37 台，加药装置 7 台，集分水器 4 台，定压补水装置 6 套，容积式换热器 4 台，隔膜气罐 2 台，真空排气机 8 台，软水装置 4 套，≥DN100mm 的各类管道 3500 多米。 （2）应用效果：综合排布后节约占地面积 140 多平方米，工期缩短为原计划工期的 60%，装配率高达 95% 以上，实现了工厂预制、现场安装、误差控制，大大节约成本的目的
部件加工图	
组件集成转配图	
机房设备管线侧视图	
现场安装图	

6. 技术服务信息

技术服务信息见表 3-3-2。

表 3-3-2　技术服务信息

技术提供方	产品技术		价格	
山东品通机电科技有限公司	机电设备与管线集成预制装配技术		根据项目定制情况而定	
	联系人	王锦前	电话	010-67576701
			手机	18515681057
			邮箱	wangjq@pimnew.com
	网址		www.51pimtech.com	
	单位地址		山东省德州市经济技术开发区院桥镇东方红路 5880 号	

3.3.2　集成地面辐射采暖技术

1. 技术简介与适用范围

该技术采用架空地暖模块干法施工,包括发热块、塑料调整脚、连接扣件、螺钉、地暖管、分集水器,以型钢与不燃的高密度纤维增强硅酸钙板为基层,定制加工模块结构,其中增加采暖管和带有保温隔热功能的模塑板,形成型钢复合地暖模块,实现地面高散热率的供暖地面。

适用范围:以低温热水为热源的小空间建筑地面供暖。

2. 技术应用

1) 技术性能

散热率高,硅酸钙板及平衡板导热性达到 85% 以上,脚感舒适。

热工性能,地面向上散热比率达到 80% 以上。集成化轻薄型架空地暖系统撞击声压级 52dB,有关噪声指标满足住宅建筑、学校建筑、医院建筑、旅馆建筑等环境现行国家标准的技术要求。

2) 技术特点

集成地面辐射采暖技术以型钢复合地暖模块为载体,集架空、调平、采暖、保护四合一复合构造。所有部品均来自工厂化精益制造,现场不需任何二次裁切,各个部件之间物理冷连接,可实现快速装配、快速调平、完全拆卸,全过程干法作业,无噪声、无污染、无垃圾。集成地面辐射采暖技术布管灵活,向上热导率高,快速安装拆卸,易于管线更换。

3) 应用要点

(1) 集成地面辐射采暖技术施工流程:按图复核编码→预排→安装地脚螺栓→安装地暖模块连接扣件→铺设采暖管/盖保护板→模块精确调整水平→墙面四周缝隙填充→模块间缝隙粘贴布基胶带→打压试验。

(2) 用于居住建筑时一个户型内采暖回路不宜超过 8 路,单路最长不得超过 120m,每个回路长度宜相近;敷设于地暖模块内的地暖管不应有接头。同一采暖回路中,型钢复合地暖模块的排布需保证采暖管能串联衔接。

(3) 入户热计量表至分集水器之间供暖主管道管径宜为 $De25$mm;支路加热管道管径为 $De16$mm。

(4) 技术要求见表 3-3-3。

165

表 3-3-3　集成地面辐射采暖模块施工误差控制

项　目	技术要求
地脚部件间距（mm）	≤400
板面缝隙宽度（mm）	≤0.5
表面平整度（mm）	≤2
板面缝隙平直（mm）	≤3
相邻模块高差（mm）	≤0.5

3. 推广原因

该技术目前在北京地区应用广泛，实践案例丰富，产能足，施工经验丰富，已形成全产业链发展形态；具有干法施工、安装快捷、散热率高、卫生安全、快拆快装、易于维护的优点。

4. 标准、图集、工法

《建筑装饰装修工程质量验收标准》（GB 50210—2018）、《辐射供暖供冷技术规程》（JGJ 142—2012）、《居住建筑室内装配式装修工程技术规程》（DB11/T 1553—2018）、《装配式装修工程技术规程》（QB/BPHC ZPSZX—2014）、《模块式快装采暖地面》（Q/12 DYJC 002—2017）、《型钢复合地暖模块系统》（Q/12 DYJC 006—2018）。

5. 工程案例

北京通州区马驹桥物流公租房项目、北京丰台区郭公庄车辆段一期公共租赁住房项目、北京通州台湖公租房项目（表 3-3-4）。

表 3-3-4　工程案例及应用情况

工程案例一	北京通州区马驹桥物流公租房项目	案例实景
应用情况	（1）工程规模：总建筑面积 21 万 m²，10 栋住宅楼，装配式混凝土结构，计 3008 户，2017 年实施。 （2）应用情况：北京市首个装配率为 85% 的装配式住宅项目，采用该技术室内实现管线分离比率达到 100%，成为全国装配式建筑科技示范项目、中国人居环境范例	
工程案例二	北京丰台区郭公庄车辆段一期公共租赁住房项目	案例实景
应用情况	（1）工程规模：总建筑面积 21.1 万 m²，12 栋住宅楼，装配式混凝土结构，计 1452 户，2017 年实施。 （2）应用情况：采用该技术室内实现管线分离比率达到 100%，成为全国装配式建筑科技示范项目、中国人居环境范例	
工程案例三	北京通州台湖公租房项目	案例实景
应用情况	（1）工程规模：总建筑面积 41.5 万 m²，34 栋住宅楼，装配式混凝土结构，计 5058 户，2018 年实施。 （2）应用情况：项目装配式结构预制率最高达到 59.74%，采用该技术室内实现管线分离比率达到 100%，主体结构施工至地上 10 层验收后，即进场实施装配式装修，同步穿插施工进一步提高了整体项目进度	

6. 技术服务信息

技术服务信息见表 3-3-5。

表 3-3-5 技术服务信息

技术提供方	产品技术			价格
天津达因建材有限公司	集成地面辐射采暖技术			296.08 元/m²
	联系人	赵盛源	手机	17151153762
			邮箱	business@henenghome.com
	网址			www.henenghome.com
	单位地址			天津经济技术开发区中区轻一街 960 号

3.3.3 机制金属成品风管内保温技术

1. 技术简介与适用范围

该技术在预制加工深化设计图的基础上，将镀锌钢板与特制玻璃纤维保温层材料采用专用设备集成为一体，内衬材料不燃 A 级洁净环保，在工厂内利用自动化加工流水线进行包括裁剪、折弯、保温材料固定等一系列加工，将风管按工程所需规格尺寸一次加工成型、现场装配安装，无须再做二次保温层。

适用范围：工业与民用建筑的通风空调风管工程，包括风管工程的深化设计、预制加工、装配式安装。

2. 技术应用

1) 技术性能（表 3-3-6）

表 3-3-6 机制金属成品风管技术性能

物理性能	试验方法及标准	技术参数
最高操作温度	ASTM411	121℃
最大风速	UL 181 EROSION TEST、ASTM C1071	30.5m/s（设计推荐值）
极限静压	JG/T 258—2009	1500Pa
防火等级	ASTM E84、UL 723、GB 8624—2012	Flame 25 Smoke 50、A2-s1-t0-d0
耐热性	—	280℃，90min（仅适用于 YJJ-Ⅱ）
吸湿率	ASTM C1104、GB 13350—2008	<3%（49℃，RH95%）
抗凝露实验	JG/T 258—2009	RH70%，外 26℃内 15℃，2h，管壁和连接处未见凝露
耐腐蚀	ASTM C665Corrosiveness Test	符合，未见腐蚀
抗菌防霉	ASTM C1338、ASTM G21 G22	符合，抗菌防霉
环保性能	JG/T 258—2009	甲醛 E0、TVOC 合格、苯系物未检出
保温性能	ASTM C518、GB 50189—2012	R Value =0.88（YJJ-Ⅰ） R Value =1.47（YJJ-Ⅱ） 符合

2) 技术特点

（1）严格的性能指标。产品的抗结露、严密性、燃烧性、耐久性、玻纤脱落测试、耐火性、沿程阻力损失、有害气体释放、抗压承载力等性能指标均具有严格的规定，在满足国内现有规范的同时，遵循国际标准。产品经国内权威测试机构检测，各项参数均达到测试标准，满足国内各类规范要求。风管采用共板法兰、管壁压筋数控压制成型技术，在增强风管强度和刚度的同时，降低了脚料数量，提高了原材料利用率。

（2）良好的降噪效果。采用玻璃纤维管道衬垫可以大幅吸收风机和气流湍流由于金属板管道扩张、收缩和振动等产生的噪声（表 3-3-7）。

表 3-3-7　最大声音吸收系数（ASTM C 423）

厚度 （mm）	声音吸收系数（Hz）						
	125	250	500	1000	2000	4000	NRC
类型一（卷式）							
13	02	07	18	37	52	67	30
25	04	19	35	55	69	72	45
38	03	31	58	75	82	81	60
51	16	42	76	85	85	83	70
类型二（硬板式）							
25	02	20	52	73	82	84	55
38	05	40	77	88	88	86	75
51	12	67	99	97	91	87	90

（3）可靠的保温效果。玻璃纤维内衬材料厚度可控，可以依据 R 值（热阻）选择不同厚度的保温材料。加强镀锌板金属外壳满足设计应力要求，最大限度保护内衬保温层完整、有效性。专用保温焊钉采用自动线打钉机钉接，焊点牢固，防止脱落，可长期保证风管良好的保温性能，满足维护清洗强度，使用寿命长（表 3-3-8）。

表 3-3-8　保温材料相关技术参数

厚度（mm）	导热系数（m²·℃/W）	热阻值[（W/m·℃）]
25	0.034	0.74
30	0.035	0.86
38	0.035	1.11
51	0.035	1.41

（4）完美的加工精度和密封技术、高度工厂化预制。计算机数控机床生产过程自动化程度高。钢板裁剪采用等离子切割工艺，保温材料采用高压水切割工艺，加工过程无有害气体产生（如焊接烟尘等），属于清洁生产工艺和先进的生产工艺。

玻璃纤维衬垫与风管之间的结合，经机械加工一次成型，保证了结合的紧密性，经过国家权威检测机构的严格测试，满足国内规范要求。

风管附件（含三通、弯头）钢板由计算机核算剪切下料精细，边角料极少，节约钢板。

数控机床高精度控制确保钢板与保温材料尺寸一一对应，尺寸精准，确保成品风管的整体质量可控，以及保温材料损耗率低。

（5）施工工期短、现场建筑垃圾、绿色环保。成品风管在工厂加工成型，直接运抵施工现场。施工人员只需依据设计图纸，完成风管的吊装、连接、紧固即可。整个安装过程受人员操作影响小，耗时短，零污染，可明显缩短通风空调设备的施工周期，满足日趋紧张的施工工期要求。

风管支吊架工厂化生产，与风管配套供应，设计制作精密、适用性强，结构可靠、节约钢材，模块化易于安装。

（6）抑霉菌、抗真菌。玻璃纤维隔热材料是无机和惰化的，不支持霉菌的生长，也不会为霉菌的生长提供营养物质。

玻璃纤维管道衬垫满足标准 ASTM C1338 中对微生物袭击的要求，也满足 ASHARE 62.1 对暖通空调系统气流表面的要求。此外，管道衬垫按照标准 ASTM C1071 的要求，遵循标准 ASTM G21-2015（真菌）以及 G22-1996（细菌）测试合格。

3）应用要点

（1）镀锌钢板风管与特质内衬玻璃纤维保温层材料集成为一体。

（2）在工厂内，利用自动化加工流水线进行全部加工过程，按照规格尺寸一次加工成型。

（3）施工现场装配式安装，无须再做二次保温层。

（4）不适用于手术室风管系统及消防排烟系统等。

3. 推广原因

机制金属成品风管气密性能良好，节能环保，具有消声降噪的作用；可降低现场高危作业的安全风险，提高工效，成品保护及运行维护方便。

4. 标准、图集、工法

《绝热用玻璃棉及其制品》（GB/T 13350—2017）、《通风与空调工程施工质量验收规范》（GB 50243—2016）、《通风管道技术规程》（JGJ/T 141—2017）。

5. 工程案例

北京小米移动互联网产业园、北京中国建筑设计研究院有限公司创新科研示范楼（表 3-3-9）。

表 3-3-9　工程案例及应用情况

工程案例	北京小米移动互联网产业园
应用情况	工程规模：该技术应用于办公室区域的所有风机盘管送回风及新风送回风，应用面积 4 万 m²，空调风管使用率 100%
风管加工设备	

工程案例	北京小米移动互联网产业园
风管加工 三维侧 视图	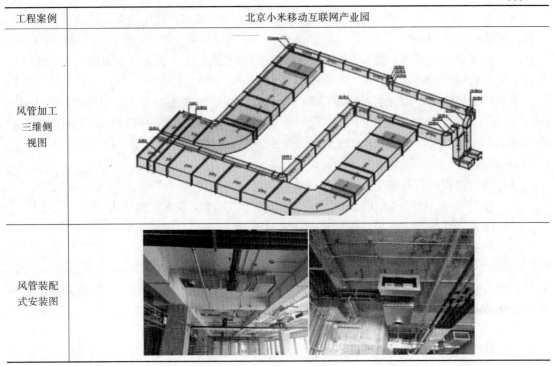
风管装配 式安装图	

6. 技术服务信息

技术服务信息见表 3-3-10。

表 3-3-10　技术服务信息

技术提供方	产品技术		价格
	机制金属成品风管内保温技术		320 元/m³
天津永明昊机电 工程有限公司	联系人	王锦前	电话　　010-67576701
			手机　　18515681057
			邮箱　wangjq@pimnew.com
	网址		www.51pimtech.com
	单位地址		天津西青汽车工业区（张家窝工业区）丰泽道 9 号七区

3.3.4　集成分配给水技术

1. 技术简介与适用范围

该技术采用分水器布置器具给水管道，由分水器分出支管，采用独立管道接至各用水器具，整根支管需要定制无接头；所有部品由工厂加工，现场组装。管道布置在吊顶、垫层内，也可布置在结构层与饰面层之间；管道采用快装技术部品，包括卡压式铝塑复合给水管、分水器、专用水管加固板、水管座卡等。

适用范围：民用建筑的卫生间、厨房等用水房间给水工程。

2. 技术应用

1）技术性能

集成分配给水技术秉承管线与结构分离的原则，不破坏建筑主体结构，延长建筑寿命，管线布置灵活。通过分水器即插式连接，既满足施工规范要求，又减少现场工作量，规避传统连接方式的质量隐患，安装难度降低，用工人数减少、用工时间下降，对工人手艺要求不高，现场无须裁切，摒弃传统的热熔连接方式。

集成分配给水技术中分水器性能稳定不锈蚀，不易结水垢，进出水管规格和承压范围需要满足设计要求，连接方式采用快插易更换的方式。

2）技术特点

集成分配给水技术通过分水器并联支管，出水均衡，避免采用过多的三通连接件。水管之间采用快插承压接头，连接可靠且安装效率高。分水器与用水点之间整根水管连接无可拆卸接头。设置专用水管加固板快速定位给水管出水口位置。水管分色和唯一标签易于识别。管路走向清晰明朗，操作简便，质量可靠，隐患少，全部接头布置于吊顶内，便于翻新维护。分集水器主体直径为 DN25 时，支路数量不宜大于 6 路；分集水器主体直径为 DN32 时，支路数量不宜大于 9 路。

3）应用要点

集成分配给水技术施工流程：弹线安装固定卡→安装带座弯头预埋板→安装管道→固定带座弯头→连接管井分水器→扣上不锈钢卡簧→打压试验并屏蔽验收→安装防结露保温管。

建筑主体结构及室内隔墙完成后即可进行安装，管线与结构分离，分水器安装在吊顶内，分水器至各点位的给水管均为定制加工，不应有接头，分色设置给水管路。如遇顶部水电管路交叉，应设置相应吊挂件保证电路在上、水路在下。

3. 推广原因

该技术实现了工厂化生产、装配化施工、部品化建造的技术途径。该技术连接可靠且安装效率高，操作简便，质量可靠，隐患少，绿色环保，便于维护。该技术在北京地区应用广泛，实践案例丰富，已构成全产业链发展趋势。

4. 标准、图集、工法

《建筑装饰装修工程质量验收标准》（GB 50210 —2018）、《建筑给水排水设计标准》（GB 50015—2019）、《冷热水用分集水器》（GB/T 29730 —2013）、《居住建筑室内装配式装修工程技术规程》（DB11/T 1553—2018）、《装配式装修技术规程》（QB/BPHC ZPSZX—2014）。

5. 工程案例

北京通州区马驹桥物流公租房项目、北京丰台区郭公庄车辆段一期公共租赁住房项目、北京通州台湖公租房项目（表 3-3-11）。

表 3-3-11　工程案例及应用情况

工程案例一	北京通州区马驹桥物流公租房项目
应用情况	（1）工程规模：总建筑面积 21 万 m²，10 栋住宅楼，装配式混凝土结构，计 3008 户，2017 年实施。 （2）应用情况：该装配式住宅项目装配率为 85%，技术设备与管线分离比率达到 100%
案例实景	

续表

工程案例二	北京丰台区郭公庄车辆段一期公共租赁住房项目
应用情况	（1）工程规模：总建筑面积 21.1 万 m²，12 栋住宅楼，装配式混凝土结构，计 1452 户，2017 年实施。 （2）应用情况：该技术设备与管线分离比率达到 100％
案例实景	
工程案例三	北京通州台湖公租房项目
应用情况	（1）工程规模：总建筑面积 41.5 万 m²，34 栋住宅楼，装配式混凝土结构，计 5058 户，2018 年实施。 （2）应用效果：该项目装配式结构预制率达到 59.74％，该技术设备与管线分离比率达到 100％，主体结构施工至一定楼层后即实施装配式装修，同步穿插施工提高了整体项目进度
案例实景	

6. 技术服务信息

技术服务信息见表 3-3-12。

表 3-3-12　技术服务信息

技术提供方	产品技术		价格	
天津达因建材有限公司	集成分配给水技术		14.37 元/m（按长度以 m 计算，分水器、加固板另计）	
	联系人	赵盛源	手机	17151153762
			邮箱	business@henenghome.com
	网址		www.henenghome.com	
	单位地址		天津经济技术开发区中区轻一街 960 号	

3.3.5　不降板敷设同层排水技术

1. 技术简介与适用范围

该技术基于主体结构不降板的做法，在 130mm 的空间内实现同层排水；由承插式排水管、同排地漏、可调式水管支架、积水排除器等构成。排水系统分成两部分：一部分是架空地面之上的后排水坐便器；另一部分是架空地面之下的 50mm 排水管，将地漏、淋浴、洗面盆、洗衣机等排水在整体防水底盘之下的架空层内，横向同层排至公共管井。

适用范围：居住建筑内卫生间。同样适用于酒店、公寓等宜于采用集成卫浴的建筑中。

2. 技术应用

1) 技术性能

(1) 同排地漏排水流量大于 0.4L/s，水封高度大于 50mm，排水管材为 PP 管，管道最小坡度 0.012。

(2) 不降板敷设同层排水技术可使卫生间平面布置更灵活，支架牢固，安装方法稳妥可靠。

(3) 卫生间排水支管不穿越楼板，解决了排水横管表面凝水、滴水问题，减小渗漏水的概率，能有效防止病菌传播等；提高室内净空高度，有利于防火，更便于堵塞后的维护和清通。

(4) 有效地降低因排水而形成的水流噪声，创造了住宅的安静环境。

(5) 房屋产权明晰，排水管路系统布置在本层住户家中，不干扰下层住户。

2) 技术特点

(1) 薄：不降板敷设同层排水技术使得卫生间在不降板的情况下，仅需 130mm 的空间实现同层排水。

(2) 连接构造：管道与管件间采用承插式连接构造，密封圈密封，操作简单，有效降低排水管连接处漏水。地漏、整体防水底盘与排水口之间形成机械连接，从技术上解决了漏水源。

(3) 支撑构造：使用同层排水管可调座卡固定排水管，可调高度以便排水管找坡；支架与地面采取非打孔方式固定，规避对于结构防水层破坏。

3) 应用要点

不降板敷设同层排水施工流程：确认排水立管→定位排水末端→摆放连接部件→安装排水支管支架→测量管道距离→连接排水末端（地漏）→连接管道并调整水平高度→排水闭水实验。

坐便器应采用后排或侧排，排水立管宜集中布置在公共管井内。

3. 推广原因

该技术实现了工厂化生产、装配化施工、部品化建造的技术途径。该技术为干式工法，同层排水；避免上下楼层管线跨越，且现场不需焊接、融熔、胶粘；便于翻新拆改、维护管理。该技术在北京地区应用广泛，实践案例丰富，已构成全产业链发展趋势。

4. 标准、图集、工法

《建筑装饰装修工程质量验收标准》（GB 50210—2018）、《建筑给水排水设计标准》（GB 50015—2019）、《居住建筑室内装配式装修工程技术规程》（DB11/T 1553—2018）、《装配式装修技术规程》（QB/BPHC ZPSZX—2014）、《建筑同层排水工程技术规程》（CJJ 232—2016）。

5. 工程案例

北京通州区马驹桥物流公租房项目、北京丰台区郭公庄车辆段一期公共租赁住房项目、北京通州台湖公租房项目（表 3-3-13）。

表 3-3-13　工程案例及应用情况

工程案例一	北京通州区马驹桥物流公租房项目
应用情况	（1）工程规模：总建筑面积 21 万 m²，10 栋住宅楼，装配式混凝土结构，计 3008 户，2017 年实施。 （2）应用情况：该项目装配率为 85%，技术设备与管线分离比率达到 100%，室内卫生间均采用该技术
案例实景	
工程案例二	北京丰台区郭公庄车辆段一期公共租赁住房项目
应用情况	（1）工程规模：总建筑面积 21.1 万 m²，12 栋住宅楼，装配式混凝土结构，计 1452 户，2017 年实施。 （2）应用效果：该技术设备与管线分离比率达到 100%，室内卫生间均采用该技术
案例实景	
工程案例三	北京通州台湖公租房项目
应用情况	（1）工程规模：总建筑面积 41.5 万 m²，34 栋住宅楼，装配式混凝土结构，计 5058 户，2018 年实施。 （2）应用效果：该项目预制率达到 59.74%，该技术设备与管线分离比率达到 100%，较好地实现土建结构与内装的穿插施工
案例实景	

6. 技术服务信息

技术服务信息见表 3-3-14。

表 3-3-14　技术服务信息

技术提供方	产品技术		价格	
天津达因建材 有限公司	不降板敷设同层排水技术		49.85 元/m（按长度以 m 计算，地漏、排水积除器另计）	
	联系人	赵盛源	手机	17151153762
			邮箱	business@henenghome.com
	网址		www.henenghome.com	
	单位地址		天津经济技术开发区中区轻一街 960 号	

3.3.6　装配式机电集成技术

1. 技术简介与适用范围

装配式机电集成技术利用 BIM 技术平台，借鉴国际先进设计与建造理念，采用机电一体化集成设计技术，打造以设计为主导的、基于装配式机电的全过程咨询服务技术模式；实现"营造运维一体化"的建造理念。该技术包括单专业的管网系统集成、多专业的一体化设计集成和设备管线的集约化产品集成，有利于机电设计与建筑设计的一体化协调，优化建筑空间、节约机房面积、管线定位准确、详细统计工程量、减少管道碰撞、方便运维管理、提高工程品质。

该技术已成功应用于孔府曲阜西苑万豪酒店、北京中国尊、北京新机场航站楼换热站、青岛地铁等多个大型工程。集成设备产品类典型案例包括装配式水箱、装配式设备机房、无动力太阳能模块、装配式消防泵站、装配式支吊架、机制内保温风管等多项机电集成产品，可实现机电专业装配式集成安装。

适用范围：各类工业与民用建筑机电工程设计与深化、预制加工、装配式安装。

2. 技术应用

1）技术性能

装配式机电集成技术采用专业机电 BIM 软件，具有机电多专业的一体化集成设计功能，包括可视化浏览、演示动画、BCF 协同、材料统计、计算模拟、预制加工、信息查询和出图打印等；具有自动碰撞检查功能、显示碰撞状态和生成模型碰撞编号清单，且与模型联动，利用碰撞清单快速处理碰撞问题；具备绘制机电综合图和各专业图的功能，可导出PDF、DWG、IFC 等格式文件；具有机电设备和材料信息导入导出功能，包括机电工程量清单和机电加工量清单；具有管线预制加工图编制功能，且可自动实现管线的定长分割。其软件的数据文件轻量化，操作便捷，可在手机、平板电脑等便携装置上使用，满足现场工程即时管理的需求。

该技术机电 BIM 模型的精细度满足国家标准《建筑信息模型设计交付标准》（GB/T 51301—2018）中 LOD4.0 等级的要求。模型包括机电设备管线模型元素，以及综合支吊架、减震设施、保温防腐、安全防护、套管等配套模型元素。模型的信息包括设备的厂商信息、设备参数、材料信息、生产信息、质检信息、承压等级、连接方式等。

该技术机电 BIM 模型按专业、子系统、楼层、功能区域、施工区域等组织实施；平面及剖面图与机电模型的投影保持一致。模型用于工厂预制加工时，满足管道和风道等分节下料、统计工程量、提取加工图等要求。

2）技术特点

装配式机电集成技术是通过工程创新理念，为实现某个功能目标进行的单专业或多专业

175

的设计优化和技术创新，不仅仅是机电管线的排列组合或连接组合，也不是多个技术的堆砌，该技术利用专业的 BIM 设计软件，通过机电集成的组织实施，打造"技术设计＋施工深化＋预制加工＋装配施工＋信息管理＋智能应用"全生命周期的一体化集成设计流程，设计工序流程如图 3-3-2 所示。

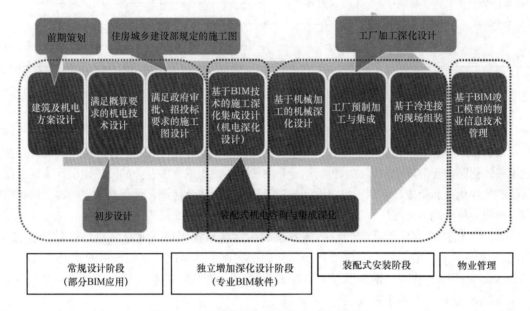

图 3-3-2　装配式机电集成技术工序流程图

该技术具有下列特点：

（1）集成化思维：包括系统集成、技术集成、设计集成、设备集成。

（2）一体化设计：运用系统论理论和 BIM 设计工具，打破传统思维模式来确保创新解决方案，融合各专业，覆盖建筑工程全过程的设计创新概念，能够以一次性的投资成本实现多重效益。其核心是对机电系统进行系统化、集成化的精细设计，成果满足工厂化预制加工、现场冷连接装配的需要。

（3）模块化生产：设备与管线实现工程预制化生产。

（4）装配化施工：现场机械冷连接，减少或杜绝湿热操作。

（5）信息化管理：运用 BIM 技术实现机电工程的信息化管理，核心是机电工程的信息数据。

（6）智能化应用：利用物联网技术、AI 技术对设备进行电子标签，相关的基础信息和例行检查信息记录在芯片中，替代手写信息的烦琐和混乱，相关信息及时汇集到控制中心，进行高效率的物业、消防、安全、生活服务等管理环节。

3）应用要点

技术设计阶段需进行机电专业的综合技术经济比较，确定合理的系统方案，保证机电方案的先进性、合理性与经济性，协助土建专业完善空间和平面设计；施工图阶段配合各专业完成 BIM 模型的建立，同时生成相应的各专业施工图，保证各专业的系统合理性和空间合理性，满足土建施工预留、预埋的实施，提供满足机电招投标所需的设计资料；施工图深化阶段，在保证施工图的完整性和合理性的同时，准确反映实际使用的设备、管材、器具的相关信息，为机电施工工厂化加工提供准确的模型及可加工信息。

机电集成技术需要根据选用设备、材料和工程现场空间尺寸，综合考虑加工、运输、进场、安装等条件，进行设备、管线及附配件的模块化集成设计，满足装配式安装的技术要求。机电系统的集成深化设计应根据内装修对楼地面、墙面、吊顶、厨房、卫生间、设备和管线等要求，进行综合集成设计。

3. 推广原因

该技术可实现 BIM 技术的全过程应用，案例得到广泛认可，紧凑式机电产品已经面市，规范、标准、图集陆续颁布实施。将该技术引入装配式建筑领域，可大幅度提升行业水平，具有良好的经济、环境、社会效益，适用于各类工业与民用建筑，值得大力推广。

4. 标准、图集、工法

《通风管道技术规程》(JGJ/T 141—2017)、《太阳能集中热水系统选用与安装》(15S128)、《无动力集热循环太阳能热水系统应用技术规程》(T/CECS 489—2017)、《建筑机电施工图深化设计技术标准》(T/CIAS-2—2018)。

5. 工程案例

北京邮电大学无动力太阳能工程、北京中国建设科技集团股份有限公司装修工程、北京阳光上东改造项目（表 3-3-15）。

表 3-3-15　工程案例及应用情况

工程案例一	北京邮电大学无动力太阳能工程
应用情况	采用装配式机电集成技术，实现集热循环无动力太阳能热水系统的机电装配集成；绘制深化设计图纸；集成模块和设备、集热模块和管线预制加工，现场装配安装。太阳能集热器集热面积约 5000m², 分 3 期建设
无动力太阳能集贮热装置与管线布置平面图	
无动力太阳能集贮热装置与管线三维侧视图	

工程案例一	北京邮电大学无动力太阳能工程
无动力太阳能集贮热装置实景图	
工程案例二	北京中国建设科技集团股份有限公司装修工程
应用情况	公司办公楼 13、14 层装修工程，面积约 4000m²；设备和管线工厂预制加工、现场装配安装
精装修机电管线布置三维侧视图	  扫码看图
工厂预制管道及现场装配式安装	 

6. 技术服务信息

技术服务信息见表 3-3-16。

表 3-3-16　技术服务信息

技术提供方	产品技术			价格
中国建筑设计咨询有限公司	装配式机电集成技术			根据项目实际情况而定
	联系人	任川山	手机	13520206042
			邮箱	746534832@qq.com
	网址			www.cbdc.com.cn/jsp
	单位地址			北京市西城区德胜门外大街 36 号 15 层

3.4　内装系统

3.4.1　装配式装修集成技术

1. 技术简介与适用范围

装配式装修集成技术包含隔墙、吊顶、架空地面、集成卫生间等；所有的部品部件在工厂进行生产，采用管线与结构分离的方式，通过模块化设计、标准化制作，现场干式工法施工，改变传统精装修由上往下的组织方式，在主体结构分段验收完成后即可穿插施工，进行装配式装修。

适用范围：居住类建筑和公共建筑室内装修工程。

该技术包含两种技术应用。

2. 技术应用一

1）技术性能

装配式装修集成技术包括：集成分配给水技术、不降板敷设同层排水技术、装配式型钢模块架空地面技术、集成地面辐射采暖技术、装配式隔墙技术、装配式硅酸钙复合地板技术、装配式硅酸钙复合墙面技术、装配式硅酸钙复合吊顶技术、集成门窗系统技术、集成厨房系统技术、集成卫生间系统技术。

（1）集成分配给水技术指铝塑复合管的快装技术部品，由卡压式铝塑复合给水管、分水器、专用水管加固板、水管座卡等构成。所有部品采用工厂加工、现场组装，摒弃传统热熔连接方式。

（2）不降板敷设同层排水技术是基于主体结构不降板的做法，在 130mm 的空间内实现同层排水，由承插式排水管、同排地漏、可调式水管支架、积水排除器等构成。

（3）装配式型钢模块架空地面技术主要由型钢架空地面模块、调整脚、自饰面硅酸钙复合地板和连接部件构成。型钢架空地面模块根据空间需要，可定制高度。面层采用自饰面硅酸钙复合地板，饰面花色、厚度可定制，亦可采用木地板、SPC 地板。

（4）集成地面辐射采暖技术采用架空地暖模块干法施工，包括发热块、调整脚、连接扣件及螺钉、地暖管、分集水器，在型钢与不燃高密度纤维增强硅酸钙板基层为定制加工的模块结构中，增加采暖管和带有保温隔热的模塑板，形成型钢复合地暖模块，实现地面高散热率的地暖地面（图 3-4-1）。

（5）装配式隔墙技术主要由轻钢龙骨支撑部件、连接部件、填充部件、预加固部件等构

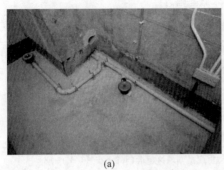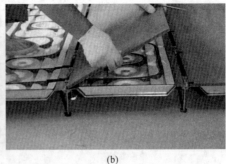

(a)　　　　　　　　　　　　　　(b)

图 3-4-1　集成地面辐射采暖技术

（a）不降板敷设同层排水；（b）集成地面辐射采暖

成，在不设计承重结构的前提下，快速搭建、交付、使用，为自饰面墙板建立支撑载体。

（6）装配式硅酸钙复合地板技术是由自饰面硅酸钙复合地板和连接部件构成，地板与地板之间采用铝型材进行密拼连接。

（7）装配式硅酸钙复合墙面技术是由自饰面硅酸钙复合墙板和连接部件等构成，墙板侧面开槽，板与板之间采用铝型材进行密拼连接（图 3-4-2）。

(a)　　　　　　　　　　　　　　(b)

图 3-4-2　装配式硅酸钙复合墙面技术

（a）装配式隔墙；（b）硅酸钙复合墙面（结构墙体）

（8）装配式硅酸钙复合吊顶技术是由自饰面硅酸钙复合顶板和连接部件等构成，与自饰面硅酸钙复合墙板天然连接，结构顶板免打孔、免吊杆吊件。

（9）集成门窗系统技术是集成门套、集成窗套、集成垭口等三类产品统称合页与门套集成安装，门扇引孔预先加工等工作，降低现场操作程序与内容（图 3-4-3）。

（10）集成厨房系统技术由地面、墙面、吊顶、橱柜、厨房设备及管线等通过设计集成、工厂生产、干式工法装配而成的厨房。

（11）集成卫生间系统技术由干法施工的防水防潮构造、整体防水底盘架空地面构造、墙面构造、吊顶构造及五金洁具等构成（图 3-4-4）。

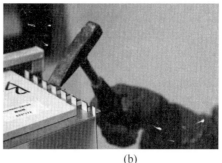

（a）　　　　　　　　　　　　　　（b）

图 3-4-3　集成门窗系统技术

（a）装配式硅酸钙复合吊顶；（b）集成窗套

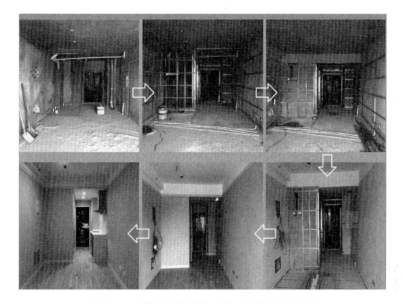

图 3-4-4　装配式装修集成技术安装过程示意

2）技术特点

装配式装修集成技术是将大部分现场装修作业转移到工厂内，通过流水线作业生产内装部品部件，现场进行装配化安装。

该技术有节约原材料、质量稳定、效率提高、绿色环保、维修便利、灵活拆改、过程透明、经济效益好等技术特点。装配式装修的综合成本不高于传统装修，费用节约体现为用工人数减少、用工时间下降、安装难度降低，部品工厂生产现场无裁切，原材料利用率高。

（1）所有装修构件在工厂生产加工，现场装配。

（2）在统一的模数下，将装修部件模块化。

（3）和传统的手工作业施工工艺不同，装配式施工减少了大量现场手工制作，施工现场如同车间生产线的延伸，产业工人按照标准化的工艺进行安装，从而大大缩短工时，节省装修成本并提高装修质量。

（4）装配式装修从根本上消除了现场湿法作业造成的各种材料和人工浪费，减少了对水泥、砂石、木材、胶水和油漆的依赖，从而也消除了室内污染的根源。

（5）在图纸通过审核后搭建样板房，样板间验收合格后再进行大面积施工。

3）应用要点

全屋装配式装修集成技术应用时，先通过图纸审核，后搭建样板房，在样板间验收合格后再进行大面积施工。

（1）集成分配给水管线与结构分离，分水器安装在吊顶内，分水器至各点位的给水管均为定尺加工，不应有接头，分色设置给水管路。如遇顶部水电管路交叉，应设置相应吊挂件保证电路在上、水路在下。

（2）不降板敷设同层排水坐便器应采用墙排，排水立管宜集中布置在公共管井内。

（3）装配式型钢模块架空地面高度应根据管线交叉情况进行计算，并结合管线排布进行综合设计。对有采暖需求的空间，地面辐射供暖宜与装配式楼地面的连接构造集成。

（4）集成地面辐射采暖尽量保证每个回路之间的长度接近（单路最长不得超过120m），敷设于地暖模块内的地暖加热管不应有接头。同一采暖回路中，型钢复合地暖模块的排布须保证采暖管能串联衔接。上方地面面层严禁使用螺钉固定，防止螺钉破坏下方采暖系统。

（5）有防水要求的房间隔墙内侧，可采用聚乙烯薄膜防水防潮措施。需要固定或吊挂超过15kg物件时，应设置加强板或采取其他可靠的固定措施，并明确固定点位。隔墙中放置电箱时，上下左右两侧需加固龙骨；遇门洞及转角时，也需加固龙骨。

（6）装配式硅酸钙复合地板自饰面的硅酸钙复合地板表面效果是仿真地砖，但本身材质比瓷砖偏软，避免锐器划伤。

（7）当墙体为装配式隔墙时，装配式硅酸钙复合墙面宜与装配式墙面集成。对于悬挂重物或振动物体时有限制，需要在设计之初预埋加固板。

（8）装配式硅酸钙复合吊顶适用于厨房、卫生间、阳台以及其他开间小于1800mm的空间吊顶；开间大于1800mm的空间另加吊杆。由于几字型铝型材是自然搭接在墙板上，要求墙板上沿须水平一致。

（9）集成门窗系统门套厚度应比墙体厚度宽1~2mm。当设计为暗藏推拉门时，应结合暗藏隔墙协同设计。

（10）集成厨房系统橱柜宜与装配式墙面集成设计。对于超过15kg的厨房吊柜需要预设加固横向龙骨。对于烟机、热水器等大型电器设备，在结构墙体或者竖向龙骨支撑体上预埋加固板。

（11）集成卫生间系统各类水、电、暖等设备管线设置在架空层内，尤其是装配式吊顶内，否则应设置检修口。

3. 技术应用二

1）技术性能

（1）墙面系统。

① 墙面系统由硅酸钙墙饰面板、铝合金龙骨、调平斜楔以及螺丝等紧固件构成。硅酸钙板饰面板由8mm×600mm×2400mm或8mm×600mm×3000mm无甲醛硅酸钙基板和墙布、墙纸、PP膜以及防火板等多种饰面层经工厂热压或包覆而成，墙板侧面采用开槽工艺，槽口宽度0.7mm，深度10mm。铝合金韦氏硬度计≥8度，整体完成墙面防火性能可达到A级。

②　以墙面阳角或阴角为安装的起始点开始安装，通过阳角条或阴角条的固定孔在墙面打出安装孔，并塞入 6mm 膨胀管，用 3.5mm×35mm 螺钉固定。

③　墙饰面板与墙面呈 10° 斜角，可配合调平斜楔一边槽口对齐阳角平接条雄槽口推入，逐块安装，直至最后一块墙饰面板。平接条可配合调平斜楔使用 6mm 膨胀管和 3.5mm×35mm 螺钉固定。使用阳角条、阴角条或收边条进行收边。最后踢脚线配合专用卡扣进行安装收边。安装完成后，墙面平整度误差 ≤2mm，接缝高低差 <1mm。

（2）吊顶系统。

①　吊顶系统由 600mm 宽轻质木塑吊顶板、注塑旋扣、M8 螺杆螺母组件、防火吊顶龙骨和铝合金收边条构成。沿吊顶水平线固定顶角线收边条，顶角线下端雄槽口卡入墙饰面板上端。背面与墙面用 6mm 膨胀管和 3.8mm×50mm 的扁平钻尾螺钉固定。膨胀管与墙面孔距，两端与墙面 ≤100mm，中间间距为 50～600mm。

②　吊筋高度以吊顶高度向上 50mm 为宜，吊顶间距为 600mm，两端离墙面 300mm 左右，吊顶连炮钉片一起固定在房顶面。吊筋直径为 8mm，单根理论承载力 100kg 左右。

③　在吊顶龙骨安装孔里顺龙骨横向插入木塑吊顶片，旋转 90°，调节吊筋下面螺栓高度，使吊顶板水平后锁紧螺母。其他吊顶板安装依此类推。

（3）卫生间系统。

①　卫生间墙板采用 18mm PVC 发泡防火壁板，材料经冷、沸水循环实验不产生变形，防水、耐热、抗冲击、抗弯能力强，表面可复合薄陶瓷等高端面层材料，也可采用进口装饰纤维水泥墙板，该水泥墙板通常用于外墙面层装饰，防雨防潮。墙板安装配合专用扣件及阴阳角、踢脚线铝合金。墙板间嵌防水胶条，铝合金结构与底盘防水一体化，耐久可靠。

②　底盘采用 2000mm×3000mm 以下机器开槽、焊接成型 PP 整体底盘，底盘需开 ϕ85mm 的槽来安装地漏。地漏由地漏壳体、锁紧螺母、防臭体、滤网、地漏盖和密封脚垫等组成，自主研发，连接稳固性好。

③　卫生间吊顶安装木塑吊顶，铝合金顶角线的阴阳角拐角处切 45° 拼角连接。卫生间地面安装 SPC 锁扣地板，错缝拼接，与底盘结合处采用专用胶黏合。

（4）地面系统。

①　地面采用自主研发的架空地面十字夹持支撑脚，M12×50/75/100/120/150mm 螺杆和 M12mm 螺母的配合，可满足 50～180mm 支撑高度，如 50mm 的螺杆支撑脚调节高度可以在 50～80mm。

②　架空地面的主龙骨选用 1.2mm×40mm×40mm 方管，支撑间隔为 340mm。架空地面系统理论承载质量 360～500kg。

③　面层可选择瓷砖、实木复合地板、SPC 地板，基板使用尺寸为 15mm×608mm×2440mm 硅酸钙板。

2）技术特点

（1）墙面系统采用在工厂内覆膜、开槽等加工工艺，实现所有装修构件在工厂加工完成，现场装配使用干法施工。采用自主研发的铝合金配套调平斜楔结构，安装快速方便，无须水泥和胶，可大幅度减少现场施工量。原材料可回收利用。

（2）吊顶系统吊顶板规格尺寸较大，长度较大，且企口处暗缝密拼，可实现大跨度空间。采用自主研发的快速安装锁扣结构，安装快捷方便。采用轻质环保木塑基材，现场加工方便，无粉尘。特殊收边设计，可结合灯带照明，效果美观。基于超轻环保木塑板材的新技术开发，抗震龙骨、超硬质铝合金构件均可单独拆卸、拼装。

（3）卫生间系统底盘无须开模，采用模块化安装方式，可以适应各种复杂的平面和高度尺寸，灵活加工，适应性强。材料采用环保高分子材料，稳定性好，耐磨度高。墙板离原始墙面空隙仅 3cm，较 SMC 整体卫生间节省 2/3 的空间占用。可个性化定制搭配，墙面、地面和顶面均可拆分使用。系统集成了最新型的材料、最安全的结构和最先进的科技，包括高分子激光焊接技术、超薄超大陶瓷墙砖、超轻环保木塑板材等各项新技术。

（4）地面系统由主龙骨和副龙骨组成的框架承载能力强，安全可靠。点式支撑脚可以方便调整支撑高度。纯干式作业，不破坏原有地面，地面无须二次浇灌找平便可直接施工。任意选择水暖模块，满足客户不同需求。安装便捷即装即用，适用于对公寓、家装、商业等行业的装修工程。

3）应用要点

（1）墙面系统。墙面系统分为自平系统和调平系统。自平系统适用于基面平整度较好的墙面，调平系统适用于基面平整度较差的墙面，其中 1cm 以内偏差可使用斜楔调平，1cm 以上偏差需在基面增加龙骨处理。对于原石膏板墙面不适用直接打钉，需确定横向龙骨的位置，再打钉在横向龙骨上。墙面高度超过 3m 需在拼接处增加横向铝合金龙骨固定墙板。

（2）吊顶系统。密闭空间建议预留排风口，否则完工后需做风压测试。吊顶中心可适当起拱，一般为房间短向距离的 1/200。吊顶板长度理论限值可达到 6m，超过 6m 需特殊订制并另做结构计算。

（3）卫生间系统。地面必须达到 2m 范围高低落差≤4mm，必须去除油污粉尘，做到清洁无残渣。由于底盘加工尺寸限制，适用于一般家装或酒店等场景的独立卫生间，如较大面积的公共卫生间，则底盘需在现场焊接完成。

（4）地面系统。架空地面系统可满足调节高度为 50～170mm，如 50mm 螺杆适用于调节高度范围为 50～70mm。该系统提供的主龙骨支撑间隔为 340mm。3 种面层可供选择：瓷砖、实木复合地板和 SPC 地板基层均使用 15mm 厚硅酸钙基板。水暖模块可自行选择。

4．推广原因

该体系覆盖室内装修的各个方面，采用工厂制作的模块现场组装，高效环保，特别适合装修频率较快且要求装修时间较短的装修类型，全过程利于管控，质量稳定、节省工期、拆改便捷、绿色环保、降低维护成本，适宜推广。

5．标准、图集、工法

《建筑装饰装修工程质量验收标准》（GB 50210—2018）、《住宅室内装饰装修工程质量验收标准》（JGJ/T 304—2013）、《居住建筑室内装配式装修工程技术规程》（DB11/T 1553—2018）、《装配式装修技术规程》（QB/BPHC ZPSZX—2014）、《住宅室内装配式装修工程技术标准》（DG/TJ08-2254—2018）。

6．工程案例

技术应用一实例：北京丰台区郭公庄车辆段一期公共租赁住房项目、北京通州台湖公租房项目、北京朝阳区百子湾保障房公租房地块项目（表3-4-1）。

表 3-4-1　工程案例及应用情况

工程案例一	北京丰台区郭公庄车辆段一期公共租赁住房项目
应用情况	（1）工程规模：总建筑面积 21.1 万 m²，12 栋住宅楼，装配式混凝土结构，计 1452 户，2017 年实施。 （2）应用效果：该项目全部采用装配式装修，提升了装修效果和速度
案例实景	
工程案例二	北京通州台湖公租房项目
应用情况	（1）工程规模：总建筑面积 41.5 万 m²，34 栋住宅楼，装配式混凝土结构，计 5058 户，2018 年实施。 （2）应用效果：该项目采用装配式装修，与主体结构穿插施工实现了工程进度的提升
案例实景	
工程案例三	北京朝阳区百子湾保障房公租房地块项目
应用情况	（1）工程规模：总建筑面积 40 万 m²，12 栋住宅，装配式混凝土结构，计 4000 户，2019 年实施。 （2）应用效果：北京市结构长城杯、住房城乡建设部绿色科技示范工程，装配率达 88%，"十三五" 国家重点研发计划绿色建筑及建筑工业化重点专项示范工程
案例实景	

技术应用二实例：河北雄安城乡管理服务中心未来生活馆（表 3-4-2）。

表 3-4-2　工程案例及应用情况

工程案例	河北雄安城乡管理服务中心未来生活馆
应用情况	工程概况：完成了装配式内装的展示性样板房，包含玄关、走廊、整体卫生间、厨房、老人房、开放阳台、餐客厅一体化等
案例实景	

7. 技术服务信息

技术服务信息表见表 3-4-3 和表 3-4-4。

表 3-4-3　技术服务信息

技术提供方	产品技术		价格	
天津达因建材有限公司（详见：技术应用一及其实例）	装配式装修集成技术		$800\sim2000$ 元/m² （全屋部品按套内面积计算）	
	联系人	赵盛源	手机	17151153762
			邮箱	business@henenghome.com
	网址		www.henenghome.com	
	单位地址		天津经济技术开发区中区轻一街 960 号	

表 3-4-4　技术服务信息

技术提供方	产品技术		价格	
上海开装建筑科技有限公司（详见：技术应用二及其实例）	装配式装修集成技术		$1200\sim1500$ 元/m³	
	联系人	叶思浓	电话	021-67601568
			手机	18321688876
			邮箱	lj@kaizhuang.com
	网址		www.kaizhuang.com	
	单位地址		上海市嘉定区嘉戬公路 328 号 7 幢 930 室	

3.4.2　集成式厨房系统

1. 技术简介与适用范围

该系统是由地面、墙面、吊顶、橱柜、厨房设备及管线等通过设计集成、工厂生产、干式工法装配而成的厨房；墙体为装配式墙面；地面主要由架空地面模块（非采暖）/复合地暖模块（采暖）、螺栓调整脚、自饰面硅酸钙复合地板和连接部件构成；墙面由自饰面硅酸钙复合墙板和连接部件构成；吊顶由自饰面硅酸钙复合顶板和连接部件构成；门窗由集成的套装门、窗套、垭口组成；橱柜、电器、功用五金件等为通用部品。

适用范围：居住类建筑内厨房（图 3-4-5）。

2. 技术应用

1）技术性能

集成式厨房系统中管线与结构分离，重在强调厨房的集成性和功能性。

2）技术特点

集成式厨房系统突出特点有：空间节约、表面易于清洁、排烟高效、墙面颜色丰富耐油污、接缝少易打理。柜体一体化设计，实用性强；台面适用性强、耐磨；排烟管道暗设在吊顶内；采用定制的油烟分离烟机，直排室外，

图 3-4-5　集成厨房部品

排烟更彻底，无须风道，可节省空间；柜体与墙体预埋挂件。吊顶实现快速安装；结构牢固耐久且平整度高、易于回收。集成式厨房全部干法施工，现场采用 100% 装配率施工工艺。基材以水泥基和金属基无机材料为主，绿色环保，装完即可投入使用。

3）应用要点

（1）集成式厨房系统技术施工流程：轻质隔墙→水电管线→架空地面（集成采暖）→硅酸钙复合墙面安装→集成门窗安装→硅酸钙复合顶面安装→快装地面→橱柜安装→电气安装。

（2）橱柜宜与装配式墙面集成设计。超过 15kg 质量的厨房吊柜需要预设加固横向龙骨，龙骨能够与结构墙体或者竖向龙骨支撑体连接。对于烟机、热水器等大型电器设备，在结构墙体或者竖向龙骨支撑体上预埋加固板。

（3）集成厨房的各类水、电、暖等设备管线设置在架空层内，设置检修口。

（4）当采用油烟水平直排系统时，应在室外排气口设置避风、防雨和防止污染墙面的构件。

3. 推广原因

该系统干法施工，安装快速。

4. 标准、图集、工法

《建筑装饰装修工程质量验收标准》（GB 50210—2018）、《居住建筑室内装配式装修工程技术规程》（DB11/T 1553—2018）、《装配式装修技术规程》（QB/BPHC ZPSZX—2014）。

5. 工程案例

北京通州区马驹桥物流公租房项目、北京丰台区郭公庄车辆段一期公共租赁住房项目、北京通州台湖公租房项目（表 3-4-5）。

表 3-4-5　工程案例及应用情况

工程案例一	北京通州区马驹桥物流公租房项目	案例实景
应用情况	（1）工程规模：总建筑面积 21 万 m²，10 栋住宅楼，装配式混凝土结构，总计 3008 套集成式厨房，2017 年实施。 （2）应用效果：该项目装配率达到 85%，厨房部品部件集成化高	

工程案例二	北京丰台区郭公庄车辆段一期公共租赁住房项目	案例实景
应用情况	（1）工程规模：总建筑面积 21.1 万 m²，12 栋住宅楼，装配式混凝土结构，总计 1452 套集成式厨房，2017 年实施。 （2）应用效果：该项目装配率达到 85％，厨房部品部件集成化高	
工程案例三	北京通州台湖公租房项目	案例实景
应用情况	（1）工程规模：总建筑面积 41.5 万 m²，34 栋住宅楼，装配式混凝土结构，总计 5058 套集成式厨房，2017 年实施。 （2）应用效果：该项目预制率较高，厨房部品部件集成化高	

6. 技术服务信息

技术服务信息见表 3-4-6。

表 3-4-6　技术服务信息

技术提供方	产品技术		价格
天津达因建材 有限公司	集成式厨房系统		1500～3000 元/m²
	联系人	赵盛源	手机　17151153762
			邮箱　business@henenghome.com
	网址		www.henenghome.com
	单位地址		天津经济技术开发区中区轻一街 960 号

3.4.3　集成式卫生间系统

1. 技术简介与适用范围

该系统由干法施工的防水防潮层、整体淋浴底盘地面、墙面、吊顶及配套五金洁具等构成；墙面为装配式墙面，可采用饰面硅酸钙复合墙板和连接部件构成装配式墙面，也可通过榫卯结构连接，采用铝芯蜂窝为基材，将瓷砖、天然石等面层材料通过玻璃纤维、聚氨酯在高温高压条件下复合在基材上；地面采用薄法型钢架空模块、整体淋浴底盘，面层可集成铺贴硅酸钙复合板、地砖、天然石、高温高压复合瓷砖等；吊顶采用自饰面硅酸钙复合顶板和连接部件，或采用通过榫卯结构连接的其他材质吊顶；门窗由集成的门、窗组成；陶瓷洁具、电器、功用五金件采用通用部品。

适用范围：居住类建筑及酒店、公寓、办公、学校，以及高铁、飞机、船舶的卫生间装修。

2. 技术应用一

1) 技术性能

集成式卫生间系统是由不降板的同层排水技术、集成分配给水技术、装配式硅酸钙复合墙面技术、装配式硅酸钙复合顶面技术、装配式钢模块架空地面技术以及其整体防水底盘等集成的系统，是装配式内装修系统的重要组成部分。集成式卫生间采用干法施工，管线分离，在 130mm 高度内实现同层排水，卫生间布置更加灵活。水电接口全部采用通用接口，洁具、五金、电器都是市场通用的工业部品，并不需要定制即可接驳。集成式卫生间可实现现场全部干法施工，所用的基材为水泥基和金属基无机材料为主，绿色环保，装完即可投入使用（图 3-4-6）。

图 3-4-6　集成卫生间系统部品

2) 技术特点

集成式卫生间系统与整体卫浴相比，具有高度灵活的适应性，可以根据需要对尺寸、规格、形状、颜色、材质进行定制。面层材质具有高度的逼真感，与用户习惯的瓷砖、大理石、马赛克有同样的质感、光洁度，甚至是同样的触感、温感，用户体验良好。与传统湿作业的卫生间相比较，集成式卫生间采用全干法作业，成倍地缩短装修时间。集成卫生间的连接构造可靠，能够彻底规避湿作业所具有的地面漏水、墙面返潮、瓷砖开裂或脱落等质量通病。集成卫生间的整体荷载比湿法作业的整体荷载减少 2/3 以上。

3) 应用要点

（1）集成式卫生间系统技术施工流程：清理工作面→轻质隔墙→与同层排水连接→架空地面→热塑复合防水底盘铺设→水电管线→PE 防水防潮膜固定→硅酸钙复合墙面安装→集成门窗安装→硅酸钙复合顶面安装→洁具安装→电气安装（图 3-4-7）。

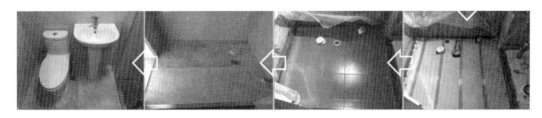

图 3-4-7　集成式卫生间系统安装过程示意

（2）集成式卫生间各类水、电、暖等设备管线设置在架空层内，尤其是装配式吊顶内，否则应设置检修口。

3. 技术应用二

1) 技术性能

（1）蜂窝复合技术

该技术将瓷砖、铝蜂窝芯、聚氨酯和玻璃纤维在模具热压条件下进行复合成型，而获得的整体卫浴结构的壁板、底盘、天花等部件。这些构件具有自重轻、强度高、刚性好、质量稳定、成本低、安装快捷等优点。而且由于面材可以自由选择，花纹颜色可以自由设计，产品覆盖从五星级酒店、高档别墅到快捷酒店、平常百姓家的各类卫生间装修市场，摒弃了传统整体卫浴轻薄、空洞的缺陷。

（2）防水技术

① 防水底盘技术：利用瓷砖、铝蜂窝芯、玻璃玻纤和聚氨酯在高温高压状态下一次成型，具有超高强度和超强的抗弯性能，采用 9 层复合防水结构，墙体全部位于防水盘体内部，杜绝渗漏（图 3-4-8）。

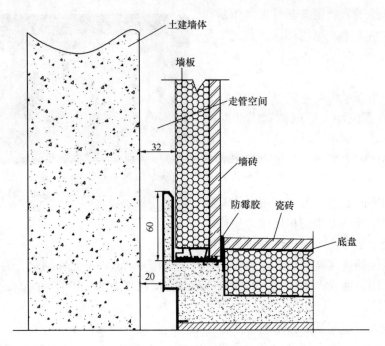

图 3-4-8　底盘系统防水设计

② 防水墙体、吊顶技术：采用瓷砖、铝蜂窝芯、玻璃纤维和聚氨酯在高温高压下一次成型的大尺寸瓷砖墙板。墙板与墙板之间采用榫卯结构快速装配，拼缝正面采用美缝剂密封，背面采用柔性胶条挤压密封，以防止微振动造成的渗漏。

③ 底盘与楼面排水管的防水衔接技术：创造性运用双偏心环，容许±25mm 偏差，全密封圈防漏水、防臭气，软连接效果容许底盘与排水管之间有一定幅度的挠动，安装时完全不需要现场打胶。

（3）快装结构技术

由于安装整体卫生间时，四面结构墙体已施工完成，无法到墙板背面操作，而墙板正面是瓷砖，增加安装固定结构，会破坏墙面。该技术创造性地采用了榫卯结构，实现快速定位、快速锁紧，同时用柔性密封胶条实现墙体拼缝的密封，该技术的采用，可以实现两人一小时完成卫生间四周墙体的安装（图 3-4-9、图 3-4-10）。

（4）材料复合技术

整体卫生间主体材料采用复合材料，而复合材料的核心是粘结技术，经过多年的试验、

图 3-4-9　安装底盘

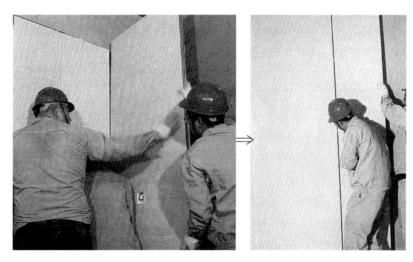

图 3-4-10　安装墙体

技术沉淀，形成了一套完整的技术流程和工艺参数，保障产品的稳定性、可靠性和耐久性。

（5）设备研发及制造技术

该技术研发中成立了专门的设备研发团队，在生产线布局、机构传动、PLC 控制领域均有专业工程师进行自主研发，目前拥有自动化模压底盘生产线和大幅面瓷砖墙体生产线两大生产线的制造技术。

2）技术特点

（1）材料复合技术依据

复合材料是由两种或两种以上不同性质的材料，通过物理或化学的方法组成具有新性能的材料。各种材料在性能上互相取长补短，产生协同效应，使复合材料的综合性能优于原组成材料而满足各种不同的要求。

本项目采用铝蜂窝芯与瓷砖复合，正面取瓷砖耐久、美观、耐酸碱、耐刮伤的长处，背面铝蜂窝具有高比强度、高抗弯、高抗压的特性，通过玻璃纤维和 PUR 将两者在高温高压下复合成瓷砖大板，实现快速拼装，具有独创性和先进性。

图 3-4-11　整体卫浴侧剖面图

（2）防水技术依据

本技术采用内外胆、房中房结构，形成双重防水体系（图 3-4-11）。

3）应用要点

（1）铝蜂窝芯复合一次成型技术。在工厂通过高温高压技术贴合瓷砖等材料一次成型，六边形的蜂窝结构具有超强的抗正压、抗弯曲能力，正面静载抗压达到 40t/m² 以上。

（2）瓷砖铝蜂窝复合体系整体卫浴安装便捷。在工厂一体化生产，两个无专业经验的成人在 4 个小时内可以轻松完成一整套卫浴安装（含干法地砖），像搭积木一样建造卫生间，施工现场全部干作业。

（3）环保型聚氨酯胶粘剂。国内先进铝芯基材复合板与聚氨酯胶粘剂的结合，突破了传统胶粘剂剪切强度与剥离强度的矛盾。粘接牢固不易产生形变，拆除后 80％ 的组件可以再利用，让装修后的人居空间变化更加随心所欲。

4．推广原因

该系统尺寸适应性强，全干法施工。

5．标准、图集、工法

《整体浴室》（GB/T 13095—2008）、《建筑装饰装修工程质量验收标准》（GB 50210—2018）、《住宅整体卫浴间》（JG/T 183—2011）、《装配式整体卫生间应用技术标准》（JGJ/T 467—2018）、《居住建筑室内装配式装修工程技术规程》（DB11/T 1553—2018）、《装配式装修技术规程》（QB/BPHC ZPSZX—2014）。

6．工程案例

技术应用一实例：北京丰台区郭公庄车辆段一期公共租赁住房项目（表 3-4-7）、北京朝阳区垡头地区焦化厂保障房项目、北京朝阳区百子湾保障房公租房地块项目。

表 3-4-7　工程案例及应用情况

工程案例一	北京丰台区郭公庄车辆段一期公共租赁住房项目
应用情况	（1）工程规模：总建筑面积 21.1 万 m²，12 栋住宅楼，装配式混凝土结构，计 1452 户，总计 1452 套集成式卫生间，2017 年实施。 （2）应用效果：该项目卫生间采用集成部品，标准化高
案例实景	

工程案例二	北京朝阳区垡头地区焦化厂保障房项目
应用情况	（1）工程规模：建筑面积 23.5 万 m^2，23 栋住宅，装配式混凝土结构，总户数 4086 户，总计 4086 套集成式卫生间，2019 年实施。 （2）应用效果：国内首个将超低能耗技术与装配式结构、装配式装修相结合的住宅建筑，国家重点研发计划《工业化建筑标准化部品库研究》课题示范工程，2017 北京市建筑信息模型（BIM）应用示范工程
案例实景	

技术应用二实例：北京海淀区中关村西三旗科技园配套房、北京房山区长阳镇万科中央城（表 3-4-8）。

表 3-4-8　工程案例及应用情况

工程案例一	北京海淀区中关村西三旗科技园配套房
应用情况	（1）工程概况：国内首个绿色建筑三星项目，建筑面积 170000m^2，12 栋 25 层配套公租房楼，2411 户。 （2）应用效果：由于户型多样且复杂，施工难度大，必须根据现场条件定制且零渗漏
案例实景	
工程案例二	北京房山区长阳镇万科中央城
应用情况	（1）工程概况：6 栋公寓楼，包括高层 LOFT 夹层公寓和普通平层公寓，共 1414 户，卫生间装修面积 6300m^2。 （2）应用效果：在 4.8m 的层高内，夹层还要再装一个卫生间，施工难度极大。在有限的层高中整体卫生间直接放在夹层建筑钢梁上，底盘扁管侧排可不占用卫生间内部空间，1.9m 的夹层卫生间高度，安装完成后高度为 1.86m，较好地解决了卫生间层高及渗漏问题

案例实景	 

7. 技术服务信息

技术服务信息见表 3-4-9 和表 3-4-10。

表 3-4-9　技术服务信息

技术提供方	产品技术		价格
天津达因建材 有限公司	集成式卫生间系统		2000～5000 元/m²
	联系人	赵盛源	手机 17151153762
			邮箱 business@henenghome.com
	网址		www.henenghome.com
	单位地址		天津经济技术开发区中区轻一街 960 号

表 3-4-10　技术服务信息

技术提供方	产品技术		价格
广州鸿力复合材料 有限公司	技术名称		3000～6000 元/m³
	联系人	李果成	电话 020-82185803
			手机 13802984489/13509287487
			邮箱 13802984489@139.com
	网址		www.honlley.com
	单位地址		广州市黄埔区环玲路 16 号

3.4.4　装配式模块化隔墙及墙面技术

1. 技术简介与适用范围

该技术采用全预制结构,框架龙骨底部设水平调节器,吸收建筑误差;龙骨孔位及面板挂钩按模数预制,实现框架间、面板与框架的无损承插式连接,可重复拆卸,重复利用率达95%以上;框架龙骨预制孔位满足敷设管线的需求,可集成各种设备,可吊挂柜体、置物架、设备等;模块可单独拆卸,模块材质可为玻璃、金属板、硅酸钙板等各种材料,满足防火、隔声等功能;同一套结构系统,可根据不同空间需求实现单层墙面、隔墙、双空腔隔墙等组合形式。

适用范围:居住建筑、公共建筑(医疗建筑、办公建筑、场馆建筑)的非承重内隔墙、装饰墙面。

2. 技术应用

1）技术性能

（1）采用全钢结构。使用冷弯技术和精密制造技术一次成型，在保证材质稳定性的同时完成结构加工，在实现快速装配化施工和循环利用的同时保证了防火、环保、抗撞击等。

（2）可重复拆装设计。立柱龙骨通过天龙支撑组件和地龙支撑组件固定在天龙骨和地龙骨上；横档龙骨两端分别通过横档连接组件固定在左右两立柱龙骨的侧壁上，立柱龙骨上设置有多个均匀分布的挂孔便于挂装面板，从而实现了产品的快速拆装、循环利用。

（3）功能兼容性设计。基于整体结构设计，可兼容管线和设备，并可依据实际情况增大或缩减墙体内空间，使之在兼顾空间分割的同时，具备承载功能性设施的能力，满足医疗、会展、商务办公等领域的专业要求，符合建筑 SI 体系的要求及建筑装配率的评价要求。

2）技术特点

该技术框架龙骨所采用的镀锌钢，经 38 道冷弯成型，竖龙骨上设置燕尾槽，装配专用隔声密封胶条；竖龙骨底部设水平调节器，吸收建筑误差；框架横、竖龙骨采用钢制榫卯结构紧固，无需螺钉连接，面板基材为 0.8mm 薄钢板，装饰层可实现布艺、木纹、石材等效果，基材和饰面一体化成型，采用挂钩式安装；龙骨按 64mm 模数预制孔位，面板按 64mm 模数预制挂钩；系统可无损拆装，重复利用率达 95％以上；每一模块可单独拆卸，便于改造和维护。

3）应用要点

全钢隔断结构，它主要由天龙骨、地龙骨、横档龙骨、立柱龙骨以及面板组成，所述的天龙骨和地龙骨分别由槽型钢构成，并分别固定在屋顶面和地平面上；至少两根由型材条制成的立柱龙骨垂直布置在天龙骨和地龙骨之间，且立柱龙骨的上端和下端分别通过天龙支撑组件和地龙支撑组件固定在天龙骨和地龙骨上；至少有一根同样由型材条制成的横档龙骨，其两端分别通过横档连接组件固定在左右两立柱龙骨的侧壁上，且所述立柱龙骨上设置有多个用于挂装面板的挂孔。

3. 推广原因

该技术可根据不同空间需求实现多种组合形式的隔墙，安装速度快速，且容易拆卸，可重复利用率高，实践案例丰富。

4. 标准、图集、工法

《建筑装饰装修工程质量验收标准》（GB 50210—2018）、《可拆装式隔断墙技术要求》（JG/T 487—2016）、《可拆装式隔断墙及挂墙》（Q/HM—2016）。

5. 工程案例

北京奥迪研发中心、北京奔驰发动机厂、北京英蓝国际金融中心（表 3-4-11）。

表 3-4-11　工程案例及应用情况

工程案例一	北京奥迪研发中心
应用情况	（1）建筑面积：研发大楼、实验室、原型车间及研发车间的占地总面积超过 8000m²。 （2）产品名称：EU-100 欧风隔断墙［预制复合墙体（板）］／STEEL PENEL-104 模块化全钢隔断墙［预制复合墙体（板）］。 （3）产品规格：厚度 98mm、104mm。 （4）为研发大楼提供了可根据空间使用的变化，提供最大化空间利用率的可变化产品模块，而且能在短时间内最大化重复利用原有产品模块，增加少部分模块，达到客户使用要求

案例实景	
工程案例二	北京奔驰发动机厂
应用情况	(1) 建筑面积：北京奔驰新发动机工厂占地总面积约 450 亩（约 30 万 m²）。 (2) 产品名称：STEEL PENEL-104 模块化全钢隔断墙［预制复合墙体（板）］。 (3) 产品规格：厚度 104mm。 (4) 在现代化的生产车间提供了一种中央岛屿式办公空间解决方案，使其兼具生产与商务办公的功能，为工作人员提供舒适、健康、安全、环保的环境
案例实景	

6. 技术服务信息

技术服务信息见表 3-4-12。

表 3-4-12　技术服务信息

技术提供方	产品技术		价格	
汉尔姆建筑科技有限公司	装配式模块化隔墙及墙面技术		600～1500 元/m³	
	联系人	庄善相	电话	0571-89185623
			手机	13758116613
			邮箱	zsx@halumm.com
	网址		www.halumm.com	
	单位地址		杭州市余杭区余杭经济技术开发区新纺路 5 号汉尔姆建筑科技有限公司	

3.4.5　复合型聚苯颗粒轻质隔墙板技术

1. 技术简介与适用范围

该隔墙板的面层采用高强度耐水硅酸钙板，芯材为聚苯颗粒蜂窝状结构，具有良好的隔声和吸声功能；隔墙板隔声性能达到 35～50dB；单点吊挂力为 100kg。

适用范围：厂房、住宅、宾馆、写字楼等建筑的装饰工程；钢筋混凝土框架结构、钢结构的填充墙；房屋改造工程中的内隔墙等。

2. 技术应用

1) 技术性能

（1）隔声：该隔墙板面层可广泛应用于歌厅、电教室、歌剧院、音乐厅、会议室等隔声要求较高的场所，可以有效将噪声从 50～70dB（A）降到 35dB（A）左右。

（2）保温：该隔墙板面板由纯天然蛭石、植物纤维等经高温、高压蒸汽养护而成，加上自身内部的蜂窝状结构保证了其具有良好的保温隔热性能，是理想的建筑内墙节能板材，可随气候变化自动调节室内空气湿度，使其保持恒定水平，达到生态调节效果，让室内环境更加舒适。

（3）抗震：该隔墙板采用装配式施工工艺，板与板之间通过凹凸槽连接成整体，抗冲击性能比一般的砌体强；用钢筋、U 形卡加固，墙体强度高。该隔墙板结构紧密，整体性好，不变形，在大跨度、斜墙体等特殊要求部位中同样适用。

（4）防火：该技术的隔墙板燃烧性能为 A 级，耐火极限为 3h，且不散发有毒有害气体，墙板安装完成后，具有较好的稳定性和完整性，能将火势和烟毒气局限在受火区域内，防止火势蔓延。

（5）单点吊挂力：该隔墙板单点吊挂力达到 100kg，可直接打钉或用打入膨胀螺栓吊挂空调、电视、排油烟机等重物，在墙体直接开线槽，埋设水电管线。

（6）防水：该隔墙板的面板为高强度耐水硅酸钙板，芯材内含有保水剂，具有良好的防水、防潮性能，隔墙板不会出现因吸潮而粉化、返卤、变形、强度下降等现象。

2) 技术特点

该隔墙板绿色环保、节能、可重复使用；隔声、保温、隔热、抗震、防水、防潮，具备良好的防火性能；单点吊挂力强，可随意开槽、布线；板面平整度好，可免抹灰、增大使用面积；装配式施工工艺，工效高、工期短。

3) 应用要点

该隔墙板采用装配式施工，可以任意切割调整板长、板宽，无须其他基础辅助工序，板面平整度好，是免抹灰墙体材料。施工效率是一般砌体的 3～5 倍，可以大幅缩短工期。

3. 推广原因

该材料属于新型节能环保材料，材料本身具备"低碳、绿色、环保、健康、安全"的特点，适应社会发展的需求。装配式施工，加上材料本身的特点，符合国家提倡推广新型装配建筑的要求。

4. 标准、图集、工法

《建筑隔墙用轻质条板通用技术要求》（JG/T 169—2016）、《建筑轻质条板隔墙技术规程》（JGJ/T 157—2014）、《内隔墙轻质条板（一）》（10J113-1）、《加气混凝土砌块、条板》（12BJ2-3）、《预制装配式轻质内隔墙（蒸压砂加气混凝土板、轻质复合条板）》DBJT 29—208—2017）；《一种轻质隔墙板》（专利号：201521101026.1）等 6 项国家专利。

5. 工程案例

北京中航资本大厦、北京顺义青年公寓、天津万德广场二期（表 3-4-13）。

表 3-4-13　工程案例及应用情况

工程案例一	北京中航资本大厦	工程案例二	天津万德广场二期
应用情况	工程面积：6 万 m²；结构形式：46 层超高层建筑，商业、办公、酒店综合体；使用型号规格：1400mm×200mm×40mm、2440mm×150mm×610mm、2440mm×120mm×610mm；应用部位：整体内隔墙	应用情况	工程面积：1.5 万 m²；结构形式：16 栋 3 层建筑，商业、办公综合体；使用型号规格：2440mm×100mm×610mm；应用部位：整体 100mm 厚内隔墙
案例实景		案例实景	

6. 技术服务信息

技术服务信息见表 3-4-14。

表 3-4-14　技术服务信息

技术提供方	产品技术		价格	
北京兴达成建筑材料有限公司	复合型聚苯颗粒轻质隔墙板技术		140～280 元/m²（根据项目实际情况确定）	
	联系人	王卫骁	电话	010-80339527
			手机	15810831426
			邮箱	1812593197 @qq. com
	网址		www. bjxdc2001. com	
	单位地址		北京市房山区启航国际三期 8-1105	

3.4.6　面层可拆除轻钢龙骨墙面技术

1. 技术简介与适用范围

该体系主要由可拆卸专用轻钢龙骨骨架基层和无石棉硅酸钙板覆膜面层组成；龙骨作为隔墙主体结构，通过龙骨上的安装卡扣与无石棉硅酸钙板侧面配套孔位进行机械连接，上下调整面层硅酸钙板位置，实现面层硅酸钙板与基层龙骨的可拆卸施工；工艺做法包括轻钢龙骨基层、硅酸钙板基层包覆/涂装、面层开槽等。

适用范围：不受地域限制，适用于户内隔墙。

2. 技术应用

1）技术性能

该体系由可拆卸 75 专用轻钢龙骨骨架基层和无石棉硅酸钙板覆膜面层组成。使用 75 龙骨作为骨架隔墙，通过龙骨上的专用安装卡扣与无石棉硅酸钙板侧面配套孔位进行机械连接，通过上下调整面层硅酸钙板位置，实现面层硅酸钙板与基层龙骨的可拆卸施工，便于面层的更新升级，实现了面层和基层的分离。

2）技术特点

该体系最大的特点是实现了面层与基层的分离，且基层龙骨采用原 75 竖向龙骨进行改造，最大限度地降低了成本。

3）应用要点

该体系能够实现无石棉硅酸钙板面层与基层龙骨的机械安装，无须使用胶粘剂，绿色环保，安装方便。该体系施工可完全按照国家轻钢龙骨隔墙标准图集，且有多种安装形式，可实现面层无石棉硅酸钙板的密缝安装，或者在硅酸钙板之间使用装饰收边条的效果；也可实现无石棉硅酸钙板作为基层，接缝处用专用材料处理，面层贴壁纸的装饰效果。

3. 推广原因

该体系最大的特点是安装便捷，通用性强，无须使用胶粘剂，绿色环保，符合建筑发展趋势；可实现面层的可拆卸更换维修，而且装饰面层效果良好，升级换代方便，所需要的建筑材料技术成熟，适宜推广。

4. 标准、图集、工法

《建筑装饰装修工程质量验收标准》（GB 50210—2018）、《居住建筑室内装配式装修工程技术规程》（DB11/T 1553—2018）、《轻钢龙骨石膏板隔墙、吊顶》（07CJ03-1）；《一种设有矩形固定点的改良龙骨》（专利号：ZL201721560621.0）等 2 项国家专利。

5. 工程案例

北京朝阳区住房保障中心垡头地区焦化厂公租房项目（表 3-4-15）。

表 3-4-15　工程案例及应用情况

工程案例一	北京朝阳区住房保障中心垡头地区焦化厂公租房项目第一标段住宅部分精装修工程	工程案例二	北京朝阳区住保中心垡头地区焦化厂公租房项目第二标段住宅部分精装修工程
应用情况	（1）该项目位于北京市朝阳区垡头地区焦化厂地铁站旁。 （2）项目一共1051户，总建筑面积10万 m²，室内装修全部采用装配式装修体系，其中墙面面积8万 m²，采用可拆卸轻钢龙骨墙面系统的墙面大约1.5万 m²	应用情况	（1）该项目位于北京市朝阳区垡头地区焦化厂地铁站旁。 （2）项目一共1437户，总建筑面积12万 m²，室内装修全部采用装配式装修体系，其中墙面面积9万 m²，采用可拆卸轻钢龙骨墙面系统的墙面大约1.5万 m²
案例实景		案例实景	

6．技术服务信息

技术服务信息见表 3-4-16。

表 3-4-16　技术服务信息

技术提供方	产品技术		价格	
北京太伟宜居装饰工程有限公司	面层可拆除轻钢龙骨墙面技术		270 元/m²（双面）	
	联系人	郭成文	电话	010-82910932
			手机	18911869267
			邮箱	616194453@qq.com
	单位地址		北京市海淀区西三旗街道建材城中路 21 号院	

3.4.7　装配式硅酸钙复合墙面技术

1．技术简介与适用范围

该技术是在既有墙面、轻钢龙骨隔墙面基层上，采用干式工法现场组装而成的集成化墙面，由自饰面硅酸钙复合墙板和连接部件等构成；自饰面的硅酸钙复合墙板可以根据不同的使用空间，饰面表达丰富，墙板与墙板之间采用铝型材进行密拼连接，当墙板需要在既有结构墙面上架空时，采用横向轻钢龙骨与钉型 PVC 调平胀塞在结构墙基层上进行调平固定，同时将必要的管线布置在架空层内。

适用范围：所有建筑室内空间（图 3-4-12）。

2．技术应用

1）技术性能

（1）具有瓷板功效的硅酸钙复合墙板替代了传统的瓷砖铺贴湿作业，实现了饰面材料的装配式安装，提高了安装效率和精度；具有壁纸板功效的硅酸钙复合墙板实现工厂化壁纸与基板包覆集成，规避现场裱糊壁纸易发生的翘起、开裂等质量风险；具有木纹板功效的硅酸钙复合墙板实现工厂化木皮与基板包覆集成，规避现场安装木板带来的湿胀干缩变化。

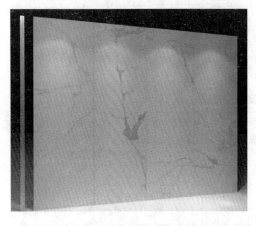

图 3-4-12　装配式硅酸钙复合墙面

（2）饰面丰富：集成饰面，纹理花色丰富，满足定制化需求。

（3）质量稳定：部品工业化生产，质量均衡精度高，接缝处形成止水构造，防火隔声，既满足施工规范要求，又减少现场工作量，规避传统连接方式的质量隐患。

（4）施工高效：工序简便，现场快速拼装，免裱糊，不受气候影响，节省工期。

（5）维修简便：管线结构分离，可重复拆装，简单快捷，降低后期维修率。

（6）节省成本：原材料广泛易得，量身定做，节省材料费。安装难度降低，用工人数减少，用工时间下降，整体节约工费，节省施工措施费。

（7）绿色环保：部品部件均为安全环保材料。基材为水泥基和金属基无机材料，可回收，安全无醛，装完即可投入使用。优化工人作业环境，施工现场零污染、零噪声，大幅度提升节能环保效率。

（8）该系统实现了管线与结构分离，不破坏建筑主体结构，空间可以多次灵活调整。

2）技术特点

该技术主要基于自饰面硅酸钙复合墙板、轻钢龙骨体系，部品在工厂生产、现场装配，装配现场不再需要在墙面刮腻子、裱糊壁纸或涂刷乳胶漆等湿作业。在材质上具有大板块、防水、防火、耐久的特点；在加工制造上易于进行表面复合技术处理，饰面仿真效果好，拼缝呈现工业构造的美感；在施工上完全干式工法、装配效率高，不受冬、雨期施工影响；在使用上具有可逆装配、防污耐磨、易于打理、易于保养、易于翻新等特点，特别是工厂整体包覆的壁纸壁布墙板，侧面卷边包覆的工艺可以有效避免使用中的开裂、翘起。

3）应用要点

装配式硅酸钙复合墙面技术分为 3 种应用场景，分别是既有平整墙面（无管线）、不平整结构墙（有管线结构墙）、轻钢龙骨隔墙。工艺流程如下：

（1）既有平整墙面（无管线）：墙板预排→确认起铺点→铺设墙板→插入Ⅰ形铝型材→固定Ⅰ形铝型材→依次铺设墙板。

（2）不平整结构墙（有管线结构墙）：弹线→横向调平龙骨→（竖向调平龙骨）→墙板预排→确认起铺点→铺设墙板→插入Ⅰ形铝型材→固定Ⅰ形铝型材→依次铺设墙板（图 3-4-13）。

图 3-4-13　结构墙墙板安装示意

（3）轻钢龙骨隔墙：弹线→安装天地龙骨→安装竖向边框龙骨→安装竖向龙骨→门、窗口加固→安装一侧横向龙骨→水电管线预埋→填充岩棉→安装另一侧横向龙骨→墙板预排→确认起铺点→铺设墙板→插入Ⅰ形铝型材→固定Ⅰ形铝型材→依次铺设墙板。

自饰面的硅酸钙复合墙板悬挂超过 15kg 重物或振动物体时有限制，需要在设计之初预埋加固板。

自饰面的硅酸钙复合墙板应用技术要求允许偏差见表 3-4-17。

表 3-4-17　应用技术要求允许偏差（mm）

项目	技术要求	项目	技术要求
垂直度	≤2	接缝直线度	≤2
平整度	≤1.5	接缝高低差	≤0.5

3. 推广原因

该体系适用范围广，对于结构的包容性强，而且该技术的饰面材料防水防火、耐久，饰面仿真效果好，材料防污耐磨，易于保养、翻新；而且完全干法施工、装配效率高，符合国家推广装配式装修的政策导向。

4. 标准、图集、工法

《建筑装饰装修工程质量验收标准》（GB 50210—2018）、《居住建筑室内装配式装修工程技术规程》（DB11/T 1553—2018）、《装配式装修技术规程》（QB/BPHC ZPSZX—2014）；《快速装修系统》（专利号：ZL 201621373708.2）等 6 项国家专利。

5. 工程案例

北京通州区马驹桥物流公租房项目、北京丰台区郭公庄车辆段一期公共租赁住房项目、北京市通州台湖公租房项目（表 3-4-18）。

表 3-4-18　工程案例及应用情况

工程案例一	北京通州区马驹桥物流公租房项目	工程案例二	北京丰台区郭公庄车辆段一期公共租赁住房项目
应用情况	（1）工程规模：总建筑面积 21 万 m²，10 栋住宅楼，装配式混凝土结构，计 3008 户，总计约 35 万 m² 硅酸钙复合墙面，2017 年实施。 （2）应用效果：该项目装配率 85%，内装墙面皆使用该墙面技术，实现快速安装施工	应用情况	（1）工程规模：总建筑面积 21.1 万 m²，12 栋住宅楼，装配式混凝土结构，计 1452 户，总计约 15 万 m² 硅酸钙复合墙面，2017 年实施。 （2）应用效果：该项目内装墙面皆使用此墙面技术，实现快速安装施工
案例实景		案例实景	

6. 技术服务信息

技术服务信息见表 3-4-19。

表 3-4-19　技术服务信息

技术提供方	产品技术		价格
天津达因建材有限公司	装配式硅酸钙复合墙面技术		100～200 元/m²
	联系人	赵盛源	手机　17151153762
			邮箱　business@henenghome.com
	网址		www.henenghome.com
	单位地址		天津经济技术开发区中区轻一街 960 号

3.4.8　组合玻璃隔断系统

1. 技术简介与适用范围

该系统采用内钢外铝的双面玻璃隔断系统，玻璃扣件将玻璃固定，玻璃中间加装手动百叶帘，钢龙骨采用镀锌钢板，坚固耐用；外铝表面效果多样化，可通过阳极氧化喷砂亚银色、静电粉喷、氟碳喷涂层、电泳等进行外加工颜色。

适用范围：公共建筑廊道区域、独立办公室、办公室区域分割。

2. 技术应用

1）技术性能

（1）该系统采用内钢外铝的组合方式安装。

（2）系统有非常丰富的收边收口、独立墙、门樘、设备带、二向转角、三向转角的收口标准型材。

（3）该系统可以采用装配的方式和其他密闭系统衔接。

（4）系统目前适用 5～6mm 玻璃，且隔声性能可达 39dB。

（5）系统有全隐框的做法，可以展现极致窄边的效果。

2）技术特点

（1）玻璃结构通透性高。

（2）完成面厚度为 108mm。

（3）内置钢龙骨性能稳定。

（4）配件丰富，门套、转角、收口、设备带均有专用配件，可以适用于不同场景。

（5）可内置百叶帘。

3）应用要点

（1）适用于办公室分割隔断，安装时应注意构造节点连接的紧密性。

（2）公共空间可以针对使用需求进行灵活的分割。

3．推广原因

该系统目前已经积累了较丰富的工程应用经验，具有灵活分隔空间的功能，且可根据需要选择通透效果或内置百叶帘保持私密性。该系统安装速度快，容易拆卸，可以在公共建筑中推广应用。

4．标准、图集、工法或专利、获奖

《可拆装式隔断墙技术要求》（JG/T 487—2016）、《装配式住宅建筑设计标准图示》（JGJ/T 398—2017）；《立柱》（专利号：CN303229424S）。

5．工程案例

北京顺义市民之家、北京建工办公楼项目、北京中海油办公楼项目（表 3-4-20）。

表 3-4-20　工程案例及应用情况

工程案例一	北京顺义市民之家	工程案例二	北京建工办公楼项目
应用情况	项目面积 1200m²，施工周期 40 天；均采用该系统，廊道通透整洁；采用块状施工，有较强的立体感	应用情况	项目面积 1000m²，施工周期 1 个月
案例实景		案例实景	

6．技术服务信息

技术服务信息见表 3-4-21。

表 3-4-21 技术服务信息

技术提供方	产品技术		价格	
上海优格装潢有限公司	组合玻璃隔断系统		根据项目实际情况确定	
	联系人	王林霞	电话	021-59513669
			手机	13621686472
			邮箱	290850848@qq.com
	网址		www.yourgood.com	
	单位地址		上海市嘉定区浏翔公路 3365	

3.4.9 装配式面板及玻璃单面横挂、纵挂系统

1. 技术简介与适用范围

该系统采用纵向钢龙骨骨架干挂，龙骨约 600mm 间距，成品板材的饰面通过挂钩与板材连接，将整张板材挂装在龙骨上；顶收边和踢脚板有多种选择。

适用范围：公共建筑核心筒、廊道；住宅客厅和卧室饰面、办公空间分户墙、住宅空间分户墙。

2. 技术应用

1）技术性能

（1）该系统的主要目的是为覆盖裸露的水泥墙或砖墙。

（2）该系统将龙骨横向或纵向安装在实体墙面上（需根据墙面条件选择龙骨样式）。

（3）龙骨纵向或横向间距 600mm，成品板材为饰面，通过挂钩与板材连接，将整张板材挂装在龙骨上，顶收边和踢脚板有多种选择。

（4）该套系统完成面厚度 55～150mm 均可使用。

（5）该系统的龙骨采用 1.0mm 和 1.2mm 的镀锌钢板冷轧成型制造，防腐能力强，冷作硬化强度高，可拆卸重复利用。

2）技术特点

（1）需要有实体可连接墙体。

（2）完成面厚度 55～150mm。

（3）可吸收墙面水平和垂直误差。

（4）有多种组合方式，饰面可选择板材或玻璃。

3）应用要点

（1）单面墙体的装饰。

（2）完成面较薄，适用于多种饰面材质。

（3）安装速度较快，且龙骨可拆卸重复利用。

3. 推广原因

该系统装配化程度高，安装快捷，容易拆卸，可以满足不同装修效果的需要，可在一些装配化程度要求较高的项目中推广。

4. 标准、图集、工法或专利、获奖

《装配式住宅建筑设计标准》（JGJ/T 398—2017）、《住宅室内装配式装修工程技术标准》（DG/TJ 08—2254—2018）；《壁板调整结构》（专利号：CN204663001U）。

5. 工程案例

北京 T3 航站楼、北京微软公司、北京顺义市民之家（表 3-4-22）。

表 3-4-22　工程案例及应用情况

工程案例一	北京 T3 航站楼	工程案例二	北京微软公司
应用情况	（1）项目面积 2200m²，施工周期 1 个月； （2）项目完成面采用 80mm 的有框烤漆玻璃	应用情况	（1）廊道单面壁挂玻璃约 1500m²，施工周期 2 个月； （2）龙骨厚度为 1.2mm，玻璃厚度 12mm，有较好的承载能力； （3）较好的稳定性和通用性，饰面可以随时拆卸更换为板材； （4）抗冲击能力较好
案例实景		案例实景	

6. 技术服务信息

技术服务信息见表 3-4-23。

表 3-4-23　技术服务信息

技术提供方	产品技术		价格	
上海优格装潢 有限公司	装配式面板及玻璃单面横挂、纵挂系统		根据项目实际情况确定	
	联系人	王林霞	电话	021-59513669
			手机	13621686472
			邮箱	290850848@qq.com
	网址		www.yourgood.com	
	单位地址		上海市嘉定区浏翔公路 3365	

3.4.10　双面成品面板干挂隔断系统

1. 技术简介与适用范围

该系统以成品板材为饰面，通过挂钩与板材连接，将整张板材挂装在龙骨上，龙骨双面可安装，实现分户墙功能，顶收边和踢脚板有多种选择。

适用范围：办公、酒店、医院等公共建筑。

2. 技术应用

1）技术性能

（1）该系统采用 1mm 厚冷轧成型钢龙骨为基础材料，通过挂钩、板材间距条的方式将饰面材料与龙骨结合，不破坏材料正面饰面。

（2）以成品板材为饰面（基材：硅酸钙板、氧化镁板、石膏板、木塑石塑板；面材：贴纸、UV，贴布、PVC等材质），通过挂钩与板材连接。

（3）饰面材料双面可安装，实现分户墙功能，顶收边和踢脚板有多种选择。

（4）该套系统可实现板材和龙骨的循环使用，能够无损拆除和安装。

2）技术特点

（1）快速建立分户墙，且饰面无须经过二次装饰，完成即入住。

（2）龙骨厚度为1.0mm并经过抗压抗弯测试。

（3）饰面材质选择性广泛，可采用木饰面、油漆板，基材可以用硅酸钙板、氧化镁板等。

（4）完成面厚度为108mm，墙体厚度适中，隔声性能可以达到45dB。

（5）相关配件完善，门槛收口、转角均有专用配件，可以适用于不同环境。

3）应用要点

（1）适用于墙体高度不超过3.5m的分户墙体。

（2）适用于家装、办公室分户墙体，办公室廊道分隔墙体。

（3）该隔断系统的分户板材带有饰面，可满足快速安装的要求。

3. 推广原因

该系统目前使用效果良好，安装快速，具备一定的隔声性能，且容易拆卸，可以提供丰富的外观效果。

4. 标准、图集、工法或专利、获奖

《装配式住宅建筑设计标准》（JGJ/T 398—2017）、《住宅室内装配式装修工程技术标准》（DG/TJ 08-2254—2018）；《用于隔屏系统的连结机构》（专利号：CN206571000U）。

5. 工程案例

北京摩托罗拉总部大楼、北京中国电信集团办公楼项目、天津生态城（表3-4-24）。

表3-4-24　工程案例及应用情况

工程案例一	北京摩托罗拉总部大楼
应用情况	（1）内分户墙体面积约5000m²，施工周期2个月； （2）办公室所有分户墙体均采用优格分户墙系统化安装，结束即入住； （3）分户墙高度2.8m，采用块装和整版区别安装方式打造多变空间
案例实景	
工程案例二	天津生态城
应用情况	该项目位于天津滨海新区
案例实景	

6. 技术服务信息

技术服务信息见表 3-4-25。

表 3-4-25　技术服务信息

技术提供方	产品技术		价格	
上海优格装潢有限公司	双面成品面板干挂隔断系统		根据项目实际情况确定	
	联系人	王林霞	电话	021-59513669
			手机	13621686472
			邮箱	290850848@qq.com
	网址		www. yourgood. com	
	单位地址		上海市嘉定区浏翔公路 3365	

3.4.11　单面附墙式成品干挂石材技术

1. 技术简介与适用范围

当石材背面的墙体是可承重的混凝土墙体时，该技术钢龙骨使用 1.8mm 厚以上的镀锌钢板；石材离墙 150～300mm，背后结构支撑柱能负载 300kg，龙骨采用 H 形结构柱；钢龙骨与石材之间可以通过石材连接件上下、前后、左右微调钢龙骨与墙体使用垂直固定件固定，所有龙骨上的挂钩点必须在工厂预制完成；若石材背面的墙体不是可承重的混凝土墙体时，需要增加 H 型钢结构加固，石材采用背栓连接的方式，石材厚度要求大于等于 18mm。

适用范围：公共空间的室内挑高大堂、中庭、电梯厅以及包柱子等所有石材材质使用区域。

2. 技术应用

1）技术性能

（1）采用 1.8mm 厚镀锌钢板一体冷轧成型钢龙骨作为主立柱。

（2）立柱纵向安装，无横向角钢，固定点位按照石材分割方式进行分割，并在出厂时固定在龙骨相应位置。

（3）通过相应的计算，进行龙骨的抗拉抗弯测试，3m 以内间距无须中间支撑点，只需龙骨上下固定。

（4）需要根据受力计算测试现场混凝土和膨胀螺栓的拉拔力。通过受力计算要求方可施工。

（5）石材完成面距墙体 150～300mm，适用于多种石材（石材厚度以 18～35mm 为最佳）。

（6）石材需要满足对角线误差 1mm、平面平整度误差 0.5mm。石材龙骨均可循环使用。

2）技术特点

（1）提出石材龙骨纵向安装方式，通过数控加工的方式，精确控制龙骨上面的孔位间距。

（2）安装时通过控制龙骨底部垂直水平孔的方法，可实现批量控制安装孔高度，大幅度降低安装时的调整工作量，大幅度提高安装速度。

（3）石材自重通过龙骨传递给地面，降低对墙面的要求。

3）应用要点

（1）高度不超过 3m 时，纵向龙骨可以不用墙面连接点，可大幅度降低现场施工量。

（2）石材无须经过粘贴安装，可以无损拆卸，更换方便，维保简单。

（3）石材可以回收利用，达到增值保值的目的。

（4）超过 3m 的结构可以通过增加背部钢梁以及预埋连接件加固。需要通过受力测算和拉拔测试验证实际施工位置的情况。

3. 推广原因

该技术安装速度快捷，无现场焊接施工；石材面层可无损拆卸并重复利用，减少资源消耗和建筑垃圾的产生，符合循环可持续发展的理念。

4. 标准、图集、工法或专利、获奖

《装配式住宅建筑设计标准》（JGJ／T 398—2017）；《板状墙材干挂装置及其立柱》（专利号：CN201762935U）等 4 项国家专利。

5. 工程案例

天津生态城项目（表 3-4-26）。

表 3-4-26　工程案例及应用情况

工程案例	天津生态城项目
应用情况	（1）项目位于天津市； （2）一楼大堂用龙骨纵向干挂系统，安装面积约 1500m²，施工周期 3 个月；石材全装配安装，石材厚度为 25mm，完成面厚度为 150mm；石材通过背栓的方式与纵向龙骨连接安装
案例实景	

6. 技术服务信息

技术服务信息见表 3-4-27。

表 3-4-27　技术服务信息

技术提供方	产品技术		价格	
上海优格装潢有限公司	单面附墙式成品干挂石材技术		根据项目实际情况确定	
	联系人	王林霞	电话	021-59513669
			手机	13621686472
			邮箱	290850848@qq.com
	网址		www.yourgood.com	
	单位地址		上海市嘉定区浏翔公路 3365	

3.4.12　木塑内隔墙技术

1. 技术简介与适用范围

该技术主要以木塑材料为装饰面板，通过卡扣连接技术固定于基层墙体，形成装配式内隔墙。

适用范围：居住建筑及公共建筑的非承重内隔墙、装饰墙面。

2. 技术应用

1）技术性能

该技术可在各种建筑的原有及新建室内墙体进行装配式装修施工。其工作原理为：在原有结构墙体、填充墙、轻质隔墙及新建骨架隔墙上通过龙骨或垫片解决基础误差，快速安装并形成装饰面层。使用龙骨垫层可使装饰面层与基层墙体间形成 20mm 以上间隔空腔，空腔内可布设各种水电管线及隔声保温层，保证隔声保温功能同时容纳管线，可避免布设管线沟槽对结构的影响，提高房屋隔声和保温性能。本技术装饰面层效果可达到或超过各种石材、木饰面、壁纸、布纹等同等材质饰面效果，且采用干式工法施工，具有安装速度快、安全无毒、无甲醛、耐火阻燃、防水防潮、防虫蛀等特性，因其环保、无味，无须通风晾置，满足客户即装即住要求。

装饰面层性能指标见表 3-4-28。

表 3-4-28　装饰面层性能指标

性能指标	阻燃等级	甲醛含量（kg/m³）	吸水厚度膨胀率（%）	TVOC 含量［mg/（m²·h）］（72h）	抗弯强度（MPa）
规范要求	B1	<0.124	≤0.5	≤0.5	≥20
产品实测结果	B1	0.006	0.2	0.06	22

2）技术特点

（1）该技术对基础墙面适应性强，新旧墙体均可使用。

（2）该技术工法简单，安装简便，工人经简单培训即可满足施工要求。

（3）该技术使用龙骨增加间隔空腔，可满足各种水电管线敷设，对结构墙体不产生破坏。

（4）该技术在装饰面板和结构之间增加间隔空腔，填充隔声保温材料，可提高房屋隔声保温性能，南北方地区均可采用。

（5）该技术为干式工法施工，无任何湿作业，大幅提高施工效率，缩短施工周期。

（6）该技术饰面品种多样，可满足各种墙面装饰效果要求。

（7）该技术使用的材料安全无毒、无甲醛、耐火阻燃、防水防潮、防虫蛀，可即装即住。

（8）该技术使用的材料环保可回收，符合国家政策要求。

3）应用要点

（1）墙面基层相对坚固，满足固定龙骨和专用扣件要求。

（2）根据要求设置龙骨间距或专用扣件，保证墙板安装平整度及牢固程度。

3. 推广原因

该技术符合国家"十三五"大力发展装配式建筑的政策，使用的木塑材料低碳、环保、可循环使用，且工艺成熟，防水、阻燃、无醛，绿色环保，使用效果良好，干法作业施工可大幅缩短工期，适用范围广。

4. 标准、图集、工法

《绿色产品评价 木塑制品》（GB/T 35612—2017）、《木塑装饰板》（GB/T 24137—2009）；《室内地面系统的快速施工方法及该地面系统》（专利号：ZL201410142625.1）等 6 项国家专利。

5. 工程案例

北京市顺义区杨镇韩国城项目、河北正定塔元庄村民俗村居工程项目（表 3-4-29）。

表 3-4-29　工程案例及应用情况

工程案例	北京市顺义区杨镇韩国城项目
应用情况	(1) 项目所在地：北京市顺义区杨镇；建筑面积 12000m²，共计施工面积 6000m²。 (2) 产品名称：装配式新型木塑内隔墙；产品类型：室内装饰部品；产品规格：板宽 200mm、300mm、600mm，板长按客户要求，最长可达 6～9m。 (3) 应用情况：本工程为综合商业体，产品应用于公共区域的装修，墙体都采用新型木塑内隔墙技术，装修风格多样，在工期、质量及装饰效果上均优于传统装修
案例实景	

6. 技术服务信息

技术服务信息见表 3-4-30。

表 3-4-30　技术服务信息

技术提供方	产品技术		价格	
山东霞光集团 有限公司	木塑内隔墙技术		80～180 元/m²	
	联系人	张康乐	电话	0537-8525666
			手机	18660173931
			邮箱	xgsyyf@qq.com
	单位地址		山东省济宁市微山县经济开发区	

3.4.13　装配式墙面点龙骨架空技术

1. 技术简介与适用范围

该技术主要通过可以调节高度的点状龙骨，在结构墙体上按照设计要求的支撑间距进行粘接或锚固，再根据设计要求的空腔高度以及房间墙面装饰完成面的精确定位尺寸进行点龙骨高度调节，形成高度一致的支撑点群体，以此为基层安装各种材质种类的墙面板材。此技术将墙面装饰层与墙面结构层通过点状龙骨的形式进行连接，使装饰层与结构层有效分离，实现干式装配、空腔利用、减振降噪、防止冷桥、管线分离，实现高精度装饰完成面等目的。

适用范围：建筑室内各类砌筑、混凝土、ALC 等需进行贴面墙装配式装修的墙体内部装饰工程。

2. 技术应用

1）技术性能

本技术可在主体结构墙体、外围护墙内侧、分户墙等墙体上进行装饰墙板贴面型施工，其工作原理为在未经抹灰或找平的原基层墙面上粘接或锚固点状龙骨，并可通过点状龙骨自身的高低调节功能吸收原墙体的表面误差、对墙体装饰完成面进行精准定位，形成标高统一准确的安装点，在安装点上安装装饰功能的墙板。通过此项技术，可在墙面基层和墙面装饰层之间形成 11～49mm 的空腔，此空腔可用来进行各种功能的处理，例如保温、隔声、管线收纳等（表 3-4-31）。

表 3-4-31　技术性能指标

性能指标	握钉力（N）	抗剪切（N）	荷载值（N）	甲醛含量	苯含量	TVOC 含量
规范要求	500	850	1500	无	无	无
产品实测结果	750	1054	2140	未检出	未检出	未检出

2）技术特点

（1）不伤主体，点龙骨可在主体结构墙面上进行粘接，不用打孔。

（2）高低可调，根据架空高度选择不同型号，实现尺寸要求。

（3）点状龙骨不同于条形龙骨，能为管线的走向创造更为自由的空间和路线。

（4）施工无噪声，施工过程不用进行切割、研磨。

（5）无任何湿作业，现场不用搅拌、湿润等大量用水作业。

（6）作用广泛，可用于各种类型墙板和工法。

3）应用要点

（1）要求所施工墙面为坚实的、不掉粉、无油污、无剥离现象且未经覆面处理的原状态墙体，适用范围包括混凝土墙体、砌筑墙体、ALC 墙体等。

（2）根据墙面板的强度，合理布置点龙骨的支撑间距，避免间距过密导致材料浪费，也避免因间距过大引起的板材软弱和不持力现象。

（3）本技术为两板共用一个安装点的原理，位置处于两板接缝处的点龙骨需要明确其位置和安装精度，在粘接点龙骨的时候务必保证该位置的精确度。

3. 推广原因

该技术适用于基层坚固的各种原建或新建墙面基层，可在混凝土墙面、符合要求的水泥墙面、瓷砖墙面上安装。该技术可应用于各类新建、改建项目，实现墙面干法施工，缩短工程周期，减少建筑垃圾，同时为机电管线分离创造条件。

4. 标准、图集、工法

《建筑装饰装修工程质量验收规范》（GB 50210—2018）、《住宅室内装饰装修工程质量验收规范》（JGJ/T 304—2013）、《居住建筑室内装配式装修工程技术规范》（DB11/T 1553—2018）。

5. 工程案例

北京新岁丰集团雅世合金公寓项目、天津新岸创意·美岸广场（表3-4-32）。

表 3-4-32 工程案例及应用情况

工程案例一	北京新岁丰集团雅世合金公寓	工程案例二	天津新岸创意·美岸广场
应用情况	在外墙内侧及分户墙、砌筑墙体上均采用了点状龙骨安装石膏板的工法，其中外墙内侧和分户墙两侧还进行了发泡聚氨酯喷涂保温工法	应用情况	在建筑物景观墙部位，通过点龙骨实现装饰艺术面板的架空安装以及板后空腔内管线自由穿行布置的目的
案例实景		案例实景	

6. 技术服务信息

技术服务信息见表3-4-33。

表 3-4-33 技术服务信息

技术提供方	产品技术		价格	
北京建和社工程项目管理有限公司	装配式墙面点龙骨架空技术		20～25 元/m³	
	联系人	陈森	电话	010-51900418
			手机	15801343406
			邮箱	894929478@qq.com
	网址		www.jianheshe.com	
	单位地址		北京市朝阳区南磨房路华腾北搪商务大厦 1506 室	

3.4.14 装配式型钢模块架空地面技术

1. 技术简介与适用范围

该技术主要由型钢架空地面模块、塑料调整脚、自饰面硅酸钙复合地板和连接部件构成，规避了传统湿作业地面做法；将模块通过塑料调整脚架空，管线布置在空腔内；型钢架空地面模块主要分为20mm厚薄法架空、30mm厚填充保温架空和40mm厚填充集成采暖架空；自饰面硅酸钙复合地板的饰面、厚度可定制。

适用范围：所有室内空间，特别是办公空间，其中自饰面硅酸钙复合地板不适用于卫生间湿区（图 3-4-14）。

图 3-4-14　型钢架空模块部品（40mm 系列）

2. 技术应用

1）技术性能

（1）此技术基于型钢复合架空模块，承载力大、耐久性好、整体性好，同时具有良好的隔声效果。

（2）在构造上能大幅度减轻楼板荷载，支撑结构牢固耐久且平整度高，建筑材料易于回收。

（3）在施工上完全干式工法，装配效率高；在使用上具有可逆装配、防污耐磨、易于打理、易于保养、易于翻新等特性。

（4）在加工制造上易于进行表面复合技术处理，饰面仿真效果好，密拼效果超越地砖，媲美天然石材。

（5）架空地面系统地脚支撑的架空层内布置水电线管，集成化程度高。自饰面的硅酸钙复合地板在材质上具有大板块、防水、防火、耐磨、耐久的性能。

2）技术特点

架空地面，地脚螺栓调平，对 0～50mm 地面偏差有强适应性，保护配置高密度平衡板。架空层内布置水暖电管，实现管线分离。快装地板规避干湿变形，企口拼装便捷，饰面效果丰富，原材料绿色环保。规避抹灰湿作业，实现地板下部空间管线敷设、支撑、找平、地面装饰的解决方案。

3）应用要点

装配式型钢模块架空地面技术施工流程：清理工作面→标记水平高度→整理架空模块→装配架空模块→架空模块精调→孔缝封堵→地板预排→确认起铺点→铺设地板→插入 I 形铝型材→固定 I 形铝型材→依次铺设硅酸钙复合地板。

硅酸钙复合地板宜与型钢复合架空模块垂直方向铺贴（图 3-4-15）。

3. 推广原因

应用该技术可大幅减轻楼板荷载，塑料调整件支撑牢固，平整度高，拆装方便，干式工法缩短施工周期；成品易于拆改翻新，架空空间可用于机电管线穿行，做到机电管线与主体

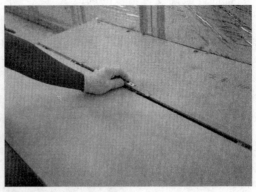

图 3-4-15 型钢架空模块安装示意

结构分离；自饰面硅酸钙地板防水防火、防污耐磨，适宜推广。

4. 标准、图集、工法

《建筑装饰装修工程质量验收标准》（GB 50210—2018）、《居住建筑室内装配式装修工程技术规程》（DB11/T 1553—2018）、《装配式装修技术规程》（QB/BPHC ZPSZX—2014）；《室内地面系统的快速施工方法及该地面系统》（专利号：ZL 201410142625.1）等 6 项国家专利。

5. 工程案例

北京市通州区马驹桥物流公租房项目、北京市通州台湖公租房项目、北京城市副中心职工周转房（北区）项目（表 3-4-34）。

表 3-4-34 工程案例及应用情况

工程案例一	北京市通州区马驹桥物流公租房项目	工程案例二	北京市通州台湖公租房项目
应用情况	（1）工程规模：总建筑面积 21 万 m²，10 栋住宅楼，装配式混凝土结构，计 3008 户，总计约 10 万 m² 型钢架空模块地面，2017 年实施。 （2）应用效果：该项目装配率达到 85%，实现了快速施工安装	应用情况	（1）工程规模：总建筑面积 41.5 万 m²，34 栋住宅楼，装配式混凝土结构，计 5058 户，总计约 23 万 m² 型钢架空模块地面，2018 年实施。 （2）应用效果：该项目实现了主体结构施工到一定楼层后内装的穿插施工，节省了工期
案例实景		案例实景	

6. 技术服务信息

技术服务信息见表 3-4-35。

表 3-4-35　技术服务信息

技术提供方	产品技术		价格
天津达因建材 有限公司	装配式型钢模块架空地面技术		200～300 元/m²
	联系人	赵盛源	手机　17151153762
			邮箱　business@henenghome.com
	网址		www.henenghome.com
	单位地址		天津经济技术开发区中区轻一街 960 号

3.4.15　石塑干法架空地面系统

1. 技术简介与适用范围

该地面架空体系主要由钢制架空地板（带干铺模块/不带干铺模块）和石塑锁扣地板组成；以钢制架空地板为架空层，上面铺设干铺地暖模块和石塑锁扣地板；工艺做法包括钢制架空地板铺设、干铺模块铺设、石塑地板铺设等。

适用范围：各类建筑的室内地面铺装，不受地域限制。

2. 技术应用

1）技术性能

钢制网络地板符合《防静电活动地板通用规范》（SJ/T 10796—2001）中的相关技术要求，干铺挤塑板模块符合《绝热用挤塑聚苯乙烯泡沫塑料（XPS）》（GB/T 10801.2—2018）中相关技术要求且压缩强度要求大于 400MPa，石塑锁扣地板符合《半硬质聚氯乙烯块状地板》（GB/T 4085—2015）中相关技术要求，其中地板厚度应≥4mm，耐磨性能大于 6000 转。

2）技术特点

石塑干法架空地面系统采用了市场上通用的钢制架空地板，分为超轻型、轻型、普通、重型几种型号，可根据地面荷载的不同进行选择。钢制架空地板尺寸精准，互换性强，便于维修。干铺地暖模块采用模块化的挤塑板模块，铺装方便，无须湿作业。内装地面面层采用 4～8mm 的石塑锁扣地板。石塑地板不含甲醛，不含重金属，不含可溶性挥发物，绿色环保。石塑地板安全防滑性能良好，遇水变涩。石塑地板与地板安装采用专用的锁扣锁止，不需要用胶粘剂粘接，安装便捷迅速，不需要专业工人和专业工具，维修方便。

3）应用要点

石塑干法架空地面体系采用了市场上成熟的产品，整个地面体系避免湿作业，全部实现干法施工，所使用的材料绿色环保，适用范围宽广。

3. 推广原因

该地面系统材料绿色环保，干法施工，缩短施工周期，减少人工成本，面层装饰效果良好，使用的建筑材料为市场上常规材料，技术体系全面成熟。架空层内可敷设机电管线，做到机电管线与主体结构分离。

4. 标准、图集、工法

《建筑地面工程施工质量验收规范》（GB 50209—2010）、《建筑装饰装修工程质量验收标准》（GB 50210—2018）、《半硬质聚氯乙烯块状地板》（GB/T 4085—2015）、《绝热用挤塑聚苯乙烯泡沫塑料（XPS）》（GB/T 10801.2—2018）、《防静电活动地板通用规范》（SJ/T 10796—2018）、《辐射供暖供冷技术规程》（JGJ 142—2012）、《居住建筑室内装配式装修工程技术规程》（DB11/T 1553—2018）。

5. 工程案例

北京市朝阳区住房保障中心垡头地区焦化厂公租房项目（表 3-4-36）。

表 3-4-36　工程案例及应用情况

工程案例一	北京市朝阳区住房保障中心垡头地区焦化厂公租房 项目第一标段住宅部分精装修工程
应用情况	（1）该项目位于北京市朝阳区垡头地区焦化厂地铁站旁； （2）项目一共 1051 户，面积 10 万 m^2，除卫生间和厨房外，卧室和客厅全部采用石塑干法架空地面系统，地面面积 8 万 m^2 左右，施工期 30 天左右
案例实景	
工程案例二	北京市朝阳区住房保障中心垡头地区焦化厂公租房 项目第二标段住宅部分精装修工程
应用情况	（1）该项目位于北京市朝阳区垡头地区焦化厂地铁站旁； （2）项目一共 1437 户，面积 12 万 m^2，除卫生间和厨房外，卧室和客厅全部采用石塑干法架空地面系统，地面面积 10 万 m^2 左右，施工期 30 天左右
案例实景	

6. 技术服务信息

技术服务信息见表 3-4-37。

表 3-4-37　技术服务信息

技术提供方	产品技术		价格	
	石塑干法架空地面系统		根据项目具体情况确定	
北京太伟宜居装饰工程有限公司	联系人	郭成文	电话	010-82910932
			手机	18911869267
			邮箱	616194453@qq.com
	单位地址		北京市海淀区西三旗街道建材城中路 21 号院	

3.4.16　PVC 塑胶地板

1. 技术简介与适用范围

该地板材料工艺齐全，有涂刮、压延，后处理工艺有复合、转印、表面处理等；该产品独有的化学浮雕技术使产品具有 3D 外观，凹凸效果明显，纹理清晰自然；同质透心地板从面到底都是耐磨层，使用寿命长，还具有环保、噪声低、防滑、抗菌、阻燃等特性。

适用范围：各种建筑的地面铺装，包括居住和办公区域、休闲区域、运动场所等。

2. 技术应用

1）技术性能

技术性能指标见表 3-4-38。

表 3-4-38　技术性能指标

试验项目	标准	指标	测试结果
尺寸稳定性	GB/T 4085—2015	片材横向、纵向均 <0.25%	横向：0.05 纵向：0.01
耐磨性	EN13329—2016 附录 E 耐磨等级 AC1-6 共分为 6 级	AC4	IP（R）均值≥4000 达到等级 AC4
热辐射通量烟密度	EN ISO 923-1：2010	$CHF^1 \geqslant 8kW/m^2$ 产烟量≤750%×min	$CHF^1 \geqslant 11kW/m^2$ 产烟量：119.7%×min
阻燃性	ISO11925-2—2010+corl—2011	20s 内 $F_s \leqslant 150mm$	20s 内 $F_s \leqslant 150mm$
有害物质限量（包括可溶性重金属、氯乙烯单体、挥发物）	GB 18586—2001	可溶性铅≤20mg/m² 可溶性镉≤20mg/m² 氯乙烯单体≤5mg/kg 挥发物≤35g/m²	未检出

2）技术特点

（1）产品主要成分为聚氯乙烯，与水无亲和力，使产品能够防水、防潮，根本解决了木质产品在潮湿和多水环境中吸水受潮后容易腐烂、膨胀变形的问题，可以应用在传统木制品不能应用的环境中。

（2）主要原材料是高质量的聚氯乙烯树脂，优级钙粉，天然环保，不含甲醛，无重金属及致癌物质，无可溶性挥发物，无辐射产品，可循环利用。

（3）高防火性。能有效阻燃，防火等级达到 B1 级，遇火自熄，不产生有害物质。

（4）与传统木制品相比较，安装简单，施工便捷。安装时只需将锁扣卡槽对准，形成精准咬合即可，免胶水，免水泥，减少了人工成本和时间。

（5）导热性能良好，散热均匀，不变形，不膨胀，较稳定，是地暖导热地板的首选。

（6）吸声效果可达 20dB（A）以上，是其他普通地面材料无法相比的，让家庭环境更安静。

3）应用要点

铺装时应由墙角开始铺装，将公榫对着墙面，一般遵循从内向外、从左向右的顺序进行铺装，以 45° 左右角度将第二块地板端头的公槽插入前块地板端头的母榫槽中，轻轻按压平整使之完全密合。在铺装第二排地板时，可先将侧端公榫插入第一排地板的母榫槽之中并轻轻按压使之完全密合，然后用橡胶锤轻敲地板右端，使地板左端公榫也插入相应的母榫槽。最后安装踢脚线及收口条。施工完毕后，用半干的拖布将地板打扫干净即可。

3. 推广原因

该技术具有绿色环保、超轻超薄、超强耐磨、高弹性和超强抗冲击、超强防滑、防火、抗菌、防水、防潮、耐酸碱腐蚀、吸声防噪等功能特性，适用于各种不同功能空间的地面铺装。

4. 标准、图集、工法

《室内装饰装修材料 聚氯乙烯卷材地板中有害物质限量》（GB 18586—2001）、《聚氯乙烯卷材地板 第1部分：非同质聚氯乙烯卷材地板》（GB/T 11982.1—2015）、《聚氯乙烯卷材地板 第2部分：同质聚氯乙烯卷材地板》（GB/T 11982.2—2015）、《半硬质聚氯乙烯块状地板》（GB/T 4085—2015）。

5. 工程案例

北京城市副中心配套项目，北京龙湖冠寓项目（表3-4-39）。

表 3-4-39　工程案例及应用情况

工程案例	北京龙湖冠寓项目
应用情况	本项目地面选材时，专注细节，追求卓越品质，使用了嘉蕴系列木纹和石纹花色锁扣地板
案例实景	

6. 技术服务信息

技术服务信息见表3-4-40。

表 3-4-40　技术服务信息

技术提供方	产品技术		价格	
北新集团建材股份有限公司	PVC 塑胶地板		根据具体项目使用规格而定	
	联系人	王飞	电话	0510-86599169
			手机	17706166137
			邮箱	wangf@cnbmfloor.com
	网址		cnbmfloor.com	
	单位地址		江苏省常州市钟楼经济开发区梧桐路58号	

3.4.17　石塑锁扣地板系统技术

1. 技术简介与适用范围

该技术是用石塑锁扣地板来替代传统楼地面材料（如瓷砖、大理石、木质地板、地毯等），从而对室内环境及装修节能方面进行全方位的优化，可有效地节省木材资源，减少楼体的承重压力，优化室内装修环境，降低消防隐患，施工过程可有效减少资源及人工的浪费。

适用范围：各类居住及公共类建筑，尤其适用于旧房改造工程中的楼地面。

2．技术应用

1）技术性能

新型地面材料环境优化技术是指在室内装饰中，运用高端科技研发制造的新型材料——石塑锁扣地板来替代传统地面材料（如瓷砖、大理石、木质地板、地毯等），从而对室内环境及装修节能方面产生全方位的优化效果（表3-4-41）。

表3-4-41　技术性能指标

项目	测试方法	结果
总厚度	EN 428、GB/T 4085	6.0mm
耐磨层厚度	EN 429、GB/T 4085	0.30mm
总质量	EN 430	22.0kg/盒
尺寸	EN427	9片/盒@180mm＊1220mm 1.976平方米/盒
层与层剥离拉力	EN431、GB 11982.1	通过
层与层剪切力	EN432	好
残余压痕	EN433、GB/T 4085	≤0.10mm
收缩与卷曲	EN 434、GB/T 4085	收缩≤0.25% 卷曲≤2mm
弹性—10mm弯曲度	EN 435	无损害
耐磨性	EN 660、ASTM F 510	≤2.0mm³
有毒物质检测	EN 71 part 3、GB/T 18586	无毒
色牢度	EN 20 105－B02、GB/T 4085	≥6 ≥3
防火性	ASTM E84－03	NFPA Class B Bf1-S1, t0
防滑性	DIN 51130	R9
轮脚适用度	EN 425	适用
抗化学品腐蚀性	EN 423、ASTM F 925	Class 0
GB/T 4085	聚氯乙烯块状地材性能检测	通过
GB 8624	B1及Bf1－s1, t0燃烧性能检测	通过
CNS 8907	聚氯乙烯块状地材性能检测、防焰性能检测	通过

2）技术特点

（1）装饰性强：能够达到"真石、真木、真地毯"的效果，花色品种繁多，比如地毯纹、石材纹、木地板纹等，纹路逼真美观，色彩丰富绚丽，裁剪拼接简单容易，可充分发挥设计师的创意和思想，满足不同用户不同装饰风格的个性化需求；且耐光照、无辐射、长久使用不褪色。

（2）安装施工快捷、维护方便：不用水泥砂浆，直接平铺地上即可使用，易清洁，免维修，不怕水浸、油污、稀酸、碱等化学物质侵蚀，一般用湿拖布清扫即可，省时省力，安装后无须打蜡，只需一般日常保养便可光洁如新。

（3）应用广泛：独特的材质和超强的性能，加上铺装方便、施工快捷、安全性高，被广泛应用于办公室、学校等公共场所和个人家庭。

（4）脚感舒适：结构致密的表层和高弹层经无缝处理后，承托力强，能缓冲重物掉到地板上对地板造成的损害，保证脚感舒适，接近于地毯，非常适合有老年人和儿童活动的地方使用。

（5）接缝小和无缝拼接：石塑锁扣地板能够形成无缝连接，防潮防菌，整体性好，远观几乎看不见缝隙，对于地面要求高的场所如办公室，或者对杀菌消毒要求高的环境如医院手术室等都是理想的选择。

（6）环保安全：减少森林砍伐，无甲醛释放，有利于保护自然资源和生态环境。其主要原材料是天然树脂粉和天然石粉，经过权威部门检测不含任何放射性元素，是绿色环保的新型地面装饰材料。

（7）超轻超薄：厚度仅为 2.0～6.0mm，每平方米质量 4～12kg，不足普通地面装饰材料的 10%。

（8）耐磨、耐刮擦：地板表面有一层经特殊加工的透明耐磨层，其耐磨转数最高可达100000 转。

（9）高弹性和抗冲击：在重物冲击破坏下有良好的弹性恢复性能，能最大限度地降低地面对人的伤害并分散对足部的冲击，同时对于重物的冲击破坏有很强的弹性恢复能力，不会造成地板损坏。

（10）防滑：石塑地板表面的耐磨层有特殊防滑性，与普通的地面材料相比，在沾水情况下脚感更涩，不容易滑倒。因其超强的防滑性，可以广泛应用在公共安全要求较高的场所（如医院、学校、幼儿园等）。

（11）防火阻燃：防火指标可达 B1 级，仅次于石材。地板本身不会燃烧，并且能阻止燃烧。在被动点燃时所产生的烟雾不会对人体产生伤害，不会产生窒息性的有毒有害气体。

（12）防水：该地板含玻璃纤维层，不仅保证了其尺寸的稳定性，而且具有良好的防水功能，不会因为湿度大而发生霉变或者受温度和潮湿的影响而变形。

（13）吸声：其吸声可达 20dB（A），可充分起到吸声、隔声的作用，适合在需要安静的环境如医院病房、学校图书馆、报告厅等使用。

（14）适用于地板采暖：石塑锁扣地板由于耐水、热稳定性好、导热良好，特别适用于地热环境，可保证长期耐用，具有良好的导热效率，并保证在冷热循环的情况下不释放有害物质。

3）应用要点

石塑锁扣地板能够随意彰显出丰富多彩的图案，涵盖木纹、石纹、地毯纹。此外石塑锁扣地板便于清洁。石塑锁扣地板适合在不同的气候环境和空间中使用，完全突破了木地板的使用局限。

在旧房改造中具有独特优势，只需就地铺装，无须清除地面原有瓷砖、木地板，还可以轻松拆卸，重复使用，是装饰设计师首选新型材料，广泛应用于学校、医院、写字楼等公共场所和个人家庭。

3. 推广原因

该技术可以有效地节省木材资源，减少对楼体承重的压力，且无甲醛释放，可净化室内装修环境；燃烧性能 B1 级，有效降低消防安全隐患；其防滑特性可减少意外事故发生，有效保护老年人及儿童活动时的安全。

4. 标准、图集、工法

《半硬质聚氯乙烯块状地板》（GB/T 4085—2015）。

5. 工程案例

北京首开馨城公租房项目、清华大学教师公寓改造、北京宣武区科技馆（表 3-4-42）。

表 3-4-42　工程案例及应用情况

工程案例一	北京首开鑫城公租房项目	工程案例二	清华大学教师公寓改造
应用情况	（1）锁扣地板：150mm×935mm×4.0mm； （2）应用效果好	应用情况	（1）北京海淀清华大学，20000m²； （2）锁扣地板：150mm×935mm×5.0mm； （3）应用效果非常好
案例实景		案例实景	

6. 技术服务信息

技术服务信息见表 3-4-43。

表 3-4-43　技术服务信息

技术提供方	产品技术		价格	
北京奥亚微晶玻璃科技有限公司	装配式石塑锁扣地板系统技术		138～238 元/m³	
	联系人	李春成	手机	13601295999
			邮箱	3151579007@qq.com
	单位地址		北京市通州区宋庄镇小堡村佰富苑工业区 1 号	

3.4.18　地面点龙骨架空技术

1. 技术简介与适用范围

该技术主要通过可以调节高度的点状龙骨，在主体结构楼地面上按照设计要求的支撑间距进行粘接或锚固，再根据设计要求的空腔高度以及房间地面装饰完成面的精确标高尺寸进行点龙骨高度调节，形成高度一致的支撑点群体，以此为基层安装各种材质种类的地面基层板材或一体化块材，形成装饰基层；此技术将地面装饰层与地面结构层通过点状龙骨的形式进行连接，使装饰层与结构层有效分离，实现干式装配，并满足高精度装饰完成面等目的。

适用范围：室内装配式楼地面，其基层保证质量和硬化，不存在冻胀、粉化、积水、沉降的混凝土地面均可使用。

2. 技术应用

1）技术性能

本技术可在新旧建筑的室内楼地面和室外地面进行装配式地面的施工。其工作原理：在未经抹灰、垫层或找平的原基层楼地面上粘接或锚固点状龙骨，并可通过点状龙骨自身的高低调节功能调节原楼地面高低误差，形成标高统一准确的安装点，在安装点上安装各种基层板材，形成具有承压持力作用的装饰基层。通过此项技术，可在地面基层和地面装饰层之间形成23～600mm的空腔，此空腔可用来实现各种功能，例如减震、隔声、管线收纳等。技术性能指标见表3-4-44。

表 3-4-44　技术性能指标

性能指标	抗压荷载值（N）	甲醛含量	苯含量	TVOC 含量	抗老化要求
规范要求	≥3500	无	无	无	−40～80℃循环50次
产品实测结果	4800	未检出	未检出	未检出	未出现衰减

点龙骨材质		点龙骨直径尺寸（mm）		间距（mm）
上盖	底座	上盖	底座	
聚丙烯树脂	聚丙烯树脂	92	92	406

2）技术特点

（1）点龙骨可在主体结构楼地面上进行粘接，不用对楼地面进行找平处理。

（2）高低可调，根据架空高度选择不同型号，实现地面装饰层的标高要求。

（3）点状龙骨不同于条形龙骨，能为管线走向创造更为自由的空间和路线。

（4）施工无噪声，施工过程不用进行切割、研磨。

（5）施工无任何湿作业。

（6）应用广泛，可用于各种类型地材和工法。

3）应用要点

（1）要求所施工楼地面为坚实的、不掉粉、不起砂、无油污、无剥离现象的原状态地面，非硬化地面无法施工。

（2）根据基层承压板的强度和厚度，合理布置点龙骨的支撑间距，避免间距过密导致材料浪费，也避免因间距过大引起板材软弱和不持力现象。

（3）本技术为两板共用一个安装点的原理，相邻两板的边缘安装在同一个点龙骨上面，并用自攻钉做有效固定，使工作面内所有板材通过点龙骨连接成为一体，以增加其牢固性。

3. 推广原因

该技术将地面装饰层与结构层通过点状龙骨的形式进行连接，使装饰层与结构层有效分离，实现干式装配、管线分离；施工无湿作业、无噪声；高低可调节，实现地面装饰层的标高要求；可用于各种类型的地材和工法。

4. 标准、图集、工法

《建筑装饰装修工程质量验收规范》（GB 50210—2018）、《建筑地面工程质量验收规范》（GB 50209—2010）、《住宅室内装饰装修工程质量验收标准》（JGJ/T 304—2013）、《居住建筑室内装配式装修工程技术规范》（DB11/T 1553—2018）；《SI 体系干式架空地暖系统》（专利号：ZL201520983078.X）等 2 项国家专利。

5. 工程案例

北京中国建筑标准设计院地下改造项目、北京石景山区铸造村集资建房项目、北京雅世合金公寓项目（表 3-4-45）。

表 3-4-45　工程案例及应用情况

工程案例一	北京中国建筑标准设计院地下改造项目
应用情况	本工程为既有建筑改造更新项目，在原有地面不破拆的前提下，粘接点龙骨，调节至要求设计标高后，采用以下两种工法： （1）铺设安装承压板作为装饰基层，在此基础上铺装木地板、地毯等饰面材料； （2）采用玻化砖与承压板提前复合一体化的处理方法，使玻化砖具有足够的承压持力功能，直接在调平后的点龙骨上面铺装，形成装饰层
案例实景	
工程案例二	北京石景山区铸造村集资建房项目
应用情况	在原结构楼地面直接采用点状龙骨，调平至设计标高后，安装基层承压板，使各种管线在地面架空空腔中自由穿行，实现钢结构住宅建筑管线分离、减振隔声、干式工法、地面装配化的目的
案例实景	

6. 技术服务信息

技术服务信息见表 3-4-46。

表 3-4-46　技术服务信息

技术提供方	产品技术		价格
北京建和社工程项目管理有限公司	装配式地面点龙骨架空技术		25～60 元/m³
	联系人	陈森	电话　010—51900418
			手机　15801343406
			邮箱　894929478@qq.com
	网址		www.jianheshe.com
	单位地址		北京市朝阳区南磨房路华腾北塘商务大厦 1506 室

3.4.19 矿棉吸声板吊顶系统

1. 技术简介与适用范围

该系统由矿棉吸声板和龙骨两部分组成，矿棉吸声板采用国际先进的湿法长网抄取生产工艺，吸声降噪，不含石棉等有害物质，燃烧性能可达到 A 级，实现防火、防下陷、吸声；龙骨采用镀锌冷轧钢带，冷弯成型，生产过程无废渣废水产生，有效利用了工业废料废渣，有利于环境保护、节约能源。

适用范围：各种民用建筑及一般工业建筑的室内吊顶工程。

2. 技术应用

1）技术性能

矿棉吸声板吊顶系统有多种吊顶安装方式，如明架、暗架、明暗架等。矿棉吸声板属于多孔材料，具有良好的声学性能，丰富多彩的图案形式，装饰风格多种多样。其具有良好的防火性能和防潮性能，燃烧性能可达 A 级，施工现场可完全实现干法施工。

2）技术特点

（1）绿色环保。该系统面板采用纯棉体系矿棉吸声板，矿棉吸声板以粒状矿棉为主要原材料，加入淀粉、黏土、絮凝剂、防潮剂等辅材，经过配料、成型、烘干、切割、精加工而成，不含珍珠岩、废报纸，不含石棉等有害物质。该系统龙骨采用镀锌冷轧钢带，无污染。

（2）干法施工。主龙骨采用轻钢龙骨，装饰龙骨使用烤漆龙骨，面板可根据设计要求在厂内完成面层涂装，施工现场全部干法作业。

（3）具有良好的声学性能。矿棉吸声板由于矿棉纤维组成的微孔多且均匀，具有良好的吸声和隔声效果，能够大幅降低室内噪声。

（4）具有良好的防火安全性能。

3）应用要点

（1）矿棉吸声板质量控制符合《矿物棉装饰吸声板》（GB/T 25998—2010）的规定；龙骨质量控制符合《建筑用轻钢龙骨》（GB/T 11981—2008）的规定。

（2）龙骨应牢固、无缺陷。矿棉板安装完后须保证从各角度肉眼观测平整、顺直、色差一致，确保视觉上的整体美观、舒适。

（3）矿棉板吊顶安装人员必须使用洁净白手套，保证矿棉板外观干净整洁。

（4）为保证色差一致，矿棉吸声板必须严格按照背面安装指示箭头顺序安装，保证安装方向一致。

（5）矿棉吸声板在搬运、存放、使用过程中应妥善保管，避免掉边掉角，避免受潮。

3. 推广原因

矿棉吸声板吊顶系统通过龙骨安装于结构下方，可实现干式装配、管线分离，符合装配式装修要求。

4. 标准、图集、工法

《建筑用轻钢龙骨》（GB/T 11981—2008）、《矿物棉装饰吸声板》（GB/T 25998—2010）。

5. 工程案例

东航北京新机场办公楼项目、北京首都机场 3 号航站楼、北京国贸三期（表 3-4-47）。

表 3-4-47　工程案例及应用情况

工程案例	东航北京新机场办公楼项目
应用情况	(1) 工程概况：工程位于北京大兴区，建筑面积 3 万 m²，矿棉板使用量 1 万 m²。 (2) 产品应用：全明架吊顶系统。 (3) 应用效果：该系统简洁明快，层次分明，安装便捷，方便拆卸及检修
案例实景	

6. 技术服务信息

技术服务信息见表 3-4-48。

表 3-4-48　技术服务信息

技术提供方	产品技术		价格	
北新集团建材股份 有限公司	矿棉吸声板吊顶系统		根据具体项目使用规格而定	
	联系人	苑鹏	电话	57868970
			手机	13581873370
			邮箱	yuanpeng@bnbm.com.cn
	网址		www.bnbm.com.cn	
	单位地址		北京昌平区未来科学城北新中心 A 座	

3.4.20　硅酸钙复合吊顶技术

1. 技术简介与适用范围

该技术由自饰面硅酸钙复合顶板和连接部件等构成，饰面表达丰富；连接部件为铝型材，精度、强度高，结构顶板免打孔，不用吊杆、吊件；当墙面是硅酸钙复合墙板时，吊顶通过铝型材搭设在硅酸钙复合墙板上，利用墙板作为支撑构造，硅酸钙复合顶板之间沿着长度方向，用铝型材以明龙骨方式浮置搭接。

适用范围：厨房、卫生间、阳台等开间小于 1800mm 的空间。

2. 技术应用

1) 技术性能

装配式硅酸钙复合吊顶技术基于自饰面硅酸钙复合顶板开发，具有自重轻、防水、防火、耐久等特点，绿色环保。其饰面表达丰富，壁纸、石纹、木纹等各种质感和肌理都可很好地呈现。施工高效，维修简便，可重复拆装（表 3-4-49）。

表 3-4-49　装配式硅酸钙复合吊顶技术系统性能

吊顶板厚度（mm）	燃烧性能等级	吊顶板断裂荷载（N）	龙骨材质	龙骨间距（mm）
5～6	A 级	平均值 351	铝型材	≤600

2）技术特点

装配式硅酸钙复合吊顶技术是通过几字型铝型材和上字型铝型材搭接拼装，自动调平，无须打孔，完全免吊杆、吊件，具有快速拆装、易于维护等特点（图 3-4-16）。

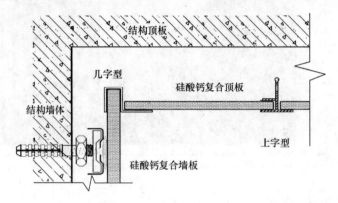

图 3-4-16　装配式硅酸钙复合吊顶技术节点详图

3）应用要点

施工流程：预排按图复核编码→安装几字形铝型材→安装顶板→安装上字形铝型材→依次安装。

该技术适用于厨房、卫生间、阳台，以及其他开间小于 1800mm 的空间吊顶。开间大于 1800mm 的空间另加吊杆。

由于几字型铝型材是自然搭接在墙板上，要求墙板上沿水平一致（图 3-4-17）。

图 3-4-17　硅酸钙复合吊顶安装示意

3. 推广原因

该技术可实现厨卫等小空间的顶面系统内管线分离，且安装快捷，拆装方便。

4. 标准、图集、工法

《建筑装饰装修工程质量验收标准》（GB 50210—2018）、《居住建筑室内装配式装修工程技术规程》（DB11/T 1553—2018）、《装配式装修技术规程》（QB/BPHC ZPSZX—2014）；

《快速装修系统》（专利号：ZL 201621373708.2）等 3 项国家专利。

5. 工程案例

北京市通州区马驹桥物流公租房项目、北京市通州台湖公租房项目、北京市朝阳区百子湾保障房公租房地块项目（表 3-4-50）。

表 3-4-50　工程案例及应用情况

工程案例一	北京市通州区马驹桥物流 B 东地块公租房项目	工程案例二	北京市通州台湖公租房项目
应用情况	（1）工程规模：总建筑面积 21 万 m^2，10 栋住宅楼，装配式混凝土结构，计 3008 户，总计约 3 万 m^2 硅酸钙复合吊顶面积，2017 年实施。 （2）应用效果：该项目装配率达到 85％，实现快速施工安装	应用情况	（1）工程规模：总建筑面积 41.5 万 m^2，34 栋住宅楼，装配式混凝土结构，计 5058 户，总计约 5 万 m^2 硅酸钙复合吊顶面积，2018 年实施。 （2）应用效果：该项目实现主体结构施工到一定楼层后内装部品的穿插施工，加快了项目施工速度
案例实景		案例实景	

6. 技术服务信息

技术服务信息见表 3-4-51。

表 3-4-51　技术服务信息

技术提供方	产品技术		价格	
天津达因建材有限公司	装配式硅酸钙复合吊顶技术		75 元/m^2（顶板面积以 m^2 计算，铝型材连接构造另计）	
	联系人	赵盛源	手机	17151153762
			邮箱	business@henenghome.com
	网址		www.henenghome.com	
	单位地址		天津经济技术开发区中区轻一街 960 号	

3.5　生产施工技术

3.5.1　装配整体式剪力墙结构施工成套技术

1. 技术简介与适用范围

该技术涉及装配式剪力墙结构施工前期策划和过程控制两个主要环节。其中，施工前期策划部分包括施工深化设计、施工方法选用、机械材料工具选用、平面布置、标准层流水计划5个项目；过程控制部分包括构件进场检验、构件存放管控、构件吊装交底、构件定位放线、构件隐蔽验收、连接钢筋定位、吊装质量控制、灌浆管控8个项目。

适用范围：多、高层装配整体式剪力墙结构。

2. 技术应用

1）技术性能

装配式剪力墙结构施工成套技术前期策划的5个部分各自独立，又相互影响。第4部分平面布置，是前3部分成果在空间上的集中体现，四者是一个有机的整体，相互影响、相互制约；第5部分又是前4个部分在时间上的集中体现；第4和第5部分互相影响、互为因果。过程控制部分囊括12份工序质量分控表格。

2）技术特点

（1）装配式剪力墙结构施工中，预制构件生产前的施工深化设计尤为重要，在深化设计中要综合考虑各项施工技术措施，施工方、专业分包方、设计方、构件生产方共同完成构件加工图纸，保证预制构件上的施工措施预留预埋位置准确。

（2）现浇-预制转换层钢筋定位是预制构件安装的重要环节，通过对钢筋定位钢板的改良和定位措施的改进，保证预留钢筋平面位置、长度及垂直度准确。

（3）吊装前的精细化测量放线定位以及多项创新辅助控制措施，确保构件安装准确无误，保证了装配式结构施工质量。

（4）现浇节点采用铝合金模板，实现墙顶混凝土一次浇筑，通过优化工序，在保证观感质量的同时缩短施工工期。

（5）针对预制外墙集成保温体系的特点，采用附着式升降脚手架可实现外檐施工垂直立体穿插，节省塔吊吊次，缩短施工工期，节约施工成本。

3）应用要点

（1）前期策划主要适用于装配式工程施工组织设计策划及编制。

（2）过程控制主要适用于装配式工程过程质量管理。

3. 推广原因

该技术目前在北京地区应用广泛，实践案例丰富；设计、施工、验收依据全面且成熟；部品生产单位多，产能足；施工经验丰富的施工企业多，已形成全产业链的发展形态。

4. 标准、图集、工法或专利、获奖

《装配式混凝土结构技术规程》（JGJ 1—2014）、《钢筋套筒灌浆连接应用技术规程》（JGJ 355—2015）、《装配式剪力墙结构设计规程》（DB11/1003—2013）、《钢筋套筒灌浆连接技术规程》（DB11/T 1470—2017）、《装配式混凝土结构工程施工与质量验收规程》（DB 11/T 1030—2013）；《一种用于预制墙体安装的钢筋定位卡具及钢筋定位方法》（专利号：201510042930.8）。

5. 工程案例

北京回龙观金域华府住宅项目、北京朝阳区百子湾保障房项目、北京新机场生活保障基地首期人才公租房项目（表3-5-1）。

表 3-5-1　工程案例及应用情况

工程案例一	北京回龙观金域华府住宅项目	工程案例二	北京朝阳区百子湾保障房项目
应用情况	回龙观金域华府 019 地块 2 号全装配住宅楼，27 层，高 79.85m。现已竣工交用	应用情况	该工程总建面积 22.28 万 m²，地上建筑面积 13.47 万 m²。其中 1、9、10 号住宅楼从地上 4 层开始为全装配式住宅楼；2 号住宅楼为超低能耗被动房
案例实景		案例实景	

6. 技术服务信息

技术服务信息见表 3-5-2。

表 3-5-2　技术服务信息

技术提供方	产品技术		价格	
北京住总第三开发建设有限公司	装配整体式剪力墙结构施工成套技术		根据项目实际情况确定	
	联系人	李晓晨	电话	010-88388161
			手机	18610268080
			邮箱	156708549@qq.com
	网址		z3. bucc. cn	
	单位地址		北京市海淀区阜成路 5 号	

3.5.2　预制构件安装技术

1. 技术简介与适用范围

该技术对装配式剪力墙结构和装配式框架结构安装流程和质量管控点进行了规定，主要包括：预制构件应在相应吊装机械覆盖范围内的专用堆放场地内；预制构件预留吊件无污染、损坏等情况；吊具检查并准备到位（型号无误、无损坏等情况）；安装作业相关人员完成技术交底并全部就位；作业面完成清理、竖向插筋校正。预制构件的安装精度和套筒灌浆施工是本技术质量管控的重点。

适用范围：多、高层剪力墙结构建筑和框架结构建筑。对于超大型、超限等构件需要单独制定安装方案，本安装技术体系不能直接适用。

2. 技术应用

1）技术性能

适用于装配整体式剪力墙、框架建筑中常规的预制构件，包含预制墙板、预制柱、预制水平构件等。

（1）明确各种典型预制构件的安装流程，为施工安装业人员提供技术指导；

（2）对构件安装的质量、安全管理重点进行明确，如工序、插筋校正、就位调整要求等，进一步规范安装工艺的精细化管理；

（3）构件吊装技术适用范围广，工艺简单易操作，实用性强，符合国家标准、行业标准和地方标准的技术要求，已经在多个工程中应用，具备推广条件。

2）技术特点

该技术是在结构施工阶段的作业面内，按不同构件类型的一整套安装工艺流程和过程重点管控技术的集成。

（1）预制墙板安装技术工艺流程：施工准备→预制墙板吊装就位→预制墙板校核并安装斜撑→验收→现浇剪力墙、暗柱钢筋绑扎→预制外墙板下口嵌缝、封边→套筒灌浆连接→机电线管埋设→钢筋验收→现浇剪力墙与节点暗柱模板安装→模板验收→现浇剪力墙、节点暗柱浇筑。

（2）预制柱安装技术，与预制墙板接近，斜支撑至少选择两个垂直方向。

（3）预制水平构件安装技术，适用于预制叠合板、预制阳台板、预制叠合梁等水平构件。工艺流程：测量放线→安装独立支撑→吊装就位→节点模板支设→铺设管线→绑扎钢筋→浇筑混凝土。在构件安装过程中，应用临时支撑精调及灌浆是重点关注技术。

3）应用要点

（1）预制构件应在相应吊装机械覆盖范围内的专用堆放场地内，并完成质量安全等相关检查。

（2）预制构件预留吊件无污染、损坏等情况。

（3）吊具检查并准备到位（型号无误、无损坏等情况）。

（4）安装作业相关人员完成技术交底并全部就位。

（5）作业面完成清理、竖向插筋校正。

3. 推广原因

该技术目前在北京地区应用广泛，实践案例丰富，工艺简单易操作，实用性强，符合国家标准、行业标准和地方标准的技术要求，使用效果良好，技术体系和产业链成熟。

4. 标准、图集、工法或专利、获奖

《装配式混凝土建筑技术标准》（GB/T 51231—2016）、《装配式混凝土结构技术规程》（JGJ 1—2014）、《装配式混凝土结构连接节点构造》（G310-1~2）、《装配整体式剪力墙结构住宅预制构件安装施工工法》（GJEJGF 094—2012）；《预制墙板快速吊装定位调节件》（专利号：201120270862.8）。

5. 工程案例

北京中粮万科长阳半岛项目、北京五和万科长阳天地项目（表 3-5-3）。

表 3-5-3　工程案例及应用情况

工程案例一	北京中粮万科长阳半岛项目
应用情况	针对装配式混凝土结构的典型预制构件，对安装工器具、安装流程和重点技术等进行标准化梳理，为同类工程、同类构件的安装提供规范化的技术操作指南，实现安装过程的精细化管理，提高施工效率和安装质量
案例实景	

工程案例二	北京五和万科长阳天地项目		
应用情况	针对装配式混凝土结构的典型预制构件，对安装工器具、安装流程和重点技术等进行标准化梳理，为同类工程、同类构件的安装提供规范化的技术操作指南，实现安装过程的精细化管理，提高施工效率和安装质量		
案例实景			

6. 技术服务信息

技术服务信息见表 3-5-4。

表 3-5-4　技术服务信息

技术提供方	产品技术		价格
中建一局集团建设发展有限公司	预制构件安装技术		根据项目实际情况确定
	联系人	吕雪源	电话	010-84159437
			手机	18811759388
			邮箱	17829059@qq.com
	网址	www.chinaonebuild.com	
	单位地址	北京市朝阳区望花路西里 17 号	

3.5.3　装饰保温一体化预制外墙板高精度安装技术

1. 技术简介与适用范围

该技术通过采用全钢制作的"预制墙体钢筋定位装置"控制墙体主筋位置；采用标准化"全钢可调螺母"埋件，通过调节螺母控制墙体水平标高，对墙体标高进行精准控制；采用"放样机器人系统""定位引导件""摄像定位跟踪系统""三维模型校准"方法辅助施工。

适用范围：装配式混凝土剪力墙结构建筑，外墙为装饰保温一体化预制外墙，外墙连接采用钢筋套筒灌浆的连接方式。

2. 技术应用

1) 技术性能

该技术大幅度提升了预制外墙的安装精度，确保了建筑外檐的平整顺直、分缝美观，质量提升效果显著，不会大幅度增加施工成本。

2) 技术特点

(1) 安全可靠：各工艺环节都在楼板上进行，利于施工安全管理。

（2）施工工艺标准化程度高：利用定型工具提升工程质量，减少了人为操作误差，工艺工序清楚，利于施工标准化管理。

3）工艺流程

转换层墙体钢筋绑扎、模板支设→喇叭口式钢筋定位模具安装→转换层混凝土浇筑→装配层叠合板独立支撑安装→叠合板吊装→叠合板现浇板带模板支设→顶板上铁铺装、可调螺母及其他预留预埋件安装→喇叭口式钢筋定位模具二次安装→顶板混凝土浇筑→作业面放线机器人水平标高、定位控制线操测→预制构件逐件吊装（快速引导件＋视频定位跟踪设备）→预制构件初调→预制构件精调（放线机器人配合）。

3. 推广原因

该技术目前在北京地区已有应用，使用的工具构造简单、易加工制作，应用效果良好。

4. 标准、图集、工法或专利、获奖

《装配式混凝土结构技术规程》（JGJ 1—2014）、《装配式混凝土结构工程施工与质量验收规程》（DB11/T 1030—2013）；《装配式结构转换层钢筋位置校正仪》（专利号：201821447814.X）。

5. 工程案例

北京城市副中心职工周转房（北区）项目（表3-5-5）。

表3-5-5   工程案例及应用情况

工程案例	北京城市副中心职工周转房（北区）项目
应用情况	该项目为北京市重点工程，项目采用装配整体式混凝土剪力墙结构，建筑面积约25万 m²。主体结构预制率约54%，装配式构件包括外墙板、内墙板、楼梯、阳台板、预制挂板、叠合板，总量约14.5万 m³。该项目的结构装饰保温一体化外墙在国内首次采用瓷板反打技术，对施工安装精度和装饰面层污染防护提出了高要求。工程采用装饰瓷板与保温一体化预制外墙板高精度安装技术，有效提高了装配式构件安装速度和质量
案例实景	

6. 技术服务信息

技术服务信息见表3-5-6。

表 3-5-6 技术服务信息

技术提供方	产品技术			价格
北京城乡建设集团有限责任公司	装饰保温一体化预制外墙板高精度安装技术			根据项目实际情况确定
	联系人	李孟男	电话	010-60249391
			手机	18513663211
			邮箱	Mengnan17@sina.com
	网址		www.burcg.com	
	单位地址		北京市丰台区草桥东路 8 号院 7 号楼	

3.5.4 装配式构件套筒连接施工技术、低温灌浆技术

1. 技术简介与适用范围

该技术应用过程中，构件生产采用专用套筒钢筋定位装置，现浇预制转换层采用专用预埋钢筋定位装置。该技术适合于狭窄作业空间的成套分体式专用灌浆机具进行灌浆，灌浆过程中或结束后，使用专门研发的灌浆饱满性检测仪对灌浆质量进行检测，并通过微信平台同步上传；冬期使用专门研发的适合于－5～10℃的低温超早强灌浆料，按照配套的灌浆保温和温度测控技术，控制灌浆时和灌浆后 24h 内套筒内温度满足浆料施工条件。

适用范围：采用钢筋套筒连接的装配式混凝土结构建筑。

2. 技术应用

1）技术性能

（1）提出阻尼振动法检测套筒灌浆饱满性。阻尼振动法套筒灌浆饱满性检测，是基于阻尼振动衰减原理设计一种微型传感器，通过出浆孔插入套筒内部，通过接收信号幅度的衰减情况来判别传感器周围介质的性状，达到检测套筒灌浆是否饱满的目的。

（2）发明了一种套筒灌浆饱满性检测仪（图 3-5-1）。

（3）发明了一种套筒灌浆饱满性检测用阻尼振动法微型传感器（图 3-5-2、图 3-5-3）。

（4）研发了一套基于 WinCE 平台的灌浆效果评价软件。

（5）研发了一套基于微信平台的数字化套筒灌浆管理平台。

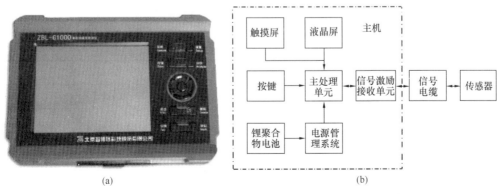

(a)   (b)

图 3-5-1 套筒灌浆饱满性检测仪

（a）检测仪实物；（b）检测仪架构

233

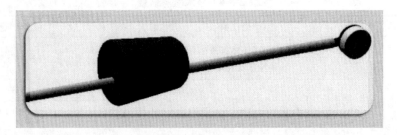

图 3-5-2　微型传感器

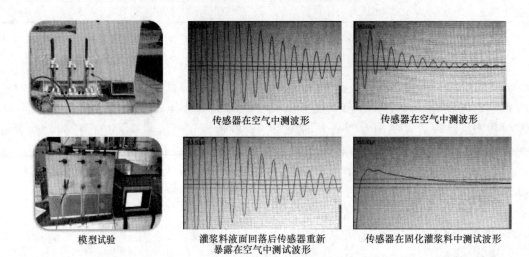

| 传感器在空气中测波形 | 传感器在空气中测波形 |
| 模型试验 | 灌浆料液面回落后传感器重新
暴露在空气中测试波形 | 传感器在固化灌浆料中测试波形 |

图 3-5-3　微型传感器测试

（6）研制出一种低温钢筋连接用高性能灌浆料，在−5℃至10℃的施工环境下，满足《钢筋套筒连接用灌浆料》（JG/T 408—2013）中常温灌浆料流动度、泌水率、抗压强度、膨胀性和氯离子含量等同样的性能指标（表 3-5-7、表 3-5-8）。

表 3-5-7　不同温度条件下灌浆料的拌合物性能测试结果

序号	试验项目		技术指标	试验结果				
				−5℃	0℃	5℃	10℃	15℃
1	流动度	初始流动度（mm）	≥300	300	305	310	310	315
		30min 流动度（mm）	≥260	290	285	280	270	240
2	凝结时间	初凝（h:min）	—	4:50	4:08	3:10	2:40	1:57
		终凝（h:min）	—	5:20	4:25	3:35	3:02	2:10
3	竖向膨胀率	3h	≥0.02	0.03	0.04	0.05	0.07	0.09
		24h 与 3h 差值（%）	0.02~0.05	0.45	0.09	0.07	0.05	0.04
4	泌水率（%）		0	0	0	0	0	0
5	氯离子含量（%）		≤0.03	0.01	0.01	0.01	0.01	0.01

表 3-5-8   −5℃低温条件下钢筋连接用高性能灌浆料的性能测试结果

试验项目		技术指标	试验结果
抗压强度 （MPa）	f-1	≥35	55
	f-3	≥60	74
	f-7	—	90
	f-7＋28	≥85	100
	f-7＋56	—	105
	f-7＋180	—	109

（7）研制一种集搅拌、灌浆、标准化快速灌浆接头于一体的"综合灌浆设备"。

2）技术特点

（1）针对阻尼振动法新技术，研发一系列相关仪器、软件，功能化、信息化集成"套筒灌浆饱满度质量检测系统"，高效、经济地实现套筒灌浆质量、灌浆进度的实时监测，信息实时共享，有效推动了该技术的工程应用。

（2）套筒灌浆饱满性检测仪基于 ARM 嵌入式平台设计，集成了人机交互、电源管理、传感器激励/接收、信号采集处理、无线传输等多种功能于一身，具有良好的便携性。

（3）套筒灌浆饱满性检测用阻尼振动法微型传感器，直径仅为 10mm，厚度小于 5mm，传感器由一个 3mm 外径的不锈钢管作为支撑，可以轻松地从排浆孔插入套筒内部，即使排浆孔小、幅弯曲也可从容通过。

（4）基于 WinCE 平台的灌浆效果评价软件，采用能量法作为判据：采用能量法作为传感器周围介质的判据，根据阻尼振动能量的大小范围，判断传感器周围介质为空气、流体灌浆料、固体灌浆料，从而判断套筒内灌浆料是否饱满。

（5）基于微信平台的数字化套筒灌浆管理平台，通过物联网技术，建立网络远程检测系统，将现场各检测点的检测数据实时传送给检测系统，达到对灌浆效果远程动态检测的目的。

（6）制备的钢筋连接用灌浆料在套筒部位温度低至−5℃的低温施工条件下满足《钢筋套筒连接用灌浆料》（JG/T 408—2013）中各项性能指标要求。

（7）"综合灌浆机"，其搅拌设备和灌浆设备具有小型便携特点，既可分体单独使用，满足狭窄作业空间需求，也可组合成一体机，实现搅拌和灌浆功能一体化，实现在宽敞作业空间快速施工。

（8）提出北京地区套筒灌浆冬期施工措施：采用低温灌浆料情况下，在初冬季节之前，采取门窗洞口封闭和作业面暖风机加热措施，套筒灌浆可以继续施工。在严冬季节，套筒灌浆应停止施工。

3）应用要点

（1）按照《钢筋套筒灌浆连接应用技术规程》（JGJ 355—2015）和企业标准《装配式剪力墙结构钢筋套筒灌浆连接施工质量控制技术规程》（Q/CPJYT001）进行灌浆施工及饱满度检测。

（2）按照灌浆饱满度检测仪使用要求进行灌浆饱满度检测。

（3）使用符合企业标准《装配式剪力墙结构钢筋套筒灌浆连接施工质量控制技术规程》

（Q/CPJYT001）要求的低温灌浆料。

3. 推广原因

该技术已在北京地区广泛应用，实践案例丰富，使用效果良好，技术比较完善，所需要的材料、机具技术也比较成熟。

4. 标准、图集、工法或专利、获奖

《钢筋套筒灌浆连接应用技术规程》（JGJ 355—2015）、《钢筋连接用套筒灌浆料》（JG/T 408—2013）、《装配式剪力墙结构钢筋套筒灌浆连接施工质量控制技术规程》（Q/CPJYT001）；《一种低温钢筋连接用高性能灌浆料及其制备方法》（专利号：201611102329.4）等 6 项国家发明专利。

5. 工程案例

北京郭公庄一期公租房项目、北京平乐园公租房项目、北京台湖公租房项目（表 3-5-9）。

表 3-5-9　工程案例及应用情况

工程案例一	北京郭公庄一期公租房项目
应用情况	（1）国内首个开放街区＋装配式剪力墙结构＋装配式装修（2.0 版）的保障房小区，建筑面积约 21.2 万 m^2； （2）复杂外立面＋首层外墙全部采用 PCF＋清水混凝土，预制率 35%； （3）获得"中国人居环境奖"； （4）本项目采用关键技术：组合式半灌浆套筒＋常温灌浆料；灌浆饱满度检测（现场可行性检测）；气压灌浆设备；新型存储设备：插放架； 生产用新型套筒定位装置
案例实景	
工程案例二	北京平乐园公租房项目
应用情况	（1）该项目为北京首个套筒灌浆冬期施工项目； （2）本项目采用关键技术：组合式半灌浆套筒＋常温灌浆料和低温灌浆料；灌浆饱满度检测；气压灌浆设备；新型存储设备：插放架；生产用新型套筒定位装置
案例实景	

续表

工程案例三	北京台湖公租房项目	
应用情况	（1）北京规模最大的全装配式高层混凝土结构项目，总建筑面积 57 万 m²； （2）竖向构件第一次采用 L 形构件，满足建筑产品功能和立面的多样性； （3）32 栋装配式住宅同时施工，集中供应预制构件 7.5 万 m³； （4）本项目采用关键技术：钢筋套筒灌浆冬期施工，采用 PCIS2.0 版；滚压式全灌浆套筒＋常温灌浆料和低温灌浆料；灌浆饱满度检测（规模应用）；气压灌浆设备；新型存储设备；平板立体储存架；生产用新型套筒定位装置	
案例实景		

6. 技术服务信息

技术服务信息见表 3-5-10。

表 3-5-10　技术服务信息

技术提供方	产品技术		价格	
北京市燕通建筑构件有限公司	装配式构件套筒连接施工技术、低温灌浆技术		价格依据市场行情而定（每延长米构件套筒数量小于 5.5 个时，需增加费用）	
	联系人	赵志刚	手机	18519373858
			邮箱	1967634885@qq.com
	网址	www.bjytpc.cn		
	单位地址	北京市昌平区南口镇南雁路市政工业基地		

3.5.5　钢筋套筒灌浆饱满度监测器

1. 技术简介与适用范围

该产品利用连通器原理，由透明塑料制成，呈 L 形，横支为连接端，用于连接出浆口；竖支为监测端，用于观察浆料流动。灌浆前将其安装在出浆口，浆料灌满套筒后流入监测器，当监测端浆料的高度高于套筒内部空间最高点时表示套筒内已灌满。该产品通过观察透明竖支监测端浆料液面高度的变化，及时发现漏浆及浆料的自然回落，使操作人员能在浆料失去流动性前及时补灌，达到确保套筒灌浆饱满的目的。相较其他检测手段，具有造价低、对操作人员技术水平要求不高、效果直观等特点，使质量监督工作直观便捷。

适用范围：采用钢筋套筒灌浆连接工艺的装配式混凝土建筑、公路预制桥梁、铁路预制桥梁。

2. 技术应用

1）技术性能

由透明塑料制成，具有一定的柔韧性，横支连接端为宝塔状设计，长度 30mm，直径 14～22mm 不等，可以插入不同尺寸的出浆口，且安装牢固，能承受灌浆料的冲击力；竖支为圆管状设计，高度 80mm，直径 15mm，内置弹簧，弹力为 0.2MPa，可以给浆料以回压力，即使在夏季 35℃高温下，如果 30min 内漏浆，均能监测到浆料回落。

2）技术特点

原理简单，生产快捷，安装使用方便，监测直观，拆除容易。

3）应用要点

灌浆完成 5min 后，观察监测器内浆料液面是否下降，并对液面下降的监测器做好标记。认真检查墙体周围，发现漏浆部位及时封堵，待封堵严密后立刻补灌浆，5min 后再观察监测器内浆料液面，如未下降，则视为补浆合格；如下降，重复上述操作。

如果未发现漏浆部位，且浆料不低于监测端高度三分之二处，待 5min 后再次观察，若液面和 5min 之前一致，则证明套筒内浆料饱满；若不一致，则可能是发生浆料补偿，须从相应套筒灌浆孔进行补浆。

3. 推广原因

该产品能及时发现漏浆及浆料自然回落，通过及时补灌，确保套筒灌浆饱满。具有技术简便、价格相对较低、省工、省时、省料等特点，使质量监督管理工作直观便捷；产品虽小，但能解决大问题。

4. 标准、图集、工法

《带通气孔的套筒灌浆饱满度观测器》（专利号：201830766633.2）等 13 项国家发明专利。

5. 工程案例

北京城市副中心职工住房 A2 项目和地铁上盖项目、北京朝阳区金泽家园项目、北京大兴区保利首开熙悦林语项目（表 3-5-11）。

表 3-5-11　工程案例及应用情况

工程案例一	北京城市副中心职工住房 A2 项目和地铁上盖项目	工程案例二	北京朝阳区金泽家园项目
应用情况	全部使用	应用情况	全部使用
案例实景		案例实景	

6. 技术服务信息

技术服务信息见表 3-5-12。

表 3-5-12　技术服务信息

技术提供方	产品技术		价格	
北京精简建筑科技有限公司	钢筋套筒灌浆饱满度监测器		2 元/个	
	联系人	郑源	手机	15311865656
				13651118584
			邮箱	Kjcjzx321@163.com
	网址		淘宝搜"灌浆监测器"	
	单位地址		北京市亦庄经济开发区兴盛国际 B 座 715 室	

3.5.6　装配式混凝土结构竖向钢筋定位技术

1. 技术简介与适用范围

该技术通过设置单层或多层定位钢板，对现浇转预制层的竖向插筋水平位置和竖向位置进行定位，解决了转换层竖向钢筋定位问题。

适用范围：多、高层剪力墙结构建筑和框架结构建筑的装配式施工；对于超大型、超限等构件需要单独制定安装方案，本安装技术体系不能直接适用。

2. 技术应用

1）技术性能

装配式建筑竖向构件（预制剪力墙和预制柱）的钢筋一般采用灌浆套筒连接，对插筋定位的要求很高，一旦出现插筋偏位，现场处理的难度和成本很高，必须采取有效措施保证插筋的定位准确。

2）应用要点

（1）需要注意钢筋绑扎工序，尤其是柱筏板插筋的 3 层钢筋定位措施（图 3-5-4），需要与底板钢筋绑扎工序穿插进行，在合模前完成钢筋定位。

（2）在混凝土浇筑前，插筋露出部分采取保护措施（胶带或塑料薄膜等），避免浇筑时污染钢筋接头。

（3）定位件在浇筑完成后拆除，吊装前也可做再次复核钢筋位置措施件，对插筋位

图 3-5-4　3 层钢筋定位措施

置及垂直度进行再次校核，保证预制构件吊装一次完成。

3. 推广原因

该项技术可有效解决钢筋定位精度问题，为预制构件高效安装和建造高品质建筑创造条件。

4. 标准、图集、工法

《装配式混凝土建筑技术标准》（GB/T 51231—2016）、《装配式混凝土结构连接节点构造》（G310-1～2）、《装配式混凝土结构技术规程》（JGJ 1—2014）、《装配式混凝土剪力墙结

构住宅施工工艺图解》（16G906）。

5. 工程案例

北京中粮万科长阳半岛项目、北京五和万科长阳天地项目、北京顺义新城第四街区保障性住房项目（表3-5-13）。

表 3-5-13　工程案例及应用情况

工程案例一	北京中粮万科长阳半岛项目
应用情况	面向装配式混凝土结构施工阶段，直击施工管理过程的质量痛点，采用技术手段实现装配式施工的高效性、精确性，有效地解决了装配式施工中最麻烦的竖向插筋偏位问题，既提高了安装精度和结构工程质量，也提高了首层预制构件的安装效率
案例实景	
工程案例二	北京五和万科长阳天地项目
应用情况	面向装配式混凝土结构施工阶段，直击施工管理过程的质量痛点，采用技术手段实现装配式施工的高效性、精确性，有效地解决了装配式施工中最麻烦的竖向插筋偏位问题，既提高了安装精度和结构工程质量，也提高了首层预制构件的安装效率
案例实景	

6. 技术服务信息

技术服务信息见表3-5-14。

表 3-5-14　技术服务信息

技术提供方	产品技术		价格	
中建一局集团建设发展有限公司	装配式混凝土结构竖向钢筋定位技术		根据项目实际情况确定	
	联系人	吕雪源	电话	010-84159437
			手机	18811759388
			邮箱	17829059@qq.com
	网址		www. chinaonebuild.com	
	单位地址		北京市朝阳区望花路西里 17 号	

3.5.7 工具式模板施工技术（以铝模为例）

1. 技术简介与适用范围

该技术采用定型模具，包括铝模、钢模。水平现浇板与叠合板拼缝处采用水平铝模代替传统木模，一次浇筑到位，不需要后期处理；竖向现浇墙柱节点处采用铝模，防止浇筑混凝土时产生较大变形。

适用范围：装配式框架结构建筑及装配式剪力墙结构建筑。

2. 技术应用

1）技术性能

（1）模板强度高、稳定性好、整体性好，脱模后混凝土表面平整度高、精度高，可免去表面抹灰，节约成本。

（2）铝模板体系根据工程建筑施工图及结构施工图纸，经定型化设计及工业化加工定制完成所需的标准尺寸模板构件（约80%）及与实际工程配套使用的非标准构件（约20%）。支撑系统采用铁型材做背楞，立杆可采用 ϕ48mm 普通钢管，模板之间利用销钉固定。

（3）模板体系设计完成后，首先按设计图纸在工厂完成预拼装，满足工程要求后，对所有的模板构件分区、分单元、分类做相应标记，然后打包转运到施工现场分类进行堆放。现场模板材料就位后，按模板编号"对号入座"分别安装。安装就位后，利用可调斜撑调整模板的垂直度、竖向可调支撑调整模板的水平标高；利用穿墙对拉螺杆及背楞保证模板体系的刚度及整体稳定性。在混凝土强度达到拆模规定的强度后，保留竖向支撑，按先后顺序对墙模板、梁侧模板及楼面模板进行拆除，迅速进入下一层的循环施工（周转利用）。

2）技术特点

（1）自重轻：减少塔吊吊次，加快工期。

（2）板面拼缝整齐：减少尺寸误差，提高安装精度。

（3）施工方便：易组装。

（4）周转次数多：降低材料费用。

（5）表面平整光滑：墙体易于平整，减少抹灰成本。

（6）建筑工期短：节省人力。

（7）承载力大：保证施工安全。

（8）早拆模：降低成本。

（9）支撑杆较少：现场易管理。

（10）不着火、不生锈：减少安全隐患和材料损耗。

（11）回收价值高：循环利用，低碳环保。

（12）节能环保：减少建筑垃圾和施工污染。

（13）在成本上，铝合金模板可周转 300 次以上损耗几乎为零，成本远低于木模板。

3）应用要点

针对装配式建筑统一使用铝合金模板（图 3-5-5～图 3-5-7），保证现场质量。

3. 推广原因

使用铝模作为定型模具，将叠合板支撑与顶板模板结合成一体，加快了施工速度，同时解决了装配式结构竖向现浇段木模板加固难、周转次数少、易变形等问题。此技术具有施工

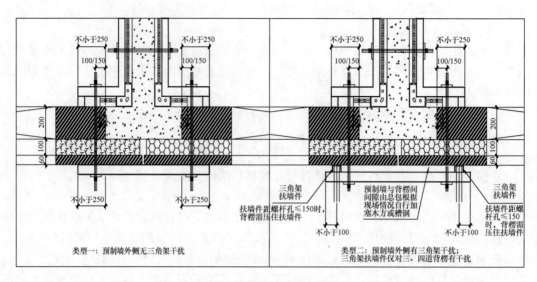

图 3-5-5　T形现浇墙与预制墙交界处铝模节点（单位：mm）

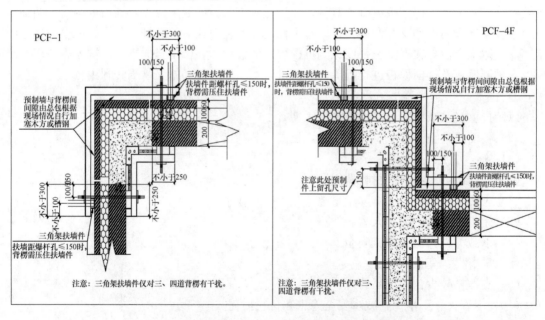

图 3-5-6　L形现浇墙与预制墙交界处铝模节点（单位：mm）

速度快、成品质量好及环保节能等优点。

4. 标准、图集、工法

《混凝土结构工程施工质量验收规范》（GB 50204—2015）、《装配式混凝土建筑技术标准》（GB/T 51231—2016）、《组合铝合金模板工程技术规程》（JGJ 386—2016）。

5. 工程案例

北京石景山北辛安项目、北京延庆中交富力新城一期项目、北京亦庄首创禧瑞天著二标段项目（表3-5-15）。

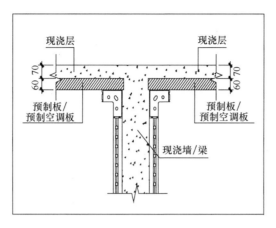

图 3-5-7 叠合板与现浇墙、梁交接处铝模节点（单位：mm）

表 3-5-15 工程案例及应用情况

工程案例	北京延庆中交富力新城一期项目
应用情况	（1）本项目构造柱、顶板、连梁、暗梁等全部使用铝模板支撑体系。 （2）混凝土整体成型效果优异，叠合板支撑一次成型，整体观感好
案例实景	铺设整体效果；PVC 锥形套管（保证截面尺寸，周转利用）、销片（固定铝模）
案例实景	 现浇段做法；搭设独立支撑

工程案例	北京延庆中交富力新城一期项目
案例实景	 预制墙、叠合板之间做法；双向叠合板支撑体系  浇筑完成后底面效果（无流浆）；梁底早拆头

6. 技术服务信息

技术服务信息见表 3-5-16。

表 3-5-16　技术服务信息

技术提供方	产品技术		价格	
中建科技有限公司	工具式模板施工技术		根据项目实际情况确定	
	联系人	黄大奇	手机	18856929476
	网址		ccstc. cscec. com	
	单位地址		北京市丰台区航丰路 13 号崇新大厦	

3.5.8　装配式结构水平预制构件支撑系统

1. 技术简介与适用范围

该系统包括一套适用于预制梁、预制板以及预制空调板等水平构件施工安装的支撑体系，该支撑系统可满足常规高度的水平预制构件支撑要求，且易于拆装、便于周转，可提高装配式建筑水平预制构件的施工安装效率和安装精度。

适用范围：装配式混凝土剪力墙结构建筑、装配式混凝土框架结构建筑以及装配式钢结构建筑。

2. 技术应用

1）技术性能

本系统适用于多种结构类型中，包括装配式混凝土结构与装配式钢结构，在满足《建筑施工临时支撑结构技术规范》（JGJ 300—2013）的要求下，对装配式结构水平构件进行有效支撑，且结构新颖、操作简单，满足常规高度范围内的水平预制构件施工支撑要求，易于拆装、便于周转使用。

2）技术特点

本系统顺应了装配式技术发展需求，提供了一种结构新颖、成本低、安装可靠、拆装方便、施工管理方便的支撑系统。插管早拆托座及早拆螺母共同组成了早拆装置，拆装快捷方便，有利于支撑的高速周转。

空调板支撑可以快速安装拆除，并稳定受力，使预制空调板构件能够准确安装，传力明确并能承担较大的施工荷载，简单快捷地在预制构件安装施工中应用，适用性高。

3）应用要点

采用了带有多个限位插销孔的插管，可以在仅使用一根支撑的条件下，通过调节插销位置，辅以调节螺母进行微调即可满足不同高度的需求。

3. 推广原因

该系统结构新颖、操作简单，能满足装配式结构常规高度范围内的预制构件施工支撑要求。可通过带有多个限位插销孔的插管，通过调节插销位置，辅以调节螺母进行微调即可满足不同高度的需求。该系统易于拆装、便于周转使用，能有效提高装配式建筑的施工效率，并降低工程造价。

4. 标准、图集、工法

《装配式混凝土建筑技术标准》（GB/T 51231—2016）、《装配式混凝土结构技术规程》（JGJ 1—2014）、《装配式混凝土结构工程施工与质量验收规程》（DB11/T1030—2013）、《装配式混凝土剪力墙结构住宅施工工艺图解》（16G906）。

5. 工程案例

北京丰台区万科中粮假日风景项目、北京通州区马驹桥保障房项目、北京丰台区郭公庄保障房项目（表3-5-17）。

表3-5-17 工程案例及应用情况

工程案例	北京通州区马驹桥保障房项目
应用情况	（1）建筑面积：210811.32m²； （2）采用了适用于梁、板等水平件的早拆支撑以及预制混凝土墙临时支撑； （3）该水平部件早拆支撑通过一根钢支撑选用不同的插销孔来满足不同的支撑高度需求；插管上部有螺纹，与托座及早拆螺母共同组成早拆装置。该支撑可以有效减少现场支撑的数量，缩减成本费用，型号统一，有利于现场的使用和组织调度

工程案例	北京通州区马驹桥保障房项目
案例实景	

6. 技术服务信息

技术服务信息见表 3-5-18。

表 3-5-18 技术服务信息

技术提供方	产品技术		价格	
北京市建筑工程研究院有限责任公司	装配式结构水平预制构件支撑系统		100～200 元/套	
	联系人	阎明伟	电话	010-88223733
			手机	13520518791
			邮箱	157489710@qq.com
	网址		www.bbcri.net	
	单位地址		北京市海淀区复兴路 34 号	

3.5.9 预制外墙附着式升降脚手架技术

1. 技术简介与适用范围

该技术采用附着式升降脚手架，通过附着支撑结构安装在工程主体结构上，依靠自身的升降设备实现升降的防护功能。因预制外墙外叶板和保温层抗压强度较低，为解决附着式脚手架与装配式外墙的连接问题，架体与结构采用以下两种连接方式：通过门窗洞口与现浇节点连接，通过垫板与预制外墙连接。

适用范围：装配式混凝土剪力墙结构建筑，宜用于层数在 15 层以上或建筑总高度在 45m 以上的结构。

2. 技术应用

1）技术性能

该技术经过多个工程验证，安全可靠，成熟度高，可有效解决装配式混凝土剪力墙结构施工外防护的问题，保障施工人员安全。

2）技术特点

（1）安全可靠：经过计算和工程实际检验，附着式升降脚手架在安装、提升和拆卸阶段都安全可靠。

（2）灵活适用：根据楼座外形、楼层高度设计机座位置、架体参数，可满足不同类型的工程应用。

（3）机械化程度高：采用机械的提升方式，效率高，同时减少了安全隐患。

3）应用要点：

技术参数：附着式提升脚手架，定型主框架总高度为 10m，架体总高度 13.8m，搭设 8 步架，5 步 1.8m、2 步 1.5m，最上面 1 步采用 1.8m 高单排防护架，架体宽度 0.75m，内排立杆距墙间距为 430mm，导轨距墙间距为 200mm。主要采用与主体结构现浇节点锚固的连接方式。

因预制外墙外叶板和保温层抗压强度较低，为解决附着式脚手架与装配式外墙的连接问题，架体与结构采用以下两种连接方式：（1）通过门窗洞口与现浇节点连接；（2）必要时通过垫板与预制外墙连接。

3．推广原因

该技术目前在北京地区装配式结构施工中应用广泛，工程实例较多；工法、标准完善，施工效果好，安全可靠，且有效规避外墙渗漏和冷桥；能够有效解决装配式混凝土剪力墙结构施工安全集成防护，有利于现场文明施工、安全施工管理。

4．标准、图集、工法

《装配式混凝土结构技术规程》（JGJ 1—2014）、《建筑施工工具式脚手架安全技术规范》（JGJ 202—2010）。

5．工程案例

北京朝阳区平乐园公共租赁住房项目、北京通州台湖公租房项目一标段施工、北京朝阳区堡头地区焦化厂公租房项目二标段（表 3-5-19）。

表 3-5-19　工程案例及应用情况

工程案例一	北京朝阳区平乐园公共租赁住房项目
应用情况	该项目总建筑面积 15.98 万 m²，2 号、3 号楼地上建筑面积 1.8 万 m²，地上 27 层、地下 4 层，装配式混凝土剪力墙结构。装配式构件包带飘窗"三明治"外墙板、内墙板、阳台板、空调板、叠合板、楼梯、装饰板等，构件总方量为 8999 m³，数量为 10478 块。施工外脚手架采用附着式升降脚手架
案例实景	
工程案例二	北京朝阳区堡头地区焦化厂公租房项目二标段
应用情况	本工程由 10 栋高层、8 栋配套商业、东西区 2 个车库构成。其中 11 号、15 号、17 号、18 号、19 号公租房为装配式剪力墙结构；6 号、7 号、10 号、21 号、22 号公租房为现浇剪力墙结构（仅顶板和楼梯为预制构件），17 号、21 号、22 号楼为国内第一批一类高层被动房，三栋楼总建筑面积为 34196 m²。17 号楼地下 5 层、地上 19 层，为装配式剪力墙结构的超低能耗建筑，结合了现今建筑行业两项新型建筑技术。施工外脚手架采用附着式升降脚手架

工程案例二	北京朝阳区堡头地区焦化厂公租房项目二标段
案例实景	

6．技术服务信息

技术服务信息见表 3-5-20。

表 3-5-20　技术服务信息

技术提供方	产品技术			价格
北京城乡建设集团有限责任公司	预制外墙附着式升降脚手架技术			根据项目实际情况确定
	联系人	李孟男	电话	010-60249391
			手机	18513663211
			邮箱	Mengnan17@sina.com
	网址			www.burcg.com
	单位地址			北京市丰台区草桥东路 8 号院 7 号楼

3.5.10　装配式混凝土结构塔吊锚固技术

1．技术简介与适用范围

该技术在塔吊锚固层利用本层上下楼板结构设置锚固装置（锚固装置包括主立柱、两道斜向支撑及连接梁），锚固装置通过预埋钢板及螺栓焊接与结构楼板固定。塔吊附着在锚固装置上，将塔吊锚固的受力传递到结构楼板，实现受力稳定，满足结构受力要求，从而解决装配式剪力墙结构预制外墙无法拉结的问题。

适用范围：高层装配式混凝土建筑，锚固前需根据塔吊型号进行受力计算，经过设计复核，满足要求后方可投入使用。

2．技术应用

1）技术性能

锚固装置构造清晰，易加工制作，施工工艺简单，并可将受力传递到结构楼板上，有效解决了装配式混凝土剪力墙结构的塔吊锚固问题。

2）技术特点

（1）安全可靠：经过理论计算和 3 个以上工程应用、30 多个单体检验后，塔吊附着牢固，不会对楼板产生破坏。

（2）灵活适用：不受户型、墙体位置限制，可在预定位置进行锚固，适用性强。

（3）可周转使用：塔吊锚固装置使用钢材制作，焊锚结合，材料本身和装置都可以回收周转使用。

3）应用要点

在房间窗口位置设置一道与主立柱连接的连接梁，以实现塔吊拉杆与立柱的连接，连接梁上设有加劲肋，主立柱、斜支撑及水平支梁的连接形式均为焊接。锚固前需根据塔吊型号进行受力计算，经过设计复核，满足要求后方可投入使用。

3. 推广原因

该技术目前在北京地区应用广泛，实践案例丰富。施工、验收依据全面且成熟，应用效果良好；能够有效解决装配式剪力墙结构塔吊锚固问题。

4. 标准、图集、工法

《装配式混凝土结构技术规程》（JGJ 1—2014）、《建筑结构荷载规范》（GB 50009—2012）、《钢结构工程施工质量验收规范》（GB 50205—2001）、《钢结构焊接规范》（GB 50661—2011）、《钢结构工程施工规范》（GB 50755—2012）、《钢结构现场检测技术标准》（GB/T 50621—2010）、《装配式混凝土剪力墙结构塔吊锚固施工工法》（BJGF16-060-827）。

5. 工程案例

北京城市副中心职工周转房（北区）项目、北京朝阳区堡头地区焦化厂公租房项目二标段、北京通州台湖公租房项目一标段项目（表 3-5-21）。

表 3-5-21 工程案例及应用情况

工程案例	北京通州台湖公租房项目一标段项目
应用情况	项目为大型群体住宅工程，位于北京市通州区台湖镇，总建筑面积 19.70 万 m^2。16 栋住宅楼全部采用装配式混凝土结构和装配式装修，预制率 54%。住宅楼最高 27 层，高 79.6m。16 台塔吊都采用了装配式混凝土剪力墙结构塔吊锚固技术
案例实景	

6. 技术服务信息

技术服务信息见表 3-5-22。

表 3-5-22　技术服务信息

技术提供方	产品技术		价格	
	装配式混凝土结构塔吊锚固技术		根据项目实际情况确定	
北京城乡建设集团有限责任公司	联系人	李孟男	电话	60249391
			手机	18513663211
			邮箱	Mengnan17@sina.com
	网址		http://www.burcg.com	
	单位地址		北京市丰台区草桥东路8号院7号楼	

3.5.11　室内装修快装机具

1. 技术简介与适用范围

该机具为室内外板材、玻璃、石材等重型饰面材料周转、安装用快装机具，通过该机具可以大幅度降低工人劳动强度，提高安装施工效率。该机具的适应面广泛，可以安装玻璃、板材、石材、大面积瓷砖等。

适用范围：玻璃隔断、分户墙、背景墙的安装。施工环境要求：温度≥−15℃，地面平整度高。

2. 技术应用

1）技术性能

（1）现有小型机械机具分为现场安装设备、施工品质设备、运输设备3大类。

（2）安装设备主要是针对板材、玻璃石材等重型饰面材料研发的真空吸附升降台，是能够将板材无损旋转、倾角调整、位置调整到所需位置进行安装的一种机具。

（3）运输设备包含运输车、运输平台、电梯板材旋转车，是通过对板材的旋转和倾斜进入电梯，并顺利通行于现场的一种机具。

（4）安装调整设备主要是调整饰面的平整度、板材夹合力度、控制饰面材料间距和平整度的机具。

2）技术特点

（1）该安装设备是针对装配式墙板、玻璃、石材、瓷砖安装研发的。

（2）该设备采用遥控操作，目的是降低现场工作人员的作业强度，提高作业速度。

（3）设备高度集成，无须外接电源，可方便移动。

3）应用要点

（1）所有装配式内装的墙板、玻璃、石材及瓷砖均可使用。

（2）极限质量为150kg。

（3）举升高度为3.5m。

（4）翻转角度为170°。

（5）吸附压力达6000kN。

（6）使用时间为连续使用4～5h，充电时间为2h。

3. 推广原因

该技术目前在北京地区应用比较广泛，在多个项目中使用；通过该技术应用可以大幅度降低工人劳动强度，提高安装施工效率。

250

4.标准、图集、工法

《机械设备安装工程施工及验收通用规范》（GB 50231—2009）。

5.工程案例

北京顺义市民中心、北京便利蜂门店京广中心店、天津生态城项目等（表 3-5-23）。

表 3-5-23　工程案例及应用情况

工程案例一	北京顺义市民中心	工程案例二	北京便利蜂门店京广中心店
应用情况	墙面安装	应用情况	墙面及吊顶机械安装
案例实景		案例实景	

6.技术服务信息

技术服务信息见表 3-5-24。

表 3-5-24　技术服务信息

技术提供方	产品技术		价格	
上海优格装潢有限公司	室内装修快装机具		根据项目实际情况确定	
	联系人	王林霞	电话	021-59513669
			手机	13621686472
			邮箱	290850848@qq.com
	网址		www. yourgood.com	
	单位地址		上海市嘉定区浏翔公路 3365 号	

3.5.12　预制构件信息管理技术

1.技术简介与适用范围

该技术采用 RFID 技术进行构件身份识别，应用 BIM、ERP、MES、移动互联和云存储等技术，构建了包含构件生产、运输、安装、质量管控等构件全生命周期的信息共享管理平台，实现了信息化管理与智能化生产。

适用范围：装配式混凝土及钢结构构件生产、施工管理过程。

2.技术应用

1）技术性能

（1）RFID、ERP、MES、BIM、移动互联、云存储等技术在整个信息管理平台的灵活运用，实现了装配式建筑的一体化、信息化管理（图 3-5-8、图 3-5-9）。

（2）通过利用 RFID 技术从装配式构件的设计、生产制造、运输到安装全过程进行了系统性应用研究，实现将基于 RFID 技术的预制构件身份识别技术（PCID）（图 3-5-10）大规

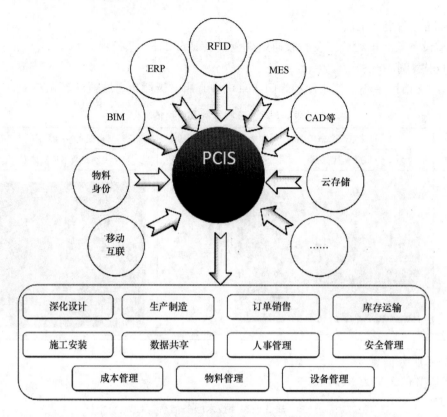

图 3-5-8　RFID、ERP 等技术的综合运用

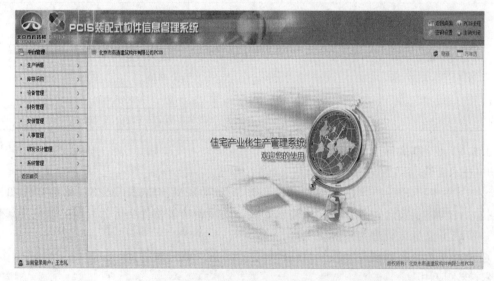

图 3-5-9　PCIS 系统界面

模应用于装配式建筑工程。PCID 技术有效解决了各种信息手工输入效率低、易出错、灵活性差、信息孤岛等诸多问题；实现了预制构件质量的可追溯，有效保障了装配式建筑结构安全；实现了施工质量、进度、实时监测，信息实时共享，应用于装配式建筑全生命周期管理。

RFID + 二维码 = PCID

图 3-5-10　PCID 技术性能

2）技术特点

（1）降低成本：实现了预制构件安装工期的动态监控，信息实时共享（图 3-5-11、图 3-5-12），有效降低施工管理成本。

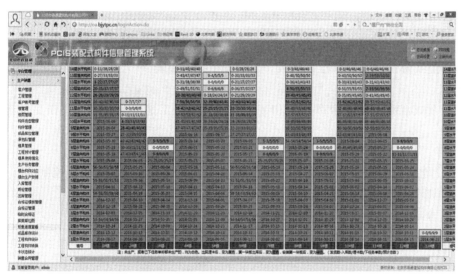

扫码看图

图 3-5-11　工程项目形象进度

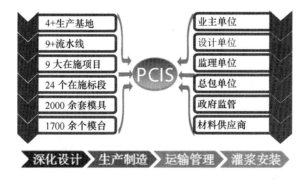

图 3-5-12　PCIS 系统高效管理、信息共享

（2）管理高效：首创预制构件生产"待产池模型"（图 3-5-13），可根据施工现场进度、产品库存、质量检验状态等多方面因素，对多个工程项目、多种预制构件，按工程、楼栋、楼层进行科学排产，实时动态管理。

（3）节约时间：待产池模型实现了生产计划"一键排产"，大大减少了生产调度人员数量，降低了对管理人员经验和责任心的要求，有效降低了参建方管理成本，降低了报废率。

（4）信息准确：基于 RFID 技术，确保预制构件身份的唯一性，实现了构件各种信息的快速检索、质量信息的可追溯。

3）应用要点

（1）RFID 标签具有优良的抗金属影响性能、抗冲击和抗振动性能、耐腐蚀性能，埋设深度为5～10mm。工作环境：湿度 100%，温度为 −25℃ 至 100℃。读取标签时要使用专用扫描终端、智能手机、平板电脑。

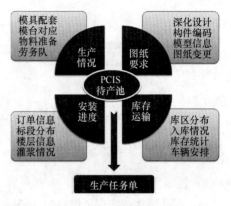

图 3-5-13　待产池模型图

（2）软件使用前需进行培训。

（3）需根据工作分工进行分级授权。

（4）可根据企业实际情况输出标准化报表，也可输出定制报表。

3. 推广原因

该技术已在装配式混凝土构件生产厂家和装配式建筑施工工地广泛应用，实践案例丰富，使用效果良好。

4. 标准、图集、工法

《装配式混凝土建筑技术标准》（GB/T 51231—2016）、《预制混凝土构件质量控制标准》（DB11/T 1312—2015）。

5. 工程案例

北京通州马驹桥公租房项目、北京百子湾公租房项目、北京海淀区温泉公租房项目（表 3-5-25）。

表 3-5-25　工程案例及应用情况

工程案例一	北京通州马驹桥公租房项目	工程案例二	北京海淀区温泉公租房项目
应用情况	2014 年前后，在马驹桥公租房装配式建筑工程项目中应用 PCIS 系统。马驹桥公租房总建筑面积约为 80.5 万 m²。其中含竖向墙板构件的装配式建筑面积超过 40 万 m²，预制构件数量 5 万块	应用情况	该项目位于温泉镇规划中心区，项目总面积为 86954m²，公租房建筑面积 44738m²，可提供公租房 1046 套。该项目按照"两轴一心"空间结构，形成北部 4 栋楼的"住宅轴"和南部 2 栋楼的"居住服务轴"，两轴合围成中央绿地广场，成为住区的景观中心
案例实景		案例实景	

6. 技术服务信息

技术服务信息见表 3-5-26。

表 3-5-26　技术服务信息

技术提供方	产品技术			价格
北京市燕通建筑构件有限公司	预制构件信息管理技术			（软件和培训）200 万元/套
	联系人	赵志刚	手机	18519373858
			邮箱	1967634885@qq.com
	网址			www.bjytpc.cn
	单位地址			北京市昌平区南口镇南雁路北京市政工业基地

附录

北京市住房和城乡建设委员会
关于印发《北京市绿色建筑和装配式建筑适用
技术推广目录（2019）》的通知

京建发〔2019〕421号

各有关单位：

为响应国家发展改革委、科技部《关于构建市场导向的绿色技术创新体系的指导意见》（发改环资〔2019〕689号），进一步贯彻落实中共北京市委、北京市人民政府《关于全面深化改革提升城市规划建设管理水平的意见》、北京市人民政府办公厅《关于转发市住房城乡建设委等部门绿色建筑行动实施方案的通知》（京政办发〔2013〕32号）、《关于加快发展装配式建筑的实施意见》（京政办发〔2017〕8号）和北京市住房和城乡建设委员会、北京市发展和改革委员会《关于印发北京市"十三五"时期民用建筑节能发展规划的通知》的相关要求，深入推进绿色建筑、装配式建筑全产业链发展，加快绿色建筑、装配式建筑适用技术、材料、部品在我市建设工程中的推广应用与普及，提升我市绿色建筑、装配式建筑技术创新能力，带动和促进绿色建筑、装配式建筑相关产业发展，为打好污染防治攻坚战、推进生态文明建设、促进高质量发展提供重要支撑，市住房城乡建设委制定了《北京市绿色建筑和装配式建筑适用技术推广目录（2019）》，现予以印发。

本目录共推广适用技术91项，其中绿色建筑适用技术26项，装配式建筑适用技术65项，可应用于我市新建建筑工程和既有建筑绿色化改造工程。请各部门和单位结合实际情况，做好绿色建筑和装配式建筑适用技术推广应用工作。

特此通知。

北京市住房和城乡建设委员会

2019年12月5日

北京市绿色建筑和装配式建筑适用技术推广目录（2019）

说明：

1. 本目录所称绿色建筑和装配式建筑适用技术是指适应北京地区地域使用条件，可靠、经济、安全、成熟，且在绿色建筑节地、节能、节水、节材、环境保护和装配式建筑等方面具有前瞻性、先进性，在产品性能指标或施工技术方面有一定创新，经国内和北京地区试点工程使用，易于大面积推广应用的适宜技术。

本目录共推广绿色建筑适用技术 26 项，装配式建筑适用技术 65 项，供绿色建筑和装配式建筑规划设计、建设、施工、监理、开发、研究、咨询和有关管理部门参考使用。

2. 本目录所列推广技术经公开征集、企业自愿申报、有关部门推荐、绿色建筑标识项目应用和京津冀地区装配式建筑项目应用，通过行业专家评审和广泛征求意见，符合本市大力推动绿色建筑和装配式建筑发展的要求，应在本市行政区域内新建、改造的绿色建筑和装配式建筑工程中积极选用。凡项目选用本目录推广使用的技术应用量达到一定水平，可在进行绿色建筑标识评价时按规则加分。

3. 各推广技术申报单位应积极配合应用单位做好技术支撑保障工作。要通过不断提高技术质量标准和服务水平，为推广技术项目的应用创造良好的生产与供需条件。

4. 本目录自发布之日起生效，有效期 2 年。《北京市绿色建筑适用技术推广目录（2016）》（京建发〔2016〕345 号）同时废止。

5. 本目录所列推广技术项目可在北京市住房和城乡建设委员会网站查询。具体内容由北京市住房和城乡建设科技促进中心负责解释，联系电话：55597925、55597929。

北京市绿色建筑和装配式建筑适用技术推广目录（2019）

领域	序号	项目名称	技术简介	标准、图集、工法	适用范围	应用工程
绿色建筑节地与室外环境	1	室外陶瓷透水路面砖	该产品利用废瓷砖、矿渣等工业垃圾作为基础骨料，外加入特殊耐高温硅酸盐辅料、高温熔剂，通过大吨位压机成型后，由特殊窑炉经过高温再次烧结成瓷。废瓷骨料在窑炉高温区与硅酸盐辅料，高温熔剂进行深层次反应，形成高强度的多孔透水路面砖	《城市道路——透水人行道铺设》（16MR204）、《透水砖路面技术规程》（CJJ/T 188）、《透水路面砖和透水路面板》（GB/T 25993）	城镇公园、道路、广场及建筑小区室外工程	北京世园会项目、清华大学光华路校区项目、北京市房山区万年广阳郡项目
	2	屋顶绿化用超轻量无机基质技术	屋顶绿化用轻型无机基质是根据土壤的理化性状生产的人工土壤，基质为矿物质，按用途分为营养基质和蓄排水基质；具有轻量、促进植物虚根系发育、提高成活率、不板结、定量肥力控制树木快速生长、有效清洁避免管道淤积及雨水淤积荷重增加等特性	《种植屋面工程技术规程》（JGJ 155）、北京市《屋顶绿化规范》（DB11/T 281）、《建筑基础绿化用轻型无机基质》（Q/FSL-HJ 0001）	建筑屋面及室内园艺装饰等非土壤界面绿化工程	北京市朝阳区奥体商务园地下空间、海淀区琨御府屋顶花园、朝阳区奥林匹克森林公园廊桥项目

领域	序号	项目名称	技术简介	标准、图集、工法	适用范围	应用工程
绿色建筑水资源综合利用技术	3	速排止逆环保便器	该产品节水性能好，可免除水箱避免漏水；去除传统坐便器虹吸通道，仅留下节水装置的便器出口，污水得以瞬间排放，拓宽排污通道，提高污物通过性能；采用脚踏开关，避免交叉感染	《卫生陶瓷》(GB 6952)	设置存水弯的排水系统	国家最高法院、北京市西城区国信苑宾馆、海淀区友谊宾馆、上海世博会场馆、三峡水利工程指挥部等
绿色建筑节材和材料资源利用技术	4	高分子自粘胶膜防水卷材（HDPE）及预铺反粘防水系统	该系统以高密度聚乙烯（HDPE）为底膜，通过胶膜层，热熔压敏胶膜层表面覆有机/无机复合增强涂层。卷材采用预铺反粘施工方法，通过后浇筑混凝土与胶膜层紧密结合，防止粘接面窜水	《预铺防水卷材》(GB/T 23457)、《地下工程防水技术规范》(GB 50108)、《地下建筑防水构造》(10J301)、《高分子自粘胶膜卷材辅助材料》(Q/SYYHF 0119)	外防内贴法施工的隧道、铁路隧道、地铁隧道等隧道工程；洞库工程；建筑地下室工程；地下防水工程	大郊亭住宅楼项目（广华新城）、北京地铁15号线9～11标段、北京世园会园区外围地下综合管廊工程、杭临（杭州至临安）城际轨道交通、福清核电站、成都火车西站枢纽工程、南水北调配套工程东干渠一标、二标段、浦东机场第四航站楼
	5	轻钢龙骨石膏板多层板式复合墙体系统	该系统以纸面石膏板作为装饰装修板材、轻钢龙骨作为结构骨架材料、岩棉作为墙体填充材料组合而成，用于内隔墙。采用不同规格、数量的石膏板、龙骨和环保型岩棉等材料组合，满足建筑防火、隔声、装饰装修等功能需求	《建筑用轻钢龙骨》(GB/T 11981)、《建筑用轻钢龙骨配件》(JC/T 558)、《纸面石膏板》(GB/T 9775)、《内装修——墙面装修》(13J502-1)、《轻钢龙骨石膏板隔墙、吊顶》(07CJ03-1)、《龙牌高层建筑轻钢龙骨石膏板系统》(2015CPXY-J366)	各种建筑的内隔墙	北京城市副中心行政办公区、亚投行办公楼、国贸三期、百度公司办公楼、小米公司办公楼、富力万丽酒店、香格里拉酒店、万豪酒店及国家体育场等
	6	SW建筑体系	SW建筑体系（Sandwich Wall 夹芯墙之英文缩写）是在专用设备上预制好钢网夹芯保温板，通过喷涂、预制、现浇的不同施工方法植入混凝土墙体，构成了新型的钢网夹芯混凝土剪力墙结构	《夹模喷涂混凝土夹芯剪力墙建筑技术规程》(CECS 365)、《夹模喷涂混凝土夹芯剪力墙构造》(CPXY-J384)图集	多层、高层民用建筑及农宅	北京市延庆程家营村、阎家庄村民居项目、三门峡金渠涧河花园项目、郑州航空港河东棚户区3号地建设项目、郑州风和日丽新领地建设项目等

领域	序号	项目名称	技术简介	标准、图集、工法	适用范围	应用工程
绿色建筑节材和材料资源利用技术	7	金邦板	金邦板是由纤维增强水泥板及装饰层复合而成。具有防火、耐候等特性，装饰效果好。现场无湿作业，施工快捷，生产自动化程度较高	《纤维增强水泥外墙装饰挂板》（JC/T 2085）、《人造板材幕墙工程技术规范》（JGJ 336）、《金属与石材幕墙工程技术规范》（JGJ 133）、《建筑幕墙》（GB/T 21086）、《纤维增强水泥外墙装饰挂板建筑构造》（18CJ60-3）、《人造板材幕墙》（13J103-7）、《金邦板建筑构造专项图集》（14BJ129）	建筑外墙装饰	北京城市副中心行政办公区 C1 工程、中铝科学技术研究院办公楼、北新科学院办公楼、北京太阳星城住宅项目、安全部 105 综合办公楼项目、北京方庄公馆住宅项目、顺义住宅联盟产业化示范基地办公楼等
	8	建筑外墙用岩棉板	该岩棉板以玄武岩为主要原料，制品具有较好的绝热性能、吸声性能、化学稳定性能、耐腐蚀性能以及不燃性能，保温节能同时安全防火	《建筑外墙外保温用岩棉制品》（GB/T 25975）	建筑外墙外保温以及非透明幕墙保温	国贸三期、华为产业园、北京平安金融中心、北京环保园、首都机场 T3 航站楼、国家体育场（鸟巢）、国家电力部大厦、公安部招待所大楼、北京亦庄开发区亦庄公寓大楼、北京沃德兰国际展览中心、北京亦庄西得乐工程、北京利乐包装厂房、北京 LG 厂房
	9	改性酚醛保温板外墙外保温系统	该系统以改性酚醛树脂、表面活性剂、发泡剂、改性剂、固化剂等材料为主要原料，通过连续发泡、固化和熟化而成，具有防火、保温功能。板材表面经过界面处理，有效解决了掉粉问题	《酚醛泡沫板外墙外保温施工技术规程》（DB11/T 943）、《绝热用硬质酚醛泡沫制品（PF）》（GB/T 20974）、《酚醛泡沫板薄抹灰外墙外保温系统材料》（JG/T 515）、《建筑构造专项图集》（12BJZ25）	建筑外墙外保温	北京市通州旧房节能改造工程、密云旧房节能改造工程、丰台旧房、华北电力大学昌平校区节能工程、石龙医院

领域	序号	项目名称	技术简介	标准、图集、工法	适用范围	应用工程
绿色建筑节材和材料资源利用技术	10	ZL 增强竖丝复合岩棉板	该产品是由若干岩棉条拼接，在长度方向及上下两面涂覆玻纤网增强聚合物水泥砂浆层，在工厂预制而成的保温板材。可使岩棉保温系统垂直于板面的抗拉强度达到 0.10MPa 以上，提高了系统安全性	《岩棉薄抹灰外墙外保温系统材料》(JG/T 483)	建筑外墙外保温及防火隔离带	北京海淀区琨御府项目、北京远洋傲北项目、北京市小瓦窑 18 号楼、北京动感花园项目、北京亚林东项目
	11	水包水岩彩建筑涂料	该产品通过将液态的水性树脂转换成胶状的水性彩色颗粒，并均匀分布在特定的水性乳液中，最终形成色彩任意搭配，实现大理石、花岗岩的装饰效果，并具备高档建筑涂料的所有特性	《水性多彩建筑涂料》(HG/T 4343)	建筑内外墙装饰	北京市房山大学城、廊坊 K2 狮子城
	12	京武木塑铝复合型材	该复合型材是以铝合金型材和木塑型材为主要材料，铝合金型材和木塑型材均设置空腔，且分别设有梯形凸台和开口槽，通过机械辊压复合，咬合精确、牢固。产品成功地解决了两者的线膨胀系数匹配及热胀冷缩产生的缝隙等问题。室内木塑型材表面覆有抗紫外线专用膜，颜色多样，抗老化，装饰性能好。具有良好的保温隔热性和耐久性	《木塑铝复合型材》(Q/JWHDJ0001)、《铝合金建筑型材 第 4 部分：粉末喷涂型材》(GB/T 5237.4)、北京市《居住建筑节能设计标准》(DB 11/891)、《铝合金建筑型材用辅助材料 第 1 部分：聚酰胺隔热条》(GB/T 23615.1)、《建筑节能门窗》(16J607)	民用建筑门窗	北京市房山科研楼项目、天津景华春天项目、秦皇岛渝水湾项目、廊坊华元机电科技楼、北京西城区敬老院、天津师范大学综合楼项目
	13	聚乙烯缠绕结构壁-B 型结构壁管道系统应用技术	该产品以高密度聚乙烯树脂为主要原材料，采用热态缠绕成型工艺，利用承插口电熔连接技术，可实现接口零渗漏，管材管件配套能力强	《埋地用聚乙烯(PE)结构壁管道系统 第 2 部分：聚乙烯缠绕结构壁管材》(GB/T 19472.2)、《市政排水用塑料检查井》(CJ/T 326)、《埋地塑料排水管道工程技术规程》(CJJ 143)	地下敷设的埋地雨污水管网、地下管廊、雨水收集系统	北京大兴新机场项目、北京 CBD 核心区内部市政管线北区排水工程

领域	序号	项目名称	技术简介	标准、图集、工法	适用范围	应用工程
绿色建筑施工与运营管理技术	14	热塑性聚烯烃（TPO）单层屋面系统	该系统使用的TPO防水卷材采用先进聚合技术所生产的合成树脂基料，卷材物理性能优异，机械固定工法施工，防水效果可靠。TPO卷材采用热风焊接，接缝可靠；下层铺设隔汽层，有效防止室内水汽进入，避免产生局部"冷桥"。屋面系统采用装配式施工，施工效率较高	《屋面工程质量验收规范》（GB 50207）、《屋面工程技术规范》（GB 50345）、《坡屋面工程技术规范》（GB 50693）、《单层防水卷材屋面工程技术规程》（JGJ/T 316）、《热塑性聚烯烃（TPO）防水卷材》（GB 27789）、《单层防水卷材屋面建筑构造》（15J207-1）	新建大跨度建筑屋面围护系统及既有建筑屋面改造	北京市大兴区奔驰汽车有限公司涂装车间屋面防水工程、瑞得盛科技开发有限责任公司产研基地项目；北京市顺义区航空产业园中航复合材料项目4号、5号厂房、庆东热能设备燃气热水器生产项目；北京市通州区百丽物流园屋面防水保温工程等
	15	孔内深层强夯法（DDC桩）地基处理技术	孔内深层强夯法（DDC桩）是一种地基处理新技术，可就地取材，采用渣土、土、砂、石料、固体垃圾、无毒工业废料、混凝土块等作为桩体材料，针对不同的土质，采用不同的工艺，地基处理后形成高承载力的桩体和强力挤扩高密实的桩间土	《孔内深层强夯法技术规程》（CECS 197）；《建筑地基基础设计规范》（GB 50007）；《建筑地基处理技术规范》（JGJ 79）；《建筑桩基技术规范》（JGJ 94）	粉土、黏性土、填土（杂填土、素填土）、软土、湿陷性土、膨胀土、液化土、盐渍土、红黏土、冻土、岩溶和土洞、采空区等各类地基的处理	北京燕山石化公司10万m³油罐工程、北京东坝家园住宅小区、北京时代庄园住宅小区工程、北京市天宁寺居民住宅小区、北京密云区垃圾综合处理中心焚烧发电厂工程、山东省临沂市沂水县生活垃圾焚烧发电项目、河北省邯郸市魏县生活垃圾焚烧发电项目
	16	基于BIM技术的智能化运维管理平台	该平台基于BIM技术，通过建立关键监控数据的选取、采集、传输、存储和分析方法，实现了建筑能源管理、空间管理、隐蔽空间管理、资产管理、室内环境精细化管理等功能，为降低建筑能源系统在全生命周期内的运行能耗提供技术支持	《电力能效监测系统技术规范》（GB/T 31960.6）	公共建筑	房山区万科紫云家园05-1号商业办公楼能源管理平台、延庆朗诗华北被动房改建能源管理平台、丰台区长安新城-金隅大成改造方案、海淀区PLUG and PLAY办公楼改造、朝阳区翠城馨园D区南部建设项目

领域	序号	项目名称	技术简介	标准、图集、工法	适用范围	应用工程
绿色建筑室内环境健康技术	17	HDPE 旋流器特殊单立管同层排水系统	该系统是指不穿楼板、不占用下层空间的排水系统。排水立管与支管采用 HDPE 材质。系统组成为加强型 HDPE 旋流器、地面/墙面固定式水箱、壁挂式洁具、旋转降噪式单立管、多通道式超薄地漏及降板区域内台口积水排除管配件等	《建筑给水排水设计规范》（GB 50015）、《卫生洁具便器用重力式冲洗装置及洁具机架》（GB 26730）、《建筑排水用高密度聚乙烯（HDPE）管材及管件》（CJ/T 250）、《地漏》（CJ/T 186 标准图集）、《住宅卫生间同层排水系统安装》（12S306）、《建筑同层排水工程技术规程》（CJJ 232）	新建及改建民用建筑中的生活排水系统	北京市顺义区金地未来住宅项目、海淀区清华大学建筑改造工程、通州区新华联总部基地办公楼、海淀区大唐电信研发基地、密云区通用博园住宅项目、门头沟区鸿坤七星长安公寓、朝阳区宜必思酒店改造工程
	18	贝壳粉环保涂料	该产品以优质深海贝壳为基质，经过高温煅烧、研磨、催化等特殊工艺研制而成，展现无污染、吸附甲醛的新一代生态环保涂料特性。产品分为干粉状和水性原浆状，干粉使用时直接兑水搅拌即可上墙，水性原浆状使用时搅拌均匀即可上墙，可使用平涂、弹涂等工艺，施工简单方便	《建筑用水基无机干粉室内装饰材料》（JC/T 2083）、《抗菌涂料》（HG/T 3950）、《硅藻泥装饰壁材》（JC/T 2177）、《放射性标准》（GB 6566）	各类建筑内墙装修，不适用于阳台、厨房和洗手间等部位	北京依山阁酒店、北京市门头沟区泷悦长安剑桥园、广州琶洲中洲中心、海南香水湾·天海度假村、碧桂园幼儿园、广雅中学、中国人保深圳公司办公大楼、新派深圳公寓、金螳螂华南设计院
	19	ZDA 住宅厨房、卫生间排油烟气系统技术	该系统采用干塑性混凝土作为原料，充分利用建筑废弃物、工业尾矿等再生资源，具有绿色环保、工业化、产业化、标准化、专业化特点，其机制管道、防火止回部件、可调射流装置和防倒灌风帽质量可靠，有效提高排气效果且具有防串烟、防倒灌、防交叉污染、防火灾的功能	《住宅排气管道系统工程技术标准》（JG/T 455）、《建筑工业化、产业化住宅厨卫排气道系统》（13BJZ8）、《住宅装配式 ZDA 排气管道系统图示》《住宅排气道系统》（13CYH03）、《工业化住宅排气管道系统》（CPXY-J290）、《住宅厨房、卫生间 ZDA 排气道系统构造》（J14J137）、《住宅排气道系统应用技术导则》	新建、改建、扩建的民用建筑	副中心职工周转房（北区）项目、广华新城居住区 615 和 621 地块职工安置住宅项目、石门定向安置房项目、五矿万科蒋辛屯建设项目一期 C 区工程、朝阳区垡头地区焦化厂棚户区改造安置房项目、北京理工大学 7 号地项目等

领域	序号	项目名称	技术简介	标准、图集、工法	适用范围	应用工程
绿色建筑室内环境健康技术	20	用于绿色建筑风环境优化设计的分析软件	该产品构建于Auto-CAD平台，集成了建模、网格划分、流场分析和自动编制报告等功能于一体，可为建筑规划布局和建筑空间划分提供风环境优化设计分析	《绿色建筑评价标准》（GB/T 50378）、北京市《绿色建筑评价标准》（DB11/T 825）、《建筑通风效果测试与评价标准》（JGJ/T 309）	建筑规划设计	北京市朝阳区奥林匹克公园中心区B27-2、怀柔区南华园二区35号楼
	21	导光管采光系统	该系统通过室外的采光装置聚集自然光线，并将其导入系统内部，经由导光管装置强化和高效传输，由室内的漫反射装置将自然光均匀导入室内	《建筑采光设计标准》（GB 50033）、《平屋面建筑构造图集》（12J201）、《导光管采光系统技术规程》（JGJ/T 374）	建筑室内自然采光	北京市海淀区中关村一号多功能厅和地下车库项目、昌平区绿地中央广场地下车库项目、顺义区天竺万科地下车库项目、朝阳区北京第二实验小学朝阳学校、朝阳区奥林匹克森林公园中心区中国国学中心南侧公园项目
	22	用于绿色建筑采光分析的软件	该产品构建于Auto-CAD平台，采用标准规定的公式法和模拟法，利用Radiance计算核心，支持适用于各类民用及工业建筑的采光设计计算，可对采光系数分布、采光均匀度、眩光等指标进行定量计算	《建筑采光设计标准》（GB 50033）	建筑采光设计	中国电子科技集团公司第三研究所传感器大楼、北京阳光保险大厦、北京市东城区旧城保护定向安置房项目
	23	空气复合净化技术	综合集成了静电驻极、HEPA、多元催化剂、改性催化吸附等技术，解决了单一技术存在的寿命短、易失效等技术难题，实现了各单项技术集成后的协同倍增作用。采用多重净化处理，以多层次、立体的空气深度净化系统，有效地消除室内空气中的$PM_{2.5}$、VOCs、细菌等有害物质	《通风与空调工程施工规范》（GB 50738）、《通风与空调工程施工质量验收规范》（GB 50243）、《民用建筑供暖通风与空气调节设计规范》（GB 50736）、《空气净化器》（GB/T 18801）、《室内空气质量标准》（GB/T 18883）、《中小学教室空气质量规范》（T/CAQI27）	各类建筑室内空气净化	齐鲁工业大学艺体中心、枣庄玉器厂、陕西榆林会所、中海尚湖世家、百特幼儿英语培训机构

领域	序号	项目名称	技术简介	标准、图集、工法	适用范围	应用工程
绿色建筑能效提升和能源优化配置技术	24	无动力循环集中太阳能热水系统	通过系统优化设计，将太阳能集热、贮热、换热的功能集为一体，取消了太阳能集热循环水泵、管道和贮热水箱，实现为建筑提供生活热水的制备和供应	《无动力集热循环太阳能热水系统应用技术规程》(T/CECS 489)、《太阳能集中热水系统选用与安装》(15S128)	有生活热水需求的建筑	北京市丰台区辛庄村（一期）农民回迁房项目、昌平区北京邮电大学沙河校区学生公寓项目
	25	高强度 XPS 预制沟槽地暖模块	通过改善 XPS 板生产工艺，提高抗压强度，预制沟槽，采用铝箔强化传热，将供热管道与 XPS 板整合为一体，构成供热模块	《辐射供暖供冷技术规程》(JGJ 142)、北京市《地面辐射供暖技术规范》(DB11/806)	采用地面辐射供暖的各类建筑	北京市海淀区北京添福家中医康复医院、大兴区魏善庄保利首开项目
	26	带分层水蓄热模块的空气源热泵供热系统	该系统通过利用分层水蓄热模块，在能效较高的工况条件下进行蓄热，提高空气源热泵供热系统的能效	《民用建筑供暖通风与空气调节设计规范》(GB 50736)、《公共建筑节能设计标准》(GB 50189)、《多联式空调（热泵）机组》(GB/T 18837)、《低环境温度空气源热泵（冷水）机组 第2部分：户用及类似用途的热泵（冷水）机组》(GB/T 25127.2)	新建、改建或既有建筑改造的供暖工程	北京市房山区农商银行家属楼、通州区名仕生态园、延庆区铠钺办公楼、通州区员工宿舍、房山区窦店天然气换气站
装配式建筑结构系统	27	装配整体式剪力墙结构	该结构混凝土部分或全部采用承重预制墙板，通过节点部位的可靠连接，与现场浇筑的混凝土形成整体，其整体性能与现浇混凝土剪力墙结构相近，预制外墙板采用结构-保温-装饰一体化墙板，楼板采用叠合楼板，楼梯采用预制板式楼梯，预制墙板竖向钢筋采用套筒灌浆连接，墙板水平钢筋通过附加钢筋连接锚固在现浇段区域	《装配式混凝土建筑技术标准》(GB/T 51231)、《混凝土结构工程施工质量验收规范》(GB 50204)、《装配式混凝土结构技术规程》(JGJ 1)、《钢筋套筒灌浆连接应用技术规程》(JGJ 355)、《装配式剪力墙结构设计规程》(DB11/1003)、《装配式混凝土结构工程施工与质量验收规程》(DB11/T 1030)、《钢筋套筒灌浆连接技术规程》(DB11/T 1470)	抗震设防烈度为8度及8度以下地区的多高层剪力墙结构建筑	北京市亦庄经济技术开发区河西区公租房项目、北京万科长阳天地项目、北京市大兴区旧宫镇项目

领域	序号	项目名称	技术简介	标准、图集、工法	适用范围	应用工程
装配式建筑结构系统	28	装配整体式框架结构	该结构采用预制柱、预制叠合梁，梁柱节点核心区现场浇筑，预制柱竖向钢筋采用套筒灌浆连接，叠合梁底部纵向钢筋在节点核心区连接；楼板采用叠合楼板，外墙采用预制混凝土挂板、幕墙、ALC板	《装配式混凝土建筑技术标准》（GB/T 51231）、《混凝土结构工程施工质量验收规范》（GB 50204）、《钢筋套筒灌浆连接应用技术规程》（JGJ 355）、《装配式混凝土结构技术规程》（JGJ 1）、《装配式框架及框架-剪力墙结构设计规程》（DB11/ 1310）、《装配式混凝土结构工程施工与质量验收规程》（DB11/T 1030）、《钢筋套筒灌浆连接技术规程》（DB11/T 1470）	抗震设防烈度为8度及8度以下地区，装配整体式混凝土框架结构、以及框架-剪力墙、框架-核心筒结构中的框架	北京市房山区万科长阳天地项目
	29	预制空心板剪力墙结构	该结构在墙板空心孔内插入水平或竖向钢筋（边缘构件的竖向钢筋为下层墙板伸出的钢筋）采用钢筋间接搭接的方式，在空心孔内现浇混凝土，预制墙板在竖向楼层标高处留有现浇带，水平方向上，两个墙板间留有现浇节点，楼板采用叠合楼板，通过现场浇筑的混凝土形成结构整体受力，实现抵抗竖向和水平力的作用；结构外保温和装饰层，可采用保温装饰一体化挂板或后贴保温的做法	《装配式混凝土建筑技术标准》（GB/T 51231）、《混凝土结构工程施工质量验收规范》（GB 50204）、《装配式混凝土结构技术规程》（JGJ 1）、《装配式剪力墙结构设计规程》（DB11/1003）、《预制混凝土构件质量控制标准》（DB11/T 1312）、《装配式混凝土结构工程施工与质量验收规程》（DB11/T 1030）	抗震设防烈度为8度及8度以下地区，低多层、高层（45m以下）民用住宅和办公建筑等建筑类型的剪力墙结构	北京朝阳区定向棚户区改造项目、北京房山区良乡镇住宅项目、北京招商地产昌平商品房和公租房项目

领域	序号	项目名称	技术简介	标准、图集、工法	适用范围	应用工程
装配式建筑结构系统	30	预制混凝土夹芯保温外墙板	预制混凝土夹芯保温外墙板由内层混凝土结构层（内叶墙）、保温层和外层混凝土保护装饰层（外叶墙）组合而成，内外叶墙通过连接件拉结，外叶墙板厚度一般不小于60mm，保温板厚度不大于120mm，内叶墙厚度一般不小于200mm；连接件常用类型有不锈钢金属和玻璃纤维两种材质，竖向钢筋连接用套筒从类型上有全灌浆套筒和半灌浆套筒，球墨铸铁以及机械加工套筒；墙体外装饰可为涂料、反打瓷砖、反打瓷板等形式	《装配式混凝土建筑技术标准》（GB/T 51231）、《预制混凝土剪力墙外墙板》（15G365-1）、《装配式混凝土剪力墙结构住宅施工工艺图解》（16G906）、《钢筋套筒灌浆连接应用技术规程》（JGJ 355）、《预制混凝土构件质量检验标准》（DB11/T 968）、《装配式混凝土结构工程施工与质量验收规程》（DB11/T 1030）、《钢筋套筒灌浆连接技术规程》（DB11/T 1470）、《预制混凝土构件质量控制标准》（DB11/T 1312）	多层、高层剪力墙结构	北京市顺义新城第4街区地块保障性住房项目、北京市门头沟永定镇住宅项目、北京丰台区成寿寺定向安置房项目
	31	预制PCF板	预制PCF板由外叶墙板和保温材料通过专用连接件连接而成，连接件一端锚入外叶板，另外一端露出在保温材料表面，在工厂采用反打成型工艺预制；施工时，预制PCF板作为结构混凝土外侧模板，预制PCF板上连接件外露端锚入后浇结构混凝土，将预制PCF板上的保温材料和外叶板与结构混凝土连接为一体	《装配式剪力墙住宅建筑设计规程》（DB11/T 970）、《预制混凝土构件质量检验标准》（DB11/T 968）、《预制复合墙板-PCF板》（Q/CPJYT0002）	装配式混凝土剪力墙结构	北京通州区马驹桥公租房项目、北京郭公庄一期公租房项目、北京平乐园公租房项目

领域	序号	项目名称	技术简介	标准、图集、工法	适用范围	应用工程
装配式建筑结构系统	32	预制内墙板	预制内墙板采用反打成型工艺在工厂自动化流水线上制作，一般厚度不小于200mm，通常为结构受力构件，满足工程的特定要求，墙厚、配筋及材料强度均按设计要求制作，上下楼层间的预制内墙钢筋通过钢筋灌浆套筒进行连接，水平钢筋锚固在现浇节点	《装配式混凝土建筑技术标准》（GB/T 51231）、《装配式混凝土剪力墙结构住宅施工工艺图解》（16G906）、《预制混凝土剪力墙内墙板》（15G365-2）、《钢筋套筒灌浆连接应用技术规程》（JGJ 355）、《预制混凝土构件质量控制标准》（DB11/T 1312）、《预制混凝土构件质量检验标准》（DB11/T 968）、《装配式混凝土结构工程施工与质量验收规程》（DB11/T 1030）、《钢筋套筒灌浆连接技术规程》（DB11/T 1470）	装配式混凝土剪力墙结构	北京通州区马驹桥公租房项目、北京郭公庄一期公租房项目、北京海淀区温泉C03公租房项目
	33	钢筋桁架混凝土叠合板	钢筋桁架混凝土叠合板由下层的预制部分和上层的现场浇筑部分组合为共同受力体的叠合构件技术，预制层和叠合层之间通过粗糙面和桁架钢筋实现有效连接；预制层厚度一般不小于60mm，叠合层一般不小于70mm，叠合后的楼板根据四边支撑情况，其受力状态分为单向受力板和双向受力板	《装配式混凝土建筑技术标准》（GB/T 51231）、《桁架钢筋混凝土叠合板（60mm厚底板）》（15G366-1）、《混凝土结构工程施工质量验收规范》（GB 50204）、《装配式混凝土结构技术规程》（JGJ 1）、《装配式剪力墙结构设计规程》（DB11/ 1003）、《预制混凝土构件质量控制标准》（DB11/T 1312）、《预制混凝土构件质量检验标准》（DB11/T 968）、《装配式混凝土结构工程施工与质量验收规程》（DB11/T 1030）	混凝土结构的楼、屋面板	北京万科长阳天地住宅项目、北京首地新机场公租房项目、北京万科台湖公园里住宅项目
	34	预制预应力混凝土空心板	预制预应力混凝土空心板是由标准宽度为1200mm，采用干硬式混凝土冲捣和挤压成型，并连续批量叠层生产的预应力混凝土空心板；标准厚度为100mm、120mm、150mm、180mm、200mm、250mm、300mm、380mm，长度可任意切割，长度最大可达18m	《SP预应力空心板》（05SG408）、《混凝土结构工程施工质量验收规范》（GB 50204）、《预应力混凝土空心板》（GB/T 14040）、《装配式混凝土结构工程施工与质量验收规程》（DB11/T 1030）	无侵蚀性介质的一类环境中的一般建筑物	河北固安天元伟业桥梁模板有限公司厂区建设工程、河北固安县银座建筑工程有限公司建设工程

267

领域	序号	项目名称	技术简介	标准、图集、工法	适用范围	应用工程
装配式建筑结构系统	35	可拆式钢筋桁架楼承板	可拆式钢筋桁架楼承板是将楼板中主受力方向的部分上下层钢筋在工厂加工成钢筋桁架，在工厂将钢筋桁架通过扣件、自攻钉（或螺栓）与底模加工成一体，在现场浇筑混凝土达到设计强度后，拆除底模并重复利用，拆模后的外观效果与传统现浇混凝土楼板一致，并可直接刮腻子装修，桁架楼承板可承受一定的施工荷载；钢筋桁架制作高度为70～270mm，楼板厚度可达到100～300mm；设计师可根据楼板跨度、楼板厚度及配筋，选用相应板型	《装配式钢结构建筑技术标准》（GB/T 51232）、《组合楼板设计与施工规范》（CECS 273）、《装配可拆式钢筋桁架楼承板用扣件》（Q/DWJC 01）、《装配可拆式钢筋桁架楼承板》（Q/DWJC 02）	多层、高层钢结构、混凝土结构等建筑结构的楼板	北京首钢园区冬奥项目、北京丰台区成寿寺定向安置房项目、北京市丰台区南苑乡槐房村和新宫村住宅项目
	36	预制阳台板	预制阳台板可分为全预制板式阳台、全预制梁式阳台、板式叠合阳台；全预制阳台板内上铁钢筋按设计预留长度伸出阳台板，锚入相邻叠合楼板的现浇层内，通过叠合楼板现浇层与主体结构稳固连接；叠合式阳台板预制部分可含带上下挑檐，上铁钢筋在现浇层内铺设，锚固在相邻楼板，叠合层同相邻楼板一同浇筑	《预制钢筋混凝土阳台板、空调板及女儿墙》（15G368-1）、《装配式混凝土结构技术规程》（JGJ 1）、《预制混凝土构件质量控制标准》（DB11/T 1312）、《预制混凝土构件质量检验标准》（DB11/T 968）、《装配式混凝土结构工程施工与质量验收规程》（DB11/T 1030）	混凝土结构阳台	北京万科七橡墅项目、北京卢沟桥南棚改安置房及公共配套设施项目、北京市海淀区田村路43号棚改定向安置房项目
	37	预制空调板	预制空调板为全板预制，空调板内上铁钢筋按设计预留长度伸出空调板，锚入相邻叠合楼板的现浇层内，通过叠合楼板现浇层与主体结构稳固连接，可与预制钢筋混凝土阳台板合二为一	《预制钢筋混凝土阳台板、空调板及女儿墙》（15G368-1）、《装配式混凝土结构技术规程》（JGJ 1）、《预制混凝土构件质量检验标准》（DB11/T 968）、《装配式混凝土结构工程施工与质量验收规程》（DB11/T 1030）	混凝土结构空调板	北京北汽越野车棚改定向安置房项目、北京房山周口万科七橡墅项目、北京市平谷区山东庄镇西沥津村居住用地项目

领域	序号	项目名称	技术简介	标准、图集、工法	适用范围	应用工程
装配式建筑结构系统	38	预制板式楼梯	预制板式楼梯是楼梯间休息平台板之间连续踏步板或连续踏步板和平台板的组合，梯段板支座处采用销键连接，上端为固定铰支座，下端为滑动铰支座；可分为剪刀楼梯和多跑楼梯	《预制钢筋混凝土板式楼梯》（15G367-1）、《装配式混凝土结构技术规程》（JGJ 1）、《预制混凝土构件质量控制标准》（DB11/T 1312）、《预制混凝土构件质量检验标准》（DB11/T 968）、《装配式混凝土结构工程施工与质量验收规程》（DB11/T 1030）	混凝土结构楼梯	北京黑庄户定向安置房项目、北京朝阳区管庄乡塔营村住宅项目、北京北汽越野车棚改定向安置房项目
	39	密肋复合板结构	密肋复合板结构是由预制的密肋复合墙板、楼板（叠合板或现浇板）、通过现浇节点组合而成的一种新型混凝土预制装配式结构；密肋复合墙板是由截面及配筋较小的钢筋混凝土肋梁和肋柱构成框格，内嵌以炉渣、粉煤灰等工业废料为主要原料的轻质保温型砌块预制而成，密肋复合墙板和密肋复合楼盖可共同形成结构体系，也可作为单独构件和其他常规结构构件形成结构体系	《密肋复合板结构技术规程》（JGJ/T 275）	房屋高度不超过 60 米的建筑	河北张家口怀安县文苑五期
	40	钢筋套筒灌浆连接技术	该技术是通过钢筋和灌浆套筒之间硬化后的灌浆料的机械咬合作用，将钢筋中的力传递至套筒的连接方法；主要包含两种接头形式：全灌浆接头和半灌浆接头。全灌浆接头是指接头两端均采用灌浆方式连接的灌浆接头；半灌浆接头是接头一端采用灌浆方式连接，而另一端采用非灌浆方式连接的灌浆接头，通常为螺纹连接	《钢筋机械连接技术规程》（JGJ 107）、《钢筋套筒灌浆连接应用技术规程》（JGJ 355）、《钢筋套筒灌浆连接技术规程》（DB11/T 1470）	非抗震设计及抗震设防烈度为 8 度及 8 度以下地区的混凝土结构或一般构筑物中带肋钢筋的连接	北京城市副中心职工周转房项目、北京新机场生活保障基地首期人才公租房项目、北京门头沟永定镇住宅项目

领域	序号	项目名称	技术简介	标准、图集、工法	适用范围	应用工程
装配式建筑结构系统	41	钢框架、钢框架-支撑结构	该体系中钢框架柱可以为钢柱,也可以为钢管混凝土柱;支撑又分为中心支撑、偏心支撑和屈曲约束支撑,作为结构体系的第一道防线,抵抗水平风荷载及地震作用;钢框架除了受竖向轴力,同时也作为结构体系的第二道防线,抵御水平力	《钢结构设计标准》(GB 50017)、《钢结构用高强度锚栓连接副》(GB/T 33943)、《建筑抗震设计规范》(GB 50011)、《多、高层民用建筑钢结构节点构造详图》(16G519)、《钢结构高强度螺栓连接技术规程》(JGJ 82)、《高层民用建筑钢结构技术规程》(JGJ 99)	高层住宅建筑、公共建筑	北京朝阳区黑庄户4号钢结构住宅楼,北京首钢铸造村4号、7号钢结构住宅楼,北京晨光家园B区(东岸)1号楼
	42	钢框架-消能装置	抵抗水平力的消能装置有3种,即墙板式阻尼器、组合钢板剪力墙和防屈曲钢板剪力墙,根据结构抗震设计需要,在两个受力方向灵活布置任一种消能装置;其中墙板式阻尼器为纯钢构件,能提供有效的结构附加阻尼;组合钢板剪力墙以及由内嵌钢板和两侧预制混凝土板组合的防屈曲钢板剪力墙能提供结构侧向刚度和耗能能力	《钢板剪力墙技术规程》(JGJ/T 380)	钢框架-墙板式阻尼器结构适用于高烈度区30m以下钢结构住宅建筑;钢框架-组合钢板剪力墙结构及钢框架-防屈曲钢板剪力墙结构适用于高烈度区高层钢结构住宅建筑	北京丰台区成寿寺定向安置房住宅项目、北京首钢二通厂定向安置房住宅项目
	43	钢柱-板-剪力墙组合结构	该结构中钢管混凝土联肢柱作为竖向承重构件,钢支撑与预制混凝土剪力墙形成双重抗侧力体系;钢梁-混凝土空心组合楼板,是将预制叠合楼板安装在钢梁下翼缘,填充轻质箱体,绑扎肋梁及楼板钢筋,浇筑钢筋混凝土形成钢梁-混凝土空心组合楼板;主体钢结构与外墙板一体化是将外围护墙体及保温材料与钢梁、钢支撑等主体钢构件在工厂预制成复合墙体,在现场实现主体结构及外墙一次完成安装	《多、高层民用建筑钢结构节点构造详图》(16G519)、《装配式钢结构建筑技术标准》(GB/T 51232)、《钢结构工程施工质量验收规范》(GB 50205)、《钢结构高强度螺栓连接技术规程》(JGJ 82)	100m以下的住宅和公共建筑等需要大跨度灵活空间要求的建筑	河北唐山浭阳新城二区商住楼项目

领域	序号	项目名称	技术简介	标准、图集、工法	适用范围	应用工程
装配式建筑结构系统	44	多层钢框架结构	该结构主体结构采用箱型截面钢柱-H型钢梁框架，楼板体系采用钢筋桁架楼承板；外墙采用ALC条板基墙＋保温装饰一体化，内墙采用ALC条板，钢结构受力构件使用薄涂型防火涂料，采用防火石膏板外包；工业化内装体系采用包括集成地面、集成吊顶、薄法排水系统、集成卫浴系统和集成厨房系统等	《钢结构工程施工质量验收规范》（GB 50205）、《装配式钢结构建筑技术标准》（GB/T 51232）、《钢结构设计标准》（GB 50017）、《建筑抗震设计规范》（GB 50011）、《高层民用建筑钢结构技术规程》（JGJ 99）、《蒸压加气混凝土砌块、板材构造》（13J104）	多层及小高层住宅建筑	天津市西青区王稳庄镇白领公寓项目
	45	低层轻钢框架结构	该结构采用装配式快装基础，主体结构为薄壁型钢框架结构体系，以无机集料阻燃木塑复合墙板或纤维增强水泥挤出成型中空墙板为围护结构，以无机集料阻燃木塑复合条板、纤维水泥压力板或钢筋桁架楼承板为楼面结构，采用ASA共挤外墙挂板或无机外墙挂板，内墙采用装饰发泡挂板，屋面采用无机集料阻燃木塑复合条板、彩石金属瓦	《无机集料阻燃木塑复合条板建筑构造》（15CJ28）、《轻型钢结构住宅技术规程》（JGJ 209）、《冷弯薄壁型钢多层住宅技术标准》（JGJ/T 421）、《建筑用无机集料阻燃木塑复合墙板应用技术规程》（CECS 286）	不超过3层的新农村建筑、别墅、公寓宿舍、办公楼、公共建筑、工业厂房、市政建设建筑等	北京房山区赵庄村安置房项目、北京市房山区城关农宅单项改造项目和城关街道中心区旧城改造周转房项目、北京市房山区十渡马安村安置房项目
	46	钢框架全螺栓连接技术	该技术是指在钢框架结构中，箱型截面柱（钢管柱）采用芯筒式全螺栓连接技术，水平构件采用双拼接板高强度螺栓连接技术，减震装置各部件之间及减震装置与主体结构之间均采用高强度螺栓连接（如果有减震装置），全螺栓连接技术在实现钢框架高效装配和刚性连接的同时，保证了全螺栓连接钢框架力学性能不低于全熔透焊缝连接的钢框架性能	《钢结构设计标准》（GB 50017）、《钢结构工程施工质量验收规范》（GB 50205）、《钢结构用高强度大六角头螺栓、大六角螺母、垫圈技术条件》（GB/T 1231）、《多、高层民用建筑钢结构节点构造详图》（16G519）、《装配式建筑评价标准》（GB/T 51129）、《装配式钢结构建筑技术标准》（GB/T 51232）、《高层民用建筑钢结构技术规程》（JGJ 99）、《钢结构高强度螺栓连接技术规程》（JGJ 82）	多层、高层钢结构箱型截面柱（钢管柱）及与H型梁的连接，特别适合环保要求高或难开展现场焊接地区	北京首都师范大学附属中学通州校区教学楼项目、北京市通州区中学宿舍楼项目、多维集团天津绿建办公楼项目

领域	序号	项目名称	技术简介	标准、图集、工法	适用范围	应用工程
装配式建筑外围护系统	47	预制混凝土外挂墙板	预制混凝土外挂墙板为安装在主体结构上，起围护、装饰作用的非结构受力构件，包括预应力混凝土外挂墙板与非预应力混凝土外挂墙板；外挂墙板与主体结构连接方式可采取点支承或线支承连接。外挂墙板做法包括无保温、内保温、外保温及夹芯保温等多种形式	《混凝土结构工程施工质量验收规范》（GB 50204）、《建筑装饰装修工程质量验收规范》（GB 50210）、《预制混凝土外挂墙板应用技术标准》（JGJ/T 458）、《严寒和寒冷地区居住建筑节能设计标准》（JGJ 26）、《装配式混凝土结构技术规程》（JGJ 1）	多层、高层框架结构外围护墙	北京城市行政副中心项目、北京软通动力大厦项目、北京中建技术中心项目
	48	蒸压加气混凝土条板	蒸压加气混凝土墙板（简称 ALC 墙板）是一种轻质、高强、高耐久性、高热工性、高隔声性、A级防火的绿色建材围护部品。该墙板围护系统包括单一材料ALC墙板自保温体系、墙板＋一体化保温装饰板复合保温体系、双层墙板夹芯保温体系，排板方式以条板竖装为主，安装方式采用内嵌式、外挂式、嵌挂结合式等，围绕排板深化、柔性节点、洞口加强、板缝构造、材料匹配、挤浆工艺、高空作业等环节，系统地解决了不同建筑热工需求、不同主体结构的抗变形设计要求	《蒸压加气混凝土砌块、板材构造》(13J104)、《蒸压加气混凝土板》(GB 15762)、《加气混凝土砌块、条板》（12BJ2-3）、《装配式建筑蒸压加气混凝土墙板围护系统》(19CJ85-1)	钢结构、混凝土结构外围护墙	北京城市副中心B3/B4工程、北京黑庄户定向安置房4号项目、北京成寿寺安置房项目
	49	中空挤出成型水泥条板	中空挤出成型水泥条板(简称 ECP 板)为现场组合墙体，由外侧ECP板、中间保温材料(含层间防火封堵)、内侧轻钢龙骨内墙(室内装饰)3部分组成；采用干法作业、施工简单，安装效率高；立面效果富有特色；该条板在防火性能、耐久性能以及后期维护等方面具有优势	《建筑幕墙》（GB/T 21086）、《建筑用轻钢龙骨》（GB/T 11981）、《金属与石材幕墙工程技术规范》(JGJ 133)、《人造板材幕墙工程技术规范》(JGJ 336)、《轻钢龙骨石膏板隔墙、吊顶》(07CJ03-1)、《外墙用中空挤出成型水泥条板建筑构造》(2017CPXY-J402)	建筑高度不超过 100m，钢结构及混凝土结构的框架结构建筑外围护墙	北京城市副中心行政办公区、北京西郊汽配城改造、北京延庆园博园万花筒

领域	序号	项目名称	技术简介	标准、图集、工法	适用范围	应用工程
装配式建筑外围护系统	50	聚合陶装饰制品	聚合陶装饰制品为有机原料与无机原料通过聚合反应合成的新型复合材料，兼具轻质高强、防水阻燃、耐候耐久、无腐蚀性等特征；该制品采用栓固和粘钉结合，全程无水作业，产品表面无须二次处理直接涂装，简单快捷	《居住建筑装修装饰工程质量验收规范》（DB11/T 1076）、《聚合陶外墙装饰构件》（16BJZ173）、《内外墙聚合陶装饰构件》（Q/CYTDA0002）	钢结构及装配式混凝土结构外围护墙	北京房山区长沟别墅项目、北京青龙湖红酒酒庄园项目、河北省三河市皇家KTV酒店改造项目
	51	预制混凝土外墙防水技术	该技术主要通过结构防水、构造防水和材料防水相结合，满足预制混凝土外墙接缝的防水要求。结构防水包括预制构件与现浇节点连接界面的处理等；构造防水包括设置内高外低的企口缝、板缝空腔、导水管以及气密条等；材料防水包括接缝宽度设计、防水密封胶做法等	《装配式混凝土结构技术规程》（JGJ 1）、《预制混凝土外挂墙板应用技术标准》（JGJ/T 458）、《装配式混凝土结构住宅建筑设计示例（剪力墙结构）》（15J939-1）、《预制混凝土外挂墙板》（16J110-2、16G333）	预制混凝土外墙接缝处	北京万科长阳新天地住宅项目、北京中铁建南岸花语住宅项目、北京万科金域东郡住宅项目
	52	装配式混凝土防水密封胶	该防水密封胶通过在装配式建筑接缝中施打，以达到接缝处的水密性与气密性；所用防水密封胶呈均质膏状，硬化后形成稳定弹性体，具有良好的粘结性、追随性及耐候性，可保证接缝长久的防水密封，同时硬化后无小分子物质析出，不会污染接缝及周围材料，且硬化后的胶条表面可以做多种涂饰层	《硅酮与改性硅酮建筑密封胶》（GB/T 14683）、《混凝土接缝用建筑密封胶》（JC/T 881）	混凝土（包括预制混凝土，现浇混凝土）接缝、蒸压加气混凝土接缝、金属接缝、石材接缝、其他建筑材料接缝处的密封防水	北京万科金域东郡住宅项目、北京顺义区天竺万科中心项目、北京马驹桥公租房项目

273

领域	序号	项目名称	技术简介	标准、图集、工法	适用范围	应用工程
装配式建筑外围护系统	53	整体式智能天窗	整体式智能天窗包括智能天窗、外遮阳、防护卷帘等，采用 VMS 整体智能商用通风采光系统、导光系统、AC-TIVE 室内舒适环境控制系统等技术，提供多样、经济、智能监控的自然采光通风解决方案	《被动式低能耗建筑——严寒和寒冷地区居住建筑》(16J908-8)	民用建筑、工业建筑的天窗	北京融创壹号庄园、北京九章别墅、北京华润昆仑域住宅项目
装配式建筑设备与管线系统	54	机电设备与管线集成预制装配技术	该技术是在设计单位技术设计图纸基础上，利用 BIM 技术进行施工图深化设计和集成一体化设计，将设备、管道组件在工厂内预制加工，满足运输、吊装以及现场冷连接装配的技术要求；实现设计集成化、预制标准化、安装装配化、管理信息化、应用智能化的装配式建筑建设理念；施工现场杜绝或尽量减少湿热操作，减少现场安装工程量，提高工程质量和品质，提升机电安装工程工效	《通风与空调工程施工质量验收规范》(GB 50243)、《给水排水管道工程施工及验收规范》(GB 50268)	工业与民用建筑的机电工程，包括室内外机电工程的设计、预制加工、装配式安装	北京城市副中心办公楼项目、北京大兴机场项目
	55	集成地面辐射采暖技术	该技术采用架空地暖模块干法施工，包括发热块、塑料调整脚、连接扣件及螺钉、地暖管、分集水器，以型钢与高密度纤维增强硅酸钙板为基层，定制加工模块结构中增加采暖管和带有保温隔热的模塑板，形成型钢复合地暖模块，实现地面高散热率的地暖地面	《建筑装饰装修工程质量验收标准》(GB 50210)、《居住建筑室内装配式装修工程技术规程》(DB11/T 1553)、《装配式装修工程技术规程》(QB/BPHC ZPSZX)、《模块式快装采暖地面》(Q/12 DYJC 002)、《型钢复合地暖模块系统》(Q/12 DYJC 006)	以热水为热源的地暖建筑	北京市通州区马驹桥物流公租房项目、北京市丰台区郭公庄车辆段一期公共租赁住房项目、北京市通州台湖公租房项目

领域	序号	项目名称	技术简介	标准、图集、工法	适用范围	应用工程
装配式建筑设备与管线系统	56	机制金属成品风管内保温技术	该技术在深化设计图的基础上，将镀锌钢板风管与特质内衬环保玻璃纤维保温层材料集成为一体，在工厂内利用自动化加工流水线进行裁剪、折弯、保温材料固定等一系列加工，将风管按工程所需规格尺寸一次加工成型、现场装配安装，无须再做二次保温层	《绝热用玻璃棉及其制品》（GB/T 13350）、《通风与空调工程施工质量验收规范》（GB 50243）、《通风管道技术规程》（JGJ/T 141）	工业与民用建筑的通风空调风管工程，包括风管工程的设计、预制加工、装配式安装	北京小米移动互联网产业园、北京中国建筑设计研究院有限公司创新科研示范楼
	57	集成分配给水技术	该技术采用分水器布置器具给水管道，每个器具与分水器之间采用点对点连接，整根水管定制中间无接头；管道布置在吊顶、垫层内，也可布置在结构与饰面层之间；管道采用快装技术部品，包括塑料及复合给水管、分水器、专用水管加固板等	《建筑装饰装修工程质量验收标准》（GB 50210）、《居住建筑室内装配式装修工程技术规程》（DB11/T 1553）、《装配式装修技术规程》（QB/BPHC ZPSZX）	工业与民用建筑的卫生间、厨房等用水房间给水工程	北京市通州区马驹桥物流公租房项目、北京丰台区郭公庄车辆段一期公共租赁住房项目、北京市通州台湖公租房项目
	58	不降板敷设同层排水技术	该技术基于主体结构不降板的做法，能够在130mm的薄法空间内实现同层排水；由承插式排水管、同排地漏、水管支架、积水排除器等构成；排水系统分两部分：一部分是架空地面之上的后排水坐便器；另一部分是架空地面之下的排水管，将地漏、淋浴、洗面盆、洗衣机等排水在整体防水底盘之下的薄法架空层内，横向同层排至公区管井	《建筑装饰装修工程质量验收标准》（GB 50210）、《居住建筑室内装配式装修工程技术规程》（DB11/T 1553）、《装配式装修技术规程》（QB/BPHC ZPSZX）	居住类建筑内卫生间	北京市通州区马驹桥物流公租房项目、北京市丰台区郭公庄车辆段一期公共租赁住房项目、北京市通州台湖公租房项目

领域	序号	项目名称	技术简介	标准、图集、工法	适用范围	应用工程
装配式建筑设备与管线系统	59	装配式机电集成设计技术	该技术利用 BIM 技术平台，结合国际先进技术工艺，形成机电工程的精细化设计、工厂化预制加工、装配式施工、信息化管理、智能化运维的专有机电一体化集成技术，借助专业机电 BIM 设计软件实现机电设备及管线的装配式机电咨询与集成深化技术	《通风管道技术规程》（JGJ/T 141）、《太阳能集中热水系统选用与安装》（15S128）、《无动力集热循环太阳能热水系统应用技术规程》（T/CECS489）	各类机电工程的深化设计、预制加工、装配式安装	北京新机场航站楼换热站、北京阳光上东改造项目
装配式建筑内装系统	60	装配式装修集成技术	该技术是集成装配式装修部品体系安装技术，包含隔墙、吊顶、架空地面、集成卫生间等；部品部件均为工厂生产，管线与结构分离，通过模块化设计、标准化制作，现场干式工法施工，改变传统精装修由上往下组织方式，在主体结构分段验收完成后即可穿插施工，进行装配式装修	《建筑装饰装修工程质量验收标准》（GB 50210）、《住宅室内装饰装修工程质量验收标准》（JGJ/T 304）、《居住建筑室内装配式装修工程技术规程》（DB11/T 1553）、《装配式装修技术规程》（QB/BPHC ZPSZX）、《住宅室内装配式装修工程技术标准》（DG/TJ08-2254）	居住类建筑和公共建筑室内装修工程	北京市通州区马驹桥物流公租房项目、北京市丰台区郭公庄车辆段一期公共租赁住房项目、河北雄安城乡管理服务中心未来生活馆
	61	集成式厨房系统	该系统由地面、墙面、吊顶、橱柜、厨房设备及管线等通过设计集成、工厂生产、标准化、模数化、干式工法装配而成的厨房；墙体为装配式墙面；地面主要由型钢架空地面模块（非采暖）/型钢复合地暖模块（采暖）、塑料调整脚、自饰面硅酸钙复合地板和连接部件构成；墙面由自饰面硅酸钙复合墙板和连接部件构成；吊顶由自饰面硅酸钙复合顶板和连接部件构成；门窗为集成的套装门、窗套、垭口组成；橱柜、电器、功用五金件等为通用部品	《建筑装饰装修工程质量验收标准》（GB 50210）、《居住建筑室内装配式装修工程技术规程》（DB11/T 1553）、《装配式装修技术规程》（QB/BPHC ZPSZX）	居住类建筑室内厨房	北京市通州区马驹桥物流公租房项目、北京市丰台区郭公庄车辆段一期公共租赁住房项目、北京市通州台湖公租房项目

领域	序号	项目名称	技术简介	标准、图集、工法	适用范围	应用工程
装配式建筑内装系统	62	集成式卫生间系统	该系统由干法施工的防水防潮构造、整体淋浴底盘地面构造、墙面构造、吊顶构造及五金洁具等构成；墙面为装配式墙面，可采用饰面硅酸钙复合墙板和连接部件构成装配式墙面或通过榫卯结构连接，采用铝芯蜂窝，通过玻璃纤维、聚氨酯在高温高压条件下复合瓷砖、天然石等面层材料；地面采用薄法型钢架空模块、整体淋浴底盘，面层可集成铺贴硅酸钙复合板、地砖、天然石、高温高压条件下的复合瓷砖等；吊顶采用自饰面硅酸钙复合顶板和连接部件，或采用通过榫卯结构连接的其他材质吊顶；门窗由集成的成套门、窗组成；陶瓷洁具、电器、功用五金件采用通用部品	《整体浴室》（GB/T 13095）、《建筑装饰装修工程质量验收标准》（GB 50210）、《住宅整体卫浴间》（JG/T 183）、《装配式整体卫生间应用技术标准》（JGJ/T 467）、《居住建筑室内装配式装修工程技术规程》（DB11/T 1553）、《装配式装修技术规程》（QB/BPHC ZPSZX）	居住类建筑及酒店、公寓、办公、学校以及高铁、飞机、船舶的卫生间装修	北京市通州区马驹桥物流公租房项目、北京市丰台区郭公庄车辆段一期公共租赁住房项目、北京金隅中关村科技园项目
	63	装配式模块化隔墙及墙面技术	该技术采用框架龙骨底部设水平调节器，吸收建筑误差；龙骨孔位及面板挂钩按模数预制，实现框架间、面板与框架的无损承插式连接，可重复拆卸，重复利用率达 95% 以上；框架龙骨预制孔位满足敷设管线的需求，可集成各种设备，可吊挂柜体、置物架、设备等；模块可单独拆卸，模块材质可为玻璃、金属板、硅酸钙板等各种材料，满足防火、隔声等功能；可根据不同空间需求实现单层墙面、隔墙、双空腔隔墙等组合形式	《建筑装饰装修工程质量验收规范》（GB 50210）、《可拆装式隔断墙技术要求》（JG/T 487）、《可拆装式隔断墙及挂墙》（Q/HM）	居住建筑、公共建筑（医疗建筑、办公建筑、场馆建筑）的非承重内隔墙、装饰墙面	北京奥迪研发中心、北京奔驰发动机厂、北京英蓝国际金融中心

领域	序号	项目名称	技术简介	标准、图集、工法	适用范围	应用工程
装配式建筑内装系统	64	复合型聚苯颗粒轻质隔墙板技术	该技术板材面层采用高强度耐水硅酸钙板，芯材为聚苯颗粒蜂窝状结构，具有良好的隔声和吸声功能；隔墙板隔声性能达 35 ～ 50dB（A）；单点吊挂力为100kg，可以减小隔墙墙体厚度，增加室内面积	《建筑隔墙用轻质条板通用技术要求》(JG/T 169)、《建筑轻质条板隔墙技术规程》(JGJ/T 157)、《内隔墙-轻质条板（一）》(10J113-1)、《加气混凝土砌块、条板》(12BJ2-3)、《预制装配式轻质内隔墙（蒸压砂加气混凝土板、轻质复合条板）》(DBJT 29-208)	厂房、住宅、宾馆、写字楼等建筑的装饰工程；钢筋混凝土框架结构、钢结构的填充墙；房屋改造工程中的内、外隔墙等	北京中航资本大厦、北京顺义青年公寓、天津万德广场二期
	65	面层可拆除轻钢龙骨隔墙及墙面技术	该技术主要由可拆卸专用轻钢龙骨骨架基层和无石棉硅酸钙板覆膜面层组成；龙骨作为隔墙的主体结构，通过龙骨上的安装卡扣与无石棉硅酸钙板侧面配套孔位进行机械连接，上下调整面层硅酸钙板位置，实现面层硅酸钙板与基层龙骨的可拆卸施工；工艺做法包括轻钢龙骨基层、硅酸钙板基层包覆/涂装、面层开槽等	《建筑装饰装修工程质量验收规范》(GB 50210)、《居住建筑室内装配式装修工程技术规程》(DB11/T 1553)、《轻钢龙骨石膏板隔墙、吊顶》(07J03-1)	室内隔墙	北京市朝阳区住房保障中心堡头地区焦化厂公租房项目
	66	装配式硅酸钙复合墙面技术	该技术是在既有墙面、轻钢龙骨隔墙基层上，采用干式工法现场组装而成的集成化墙面，由自饰面硅酸钙复合墙板和连接部件等构成；自饰面的硅酸钙复合墙板可以根据不同的使用空间，饰面表达丰富，墙板与墙板之间采用铝型材进行密拼连接，当墙板需要在既有结构墙面上架空时，采用横向轻钢龙骨与钉型塑料调平胀塞在结构墙基层上进行调平固定，同时将必要的管线布置在架空层内	《建筑装饰装修工程质量验收标准》(GB 50210)、《居住建筑室内装配式装修工程技术规程》(DB11/T 1553)、《装配式装修技术规程》(QB/BPHC ZPSZX)	所有建筑室内空间	北京市通州区马驹桥物流公租房项目、北京市丰台区郭公庄车辆段一期公共租赁住房项目、北京市通州台湖公租房项目

领域	序号	项目名称	技术简介	标准、图集、工法	适用范围	应用工程
装配式建筑内装系统	67	组合玻璃隔断系统	该系统采用内钢外铝的双面玻璃隔断系统，玻璃扣件将玻璃固定，玻璃中间加装手动百叶帘，钢龙骨采用镀锌钢板，坚固耐用；外铝表面效果多样化，可通过阳极氧化喷砂亚银色、静电粉喷、氟碳喷涂层、电泳等进行外加工颜色	《可拆装式隔断墙技术要求》(JG/T 487)、《装配式住宅建筑设计标准》(JGJ/T 398)	公共建筑廊道区域、独立办公室、办公室区域分割	北京顺义市民之家、北京建工办公楼项目、北京中海油办公楼项目
	68	装配式面板及玻璃单面横挂、纵挂系统	该系统采用纵向钢龙骨骨架干挂，龙骨约600mm间距，以成品板材为饰面(基材包括硅酸钙板、氧化镁板、石膏板、木塑石塑板；面材包括贴纸、UV、贴布、PVC等)，通过挂钩与板材连接，将整张板材挂装在龙骨上；顶收边和踢脚板有多种选择	《装配式住宅建筑设计标准》(JGJ/T 398)、《住宅室内装配式装修工程技术标准》(DG/TJ 08-2254)	公共建筑核心筒、廊道；住宅客厅卧室饰面、办公空间分户墙、住宅空间分户墙	北京T3航站楼、北京微软公司、北京顺义市民之家
	69	双面成品面板干挂隔断系统	该系统以成品板材为饰面，通过挂钩与板材连接，将整张板材挂装在龙骨上，龙骨双面可安装实现分户墙功能，顶收边和踢脚板有多种选择	《装配式住宅建筑设计标准》(JGJ/T 398)、《住宅室内装配式装修工程技术标准》(DG/TJ 08-2254)	办公、酒店、医院等公共建筑	北京摩托罗拉总部大楼、北京中国电信集团办公楼项目、天津生态城
	70	单面附墙式成品干挂石材技术	该技术当石材背面的墙体是混凝土可承重的墙体时，钢龙骨使用1.8mm厚度以上的镀锌钢板；石材离墙150～300mm，背后结构支撑柱能负载300kg，龙骨采用H型钢结构柱；钢龙骨与石材之间可以通过石材连接件上下前后、左右微调，石材面板厚度为1cm，钢龙骨与墙体使用垂直固定件固定，所有龙骨上的挂钩点必须在工厂预制完成；若石材背面的墙体不是可承重的混凝土墙体时，需要增加H型钢结构加固，石材采用背栓连接的方式，石材厚度要求大于等于18mm	《装配式住宅建筑设计标准》(JGJ/T 398)	公共空间的室内挑高大堂，中庭、电梯厅以及包柱子等所有石材材质使用区域	天津生态城项目

领域	序号	项目名称	技术简介	标准、图集、工法	适用范围	应用工程
装配式建筑内装系统	71	木塑内隔墙技术	该技术主要以木塑材料为装饰面板，通过卡扣链接技术固定于基层墙体，形成装配式内隔墙	《绿色产品评价木塑制品》(GB/T 35612)、《木塑装饰板》(GB/T 24137)	居住建筑及公共建筑的非承重内隔墙、装饰墙面	北京市顺义区杨镇韩国城项目、河北正定塔元庄村民俗村居工程项目
	72	装配式墙面点龙骨架空技术	该技术主要通过可以调节高度的点状龙骨，在结构墙体上按照设计要求的支撑间距进行粘接或锚固，再根据设计要求的空腔高度以及房间墙面装饰完成面的精确定位尺寸进行点龙骨高度调节，形成高度一致的支撑点群体，以此为基层安装各种材质种类的墙面板材；此技术将墙面装饰层与墙面结构层通过点状龙骨的形式进行连接，使装饰层与结构层有效分离，实现干式装配、空腔利用、减振降噪、防止冷桥、管线分离、实现高精度装饰完成面等目的	《建筑装饰装修工程质量验收规范》(GB 50210)、《住宅室内装饰装修工程质量验收标准》(JGJ/T 304)、《居住建筑室内装配式装修工程技术规范》(DB11/T 1553)	所有地域、所有类型的建筑外墙内侧、分户墙等砌筑、混凝土、ALC 等需进行贴面墙装配式装修的墙体	北京新岁丰集团雅世合金公寓项目、天津新岸创意·美岸广场
	73	装配式型钢模块架空地面技术	该技术主要由型钢架空地面模块、塑料调整脚、自饰面硅酸钙复合地板和连接部件构成，彻底规避了传统湿作业；将模块通过塑料调整脚架空，管线布置在空腔内；型钢架空地面模块主要分为 20mm 厚薄法架空、30mm 厚填充保温架空和 40mm 厚填充集成采暖架空；自饰面硅酸钙复合地板的饰面、厚度可定制	《建筑装饰装修工程质量验收标准》(GB 50210)、《居住建筑室内装配式装修工程技术规程》(DB11/T 1553)、《装配式装修技术规程》(QB/BPHC ZPSZX)	所有室内空间，特别是办公空间，其中自饰面硅酸钙复合地板、不适用于卫生间湿区	北京市通州区马驹桥物流公租房项目、北京市通州台湖公租房项目、北京城市副中心职工周转房(北区)项目

领域	序号	项目名称	技术简介	标准、图集、工法	适用范围	应用工程
装配式建筑内装系统	74	石塑干法架空地面系统	该地面系统主要由钢制架空地板(带干铺模块/不带干铺模块)和石塑锁扣地板组成;以钢制架空地板为架空层,上面铺设干铺地暖模块和石塑锁扣板;工艺做法包括钢制架空地板铺设、干铺模块铺设、石塑地板铺设等	《建筑地面工程质量验收规范》(GB 50209)、《建筑装饰装修工程质量验收规范》(GB 50210)、《半硬质聚氯乙烯块状地板》(GB/T 4085)、《绝热用挤塑聚苯乙烯泡沫塑料(XPS)》(GB/T 10801.2)、《防静电活动地板通用规范》(SJT 10796)、《辐射供暖技术规程》(JGJ 298)、《居住建筑室内装配式装修工程技术规程》(DB11/T 1553)	各种建筑的地面铺装,不受地域限制	北京市朝阳区住保中心垡头地区焦化厂公租房项目
	75	PVC塑胶地板	该地板材料工艺有涂刮、压延,后处理工艺有复合、转印、表面处理等;该产品独有的化学浮雕技术使产品具有3D外观,凹凸效果明显,纹理清晰自然;同质透心地板从面到底都是耐磨层,使用寿命长,具有环保、噪声低、防滑、抗菌、阻燃等特性	《室内装饰装修材料 聚氯乙烯卷材地板中有害物质限量》(GB 18586)、《聚氯乙烯卷材地板 第1部分:非同质聚氯乙烯卷材地板》(GB/T 11982.1)、《聚氯乙烯卷材地板 第2部分:同质聚氯乙烯卷材地板》(GB/T 11982.2)、《半硬质聚氯乙烯块状地板》(GB/T 4085)	各种建筑的地面铺装,包括居住办公区域、休闲区域、运动场所等	北京城市副中心配套项目、北京龙湖冠寓项目
	76	装配式石塑锁扣地板系统技术	该技术是在室内装饰中,运用石塑锁扣地板来替代传统地面材料(例如瓷砖、大理石、木质地板、地毯等),其材质防火且自重轻,可有效减少施工过程中材料和人工浪费	《半硬质聚氯乙烯块状地板》(GB/T 4085)	各类居住及公共类建筑,尤其适用于旧房改造工程中的地面	北京首开馨城公租房、清华大学教师公寓改造、北京宣武区科技馆

281

领域	序号	项目名称	技术简介	标准、图集、工法	适用范围	应用工程
装配式建筑内装系统	77	装配式地面点龙骨架空技术	该技术主要通过可以调节高度的点状龙骨，在主体结构楼地面上按照设计要求的支撑间距进行粘接或锚固，再根据设计要求的空腔高度以及房间地面装饰完成面的精确标高尺寸进行点龙骨高度调节，形成高度一致的支撑点群体，以此为基层安装各种材质种类的地面基层板材或一体化块材，形成装饰基层；此技术将地面装饰层与地面结构层通过点状龙骨的形式进行连接，使装饰层与结构层有效分离，实现干式装配、空腔利用、减振降噪、防止冷桥、管线分离、高精度装饰完成面等目的	《建筑装饰装修工程质量验收规范》(GB 50210)、《建筑地面工程质量验收规范》(GB 50209)、《住宅室内装饰装修工程质量验收标准》(JGJ/T 304)、《居住建筑室内装配式装修工程技术规范》(DB11/T 1553)	室内外装配式地面，其基层保证质量和硬化，不存在冻胀、粉化、积水、沉降的混凝土地面均可使用	北京中国建筑标准设计院地下改造项目、北京石景山区铸造村集资建房项目、北京雅世合金公寓项目
	78	矿棉吸声板吊顶系统	该系统由矿棉吸声板和龙骨两部分组成。矿棉吸声板采用国际先进的湿法长网抄取生产工艺，吸声降噪，不含石棉等有害物质，燃烧性能可满足 A 级，实现防火、防下陷、吸声；龙骨采用镀锌冷轧钢带，冷弯成型，生产过程无废渣废水产生，有效利用了工业废料废渣，有利于环境保护，节约能源	《建筑用轻钢龙骨》(GB/T 11981)、《矿物棉装饰吸声板》(GB/T 25998)	各种民用建筑及一般工业建筑的室内吊顶工程	东航北京新机场办公楼项目、北京首都机场 3 号航站楼、北京国贸三期

领域	序号	项目名称	技术简介	标准、图集、工法	适用范围	应用工程
装配式建筑内装系统	79	装配式硅酸钙复合吊顶技术	该技术由自饰面硅酸钙复合顶板和连接部件等构成，与自饰面硅酸钙复合墙板连接，饰面表达丰富；连接部件为铝型材，精度强度高，免结构顶板打孔，免吊杆吊件；当墙面是硅酸钙复合墙板时，通过铝型材搭设在硅酸钙复合墙板上，利用墙板为支撑构造；硅酸钙复合顶板之间沿着长度方向，用铝型材以明龙骨方式浮置搭接	《建筑装饰装修工程质量验收标准》（GB 50210）、《居住建筑室内装配式装修工程技术规程》（DB11/T 1553）、《装配式装修技术规程》（QB/BPHC ZPSZX）	厨房、卫生间、阳台等开间小于1800mm的空间	北京市通州区马驹桥物流公租房项目、北京市通州台湖公租房项目、北京市朝阳区百子湾保障房公租房地块项目
装配式建筑生产施工技术	80	装配整体式剪力墙结构施工成套技术	该技术针对装配式剪力墙结构施工前期策划和过程控制两个主要环节；其中施工前期策划部分包括施工深化设计、施工方法选用、机械材料工具选用、平面布置、标准层流水计划5个项目；过程控制部分包括构件进场检验、构件存放管控、构件吊装交底、构件定位放线、构件隐蔽验收、连接钢筋定位、吊装质量控制、灌浆管控8个项目	《装配式混凝土结构技术规程》（JGJ 1）、《钢筋套筒灌浆连接应用技术规程》（JGJ 355）、《装配式剪力墙结构设计规程》（DB11/1003）、《钢筋套筒灌浆连接技术规程》（DB11/1470）、《装配式混凝土结构工程施工与质量验收规程》（DB11/T 1030）	多层、高层装配整体式剪力墙结构建筑	北京回龙观金域华府住宅项目、北京朝阳区百子湾保障房项目、北京新机场生活保障基地首期人才公租房项目
	81	预制构件安装技术	该技术对装配式剪力墙结构和装配式框架结构安装流程和质量管控点进行了规定；主要包括预制构件应在相应吊装机械覆盖范围内的专用堆放场地内；预制构件预留吊件无污染、损坏等情况；吊具检查并准备到位（型号无误、无损坏等情况）；所安装的预制构件全部在设备吊装范围内，并完成质量安全等相关检查；安装作业相关人员完成技术交底并全部就位；作业面完成清理、竖向插筋校正。预制构件的安装精度和套筒灌浆施工是本技术质量管控的重点	《装配式混凝土建筑技术标准》（GB/T 51231）、《装配式混凝土结构技术规程》（JGJ 1）、《装配式混凝土结构连接节点构造》（G310-1～2）、《装配整体式剪力墙结构住宅预制构件安装施工工法》（GJEJGF094）	剪力墙结构建筑和框架结构建筑。对于超大型、超限等构件需要单独制定安装方案，本安装技术体系不能直接适用	北京中粮万科长阳半岛项目、北京长阳天地五和万科项目

领域	序号	项目名称	技术简介	标准、图集、工法	适用范围	应用工程
装配式建筑生产施工技术	82	装饰保温一体化预制外墙板高精度安装技术	该技术通过采用全钢制作的"预制墙体钢筋定位装置"控制墙体主筋位置；采用标准化"全钢可调螺母"埋件，通过调节螺母控制墙体水平标高，对墙体标高进行精准控制；采用"放样机器人系统""定位引导件""摄像定位跟踪系统""三维模型校准"方法辅助施工	《装配式混凝土结构技术规程》(JGJ 1)、《装配式混凝土结构工程施工与质量验收规程》(DB11/T 1030)	装配式混凝土剪力墙结构建筑，外墙为装饰保温一体化预制外墙，外墙连接采用钢筋套筒灌浆的连接方式	北京城市副中心职工周转房(北区)项目
	83	装配式构件套筒连接施工技术、低温灌浆技术	该技术应用过程中，构件生产采用专用套筒钢筋定位装置，现浇预制转换层采用专用预埋钢筋定位装置，该技术适合于狭窄作业空间的成套分体式专用灌浆机具进行灌浆，灌浆过程中或结束后，使用专门研发的灌浆饱满性检测仪对灌浆质量进行检测，并通过微信平台同步上传；冬期使用专门研发的适于−5~10℃的低温超早强灌浆料，按照配套的灌浆保温和温度测控技术，控制灌浆时和灌浆后24h内套筒内温度不低于−5℃	《钢筋套筒灌浆连接应用技术规程》(JGJ 355)、《钢筋连接用套筒灌浆料》(JG/T 408)、《装配式剪力墙结构钢筋套筒灌浆连接施工质量控制技术规程》(Q/CPJYT001)	采用钢筋套筒连接的装配式混凝土结构建筑	北京郭公庄一期公租房项目、北京平乐园公租房项目、北京台湖公租房项目
	84	钢筋套筒灌浆饱满度监测器	该产品利用连通器原理，由透明塑料制成，呈L形，横支为连接端，用于连接出浆口；竖支为监测端，用于观察浆料流动。灌浆前将其安装在出浆口，浆料灌满套筒后流入监测器，当监测端浆料的高度高于套筒内部空间最高点时表示套筒内已灌满。使用该产品可直观监测灌浆饱满程度，及时发现漏浆及浆料回落现象、省工省时省料、文明施工水平高	《套筒灌浆饱满度监视器》(Q/JJ 10101—2019)	采用钢筋套筒灌浆连接工艺的装配式混凝土建筑、公路预制桥梁、铁路预制桥梁	北京城市副中心职工住房A2项目和地铁上盖项目、北京朝阳区金泽家园项目、北京大兴区保利首开熙悦林语项目

领域	序号	项目名称	技术简介	标准、图集、工法	适用范围	应用工程
装配式建筑生产施工技术	85	装配式混凝土结构竖向钢筋定位技术	该技术通过设置单层或多层定位钢板,对现浇转预制层的竖向插筋水平位置和竖向位置进行定位,解决了转换层竖向钢筋定位问题	《装配式混凝土建筑技术标准》(GB/T 51231)、《装配式混凝土结构技术规程》(JGJ 1)、《装配式混凝土结构连接节点构造》(G310-1~2)、《装配式混凝土剪力墙结构住宅施工工艺图解》(16G906)	多、高层剪力墙结构建筑和框架结构建筑;对于超大型、超限等构件需要单独制定安装方案,本安装技术体系不能直接适用	北京中粮万科长阳半岛项目、北京五和万科长阳天地项目、北京顺义新城第四街区保障性住房项目
	86	工具式模板施工技术	该技术采用定型模具,包括铝模、钢模。水平现浇板与叠合板拼缝处采用铝模代替传统木模,一次浇筑到位,不需要后期处理;竖向现浇墙柱节点处采用钢模,防止浇筑混凝土时产生较大变形	《混凝土结构工程施工质量验收规范》(GB 50204)、《装配式混凝土建筑技术标准》(GB/T 51231)、《组合铝合金模板工程技术规程》(JGJ 386)	装配式框架结构建筑及装配式剪力墙结构建筑	北京石景山北辛安项目、北京延庆中交富力新城一期项目、北京亦庄首创禧瑞天著二标段项目
	87	装配式结构水平预制构件支撑系统	该系统包括一套适用于预制梁、预制板以及预制空调板等水平构件施工安装的支撑体系,该支撑系统可满足不同高度的预制构件支撑要求,且易于拆装、便于周转,可提高装配式建筑水平预制构件的施工安装效率和安装精度	《装配式混凝土建筑技术标准》(GB/T 51231)、《装配式混凝土结构技术规程》(JGJ 1)、《装配式混凝土结构工程施工与质量验收规程》(DB11/T 1030)、《装配式混凝土剪力墙结构住宅施工工艺图解》(16G906)	装配式混凝土剪力墙结构建筑、装配式混凝土框架结构建筑以及装配式钢结构建筑	北京丰台区万科中粮假日风景项目、北京通州区马驹桥保障房项目、北京丰台区郭公庄保障房项目
	88	预制外墙附着式升降脚手架技术	该技术采用附着式升降脚手架,通过附着支承结构附着在工程结构上,依靠自身的升降设备实现升降,即沿建筑物外侧搭设一定高度的外脚手架,并将其附着在建筑物上,脚手架带有升降机构及升降动力设备,随着工程进展,脚手架沿建筑物升降。因预制外墙外叶板和保温层抗压强度较低,为解决附着式脚手架与装配式外墙的连接问题,架体与结构采用以下两种连接方式:通过门窗洞口与现浇节点连接,通过垫板与预制外墙连接	《装配式混凝土结构技术规程》(JGJ 1)、《建筑施工工具式脚手架安全技术规范》(JGJ 202)	装配式混凝土剪力墙结构建筑,宜用于层数在 15 层以上或建筑总高度在 45m 以上的结构	北京朝阳区平乐园公共租赁住房项目、北京通州台湖公租房项目一标段施工、北京朝阳区堡头地区焦化厂公租房项目二标段

续表

领域	序号	项目名称	技术简介	标准、图集、工法	适用范围	应用工程
装配式建筑生产施工技术	89	装配式混凝土结构塔吊锚固技术	该技术在塔吊锚固层利用叠合楼板设置锚固装置(锚固装置包括主立柱、两道斜向支撑及连接梁),锚固装置通过预埋钢板及螺栓焊接与叠合楼板固定。塔吊附着在锚固装置上,将塔吊锚固的受力分散到结构楼板,实现受力稳定,满足结构受力要求,从而解决装配式剪力墙结构预制外墙无法拉结的问题	《装配式混凝土结构技术规程》(JGJ 1)、《建筑结构荷载规范》(GB 50009)、《钢结构工程施工质量验收规范》(GB 50205)、《钢结构焊接规范》(GB 50661)、《钢结构工程施工规范》(GB 50755)、《钢结构现场检测技术标准》(GB/T 50621)、《装配式混凝土剪力墙结构塔吊锚固施工工法》(BJGF16-060-827)	高层装配式混凝土建筑,锚固前需根据塔吊型号进行受力计算,经过设计复核,满足要求后方可投入使用	北京城市副中心职工周转房(北区)项目、北京朝阳区垡头地区焦化厂公租房项目二标段、北京通州台湖公租房项目一标段项目
	90	室内装修快装机具	室内装修快装机具由安装设备、运输设备和调整设备构成,可以大幅度降低工人劳动强度,提高安装施工效率。机具的适应面广泛,可以安装玻璃、板材、石材、大面积瓷砖等	《机械设备安装工程施工及验收通用规范》(GB 50231)	玻璃隔断、分户墙、背景墙的安装。施工环境:温度≥-15℃,地面平整度高	北京顺义市民中心、北京便利蜂门店京广中心店、天津生态城项目
	91	预制构件信息管理技术	该技术采用 RFID 技术进行构件身份识别,应用 BIM、ERP、MES、移动互联和云存储等技术,构建了包含构件生产、运输、安装、质量管控等构件全生命周期的信息共享管理平台,实现了信息化管理与智能化生产	《装配式混凝土建筑技术标准》(GB/T 51231)、《预制混凝土构件质量控制标准》(DB11/T 1312)	装配式混凝土及钢结构构件生产、施工管理过程	北京通州马驹桥公租房项目、北京百子湾公租房项目、北京海淀区温泉公租房项目